Python 网络爬虫开发从入门到精通

刘延林 编著

内 容 提 要

本书共分3篇，针对Python爬虫初学者，从零开始，系统地讲解了如何利用Python进行常见的网络爬虫的程序开发。

第1篇快速入门篇（第1章~第9章）：本篇主要介绍了Python环境的搭建和一些Python的基础语法知识等、Python爬虫入门知识及基本的使用方法、Ajax数据的分析和抓取、动态渲染页面数据的爬取、网站代理的设置与使用、验证码的识别与破解，以及App数据抓取、数据的存储方法等内容。

第2篇技能进阶篇（第10章~第12章）：本篇主要介绍了PySpider和Scrapy两个常用爬虫框架的基本使用方法、分布式爬虫的实现思路，以及数据分析、数据清洗常用库的使用方法。

第3篇项目实战篇（第13章）：本篇通过6个综合实战项目，详细地讲解了Python数据爬虫开始与实战应用。本篇对全书内容进行了总结回顾，强化读者的实操水平。

本书案例丰富，注重实战，既适合Python程序员和爬虫爱好者阅读学习，也适合作为广大职业院校相关专业的教学用书。

图书在版编目(CIP)数据

Python网络爬虫开发从入门到精通 / 刘延林编著. —北京：北京大学出版社，2019.12
ISBN 978-7-301-30909-4

Ⅰ.①P… Ⅱ.①刘… Ⅲ.①软件工具–程序设计 Ⅳ.①TP311.561

中国版本图书馆CIP数据核字(2019)第238679号

书　　　名	Python网络爬虫开发从入门到精通 PYTHON WANGLUO PACHONG KAIFA CONG RUMEN DAO JINGTONG
著作责任者	刘延林　编著
责 任 编 辑	吴晓月　王继伟
标 准 书 号	ISBN 978-7-301-30909-4
出 版 发 行	北京大学出版社
地　　　址	北京市海淀区成府路205号　100871
网　　　址	http://www.pup.cn　新浪微博：@北京大学出版社
电 子 信 箱	pup7@pup.cn
电　　　话	邮购部 010-62752015　发行部 010-62750672　编辑部 010-62570390
印 刷 者	北京溢漾印刷有限公司
经 销 者	新华书店
	787毫米×1092毫米　16开本　23.25印张　528千字 2019年12月第1版　2020年7月第2次印刷
印　　　数	4001-6000册
定　　　价	79.00元

未经许可，不得以任何方式复制或抄袭本书之部分或全部内容。
版权所有，侵权必究
举报电话：010-62752024　电子信箱：fd@pup.pku.edu.cn
图书如有印装质量问题，请与出版部联系，电话：010-62756370

为什么写这本书?

随着互联网进入大数据时代,尤其是人工智能浪潮兴起的时代,爬虫技术迎来了一波新的振兴浪潮。在大数据架构中,数据的收集存储与统计分析占据了极为重要的地位,而数据的收集很大程度上依赖于爬虫的爬取,所以网络爬虫也逐渐变得越来越火爆。

在众多的网络爬虫工具中,Python 以其使用简单、功能强大等优点成为网络爬虫开发的最常用工具。相比其他语言,Python 是一门非常适合开发网络爬虫的编程语言,内置大量的框架和库,可以轻松实现网络爬虫功能。Python 爬虫可以做的事情很多,如广告过滤、Ajax 数据爬取、动态渲染页面爬取、App 数据抓取、使用代理爬取、模拟登录爬取、数据存取等,Python 爬虫还可以用于数据分析,在数据的抓取方面可以说作用巨大!

这本书的特点是什么?

本书力求简单、实用。坚持以实例为主,理论为辅的路线。全书共 13 章,从 Python 基础、爬虫开发常用网络请求库,到爬虫框架使用和分布式爬虫设计,以及最后的数据存储、分析、实战训练等,覆盖了爬虫项目开发阶段的整个生命周期。整体上本书内容有以下几个特点。

(1)没有高深的理论,每一章都是以实例为主,读者参考源码,修改实例,就能得到自己想要的结果。目的是让读者看得懂、学得会、做得出。

(2)实训与问答,几乎每章都有配备。目的是让读者看完之后,尽快巩固知识,举一反三,学以致用。

（3）内容系统全面，实战应用性强。本书内容在写作定位上，适合零基础读者学习，然后逐步掌握相关知识技能，从而达到从入门到精通的学习效果。另外，全书在知识讲解中，都安排了丰富的实训实战案例，目的是增强读者的实际动手能力。

在这本书里写了些什么？

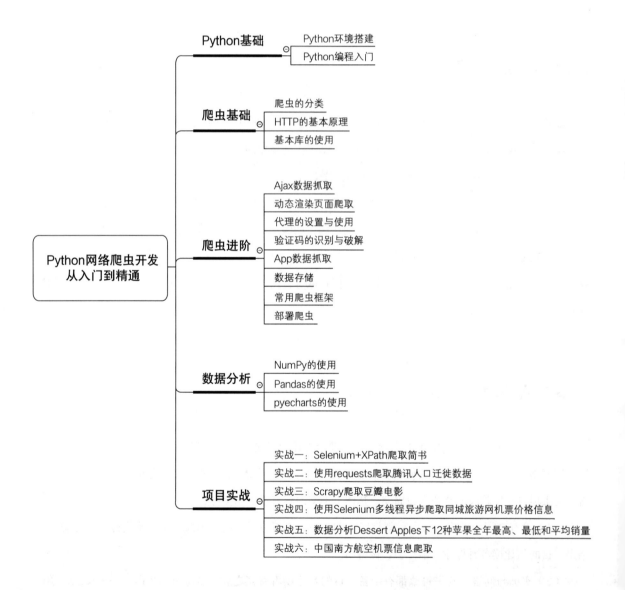

写给读者的建议

读者在阅读本书时，如果是零基础，建议先从 Python 基础开始学习。因为学习爬虫需要读者对 Python 的基础语法和结构有深刻的理解和熟练应用，这样才能在后面的内容学习中达到事半功倍的效果。读者需要注意的是，本书在初稿之前所使用的 Python 版本为 3.6.x。至于原因会在第 1 章中阐述，这里不做过多的解释。

写爬虫的难点不是能否拿下数据，而是在于在实际工作中，整合各种需求业务场景，实现爬虫合理的任务调度、性能优化等。所以这里建议读者在阅读本书时，着重于爬取思路和逻辑方面的思考，不要太过于纠结代码。针对于同一个网站或 App 可以尝试采用不同的策略和解决办法去爬取，观察每一种方法的优缺点并进行总结和积累。当今的反爬技术每天都在更新迭代，将来的爬虫也会越来越难写。但是都万变不离其宗，写爬虫是个研究性的工作，需要每天不断地学习和研究各种案例。希望读者多思考，勤动手。

除了书，您还能得到什么？

（1）赠送：案例源码。提供与书中相关案例的源代码，方便读者学习参考。

（2）赠送：Python 常见面试题精选（50 道），旨在帮助读者在工作面试时提升过关率。习题见附录，具体答案参见下方的资源下载。

（3）赠送："微信高手技巧随身查""QQ 高手技巧随身查""手机办公 10 招就够"3 本电子书，教会读者移动办公诀窍。

（4）赠送："5 分钟学会番茄工作法"视频教程。教会读者在职场中高效地工作、轻松应对职场"那些事儿"，真正让读者"不加班，只加薪"！

（5）赠送："10 招精通超级时间整理术"视频教程。专家传授 10 招时间整理术，教会读者如何整理时间、有效利用时间。无论是职场还是生活，都要学会时间整理。这是因为时间是人类最宝贵的财富，只有合理整理时间，充分利用时间，才能让读者的人生价值最大化。

温馨提示：以上资源，请用微信扫一扫下方二维码关注公众号，输入代码 HyPc32B 获取学习资源的下载地址及密码。

官方微信公众号　　　　　资源下载

　　本书由凤凰高新教育策划，刘延林老师编写。在本书的编写过程中，我们竭尽所能地为您呈现最好、最全的实用内容，但仍难免有疏漏和不妥之处，敬请广大读者不吝指正。

　　读者信箱：2751801073@qq.com

目录
Contents

第 1 篇　快速入门篇

第 1 章　Python 基础 2

1.1　Python 环境搭建.............3
　　1.1.1　Windows 系统下的 Python 环境安装与配置.............3
　　1.1.2　Linux 系统下的 Python 环境安装.............7
　　1.1.3　Mac OS X 系统搭建 Python 3.............11
　　1.1.4　IDE 开发工具介绍.............13
1.2　Python 编程入门.............16
　　1.2.1　第一个 Python 程序.............16
　　1.2.2　Python 注释.............17
　　1.2.3　数据类型和变量.............17
　　1.2.4　字符串和编码.............19
　　1.2.5　列表.............23
　　1.2.6　元组.............24
　　1.2.7　字典.............25
　　1.2.8　条件语句.............25
　　1.2.9　循环语句.............26
　　1.2.10　函数.............29
　　1.2.11　类.............30
1.3　新手实训.............33
1.4　新手问答.............35
本章小结.............35

第 2 章　Python 爬虫入门 36

2.1　爬虫的分类 37
2.1.1　通用网络爬虫 37
2.1.2　聚焦网络爬虫 37
2.1.3　增量式网络爬虫 37
2.1.4　深层网络爬虫 38

2.2　爬虫的基本结构和工作流程 38

2.3　爬虫策略 39
2.3.1　深度优先遍历策略 39
2.3.2　宽度优先遍历策略 40
2.3.3　大站优先策略 40
2.3.4　最佳优先搜索策略 40

2.4　HTTP 的基本原理 40
2.4.1　URI 和 URL 介绍 40
2.4.2　超文本 41
2.4.3　HTTP 和 HTTPS 42
2.4.4　HTTP 的请求过程 43

2.5　网页基础 45
2.5.1　网页的组成 46
2.5.2　网页的结构 48

2.6　Session 和 Cookie 49
2.6.1　Session 和 Cookie 的基本原理 49
2.6.2　Session 和 Cookie 的区别 51
2.6.3　常见误区 51

2.7　新手实训 51

2.8　新手问答 54

本章小结 55

第 3 章　基本库的使用 56

3.1　urllib 57
3.1.1　urlopen() 57
3.1.2　简单抓取网页 57
3.1.3　设置请求超时 58

	3.1.4	使用 data 参数提交数据	58
	3.1.5	Request	59
	3.1.6	简单使用 Request	60
	3.1.7	Request 高级用法	61
	3.1.8	使用代理	62
	3.1.9	认证登录	62
	3.1.10	Cookie 设置	63
	3.1.11	HTTPResponse	63
	3.1.12	错误解析	64
3.2	requests		64
	3.2.1	requests 模块的安装	65
	3.2.2	requests 模块的使用方法介绍	65
	3.2.3	requests.get()	65
	3.2.4	requests 库的异常	67
	3.2.5	requests.head()	68
	3.2.6	requests.post()	68
	3.2.7	requests.put() 和 requests.patch()	68
3.3	re 正则使用		69
	3.3.1	re.match 函数	69
	3.3.2	re.search 函数	70
	3.3.3	re.match 与 re.search 的区别	71
	3.3.4	检索和替换	72
	3.3.5	re.compile 函数	72
	3.3.6	findall 函数	74
3.4	XPath		75
	3.4.1	XPath 的使用方法	75
	3.4.2	利用实例讲解 XPath 的使用	76
	3.4.3	获取所有节点	77
	3.4.4	获取子节点	77
	3.4.5	获取文本信息	77
3.5	新手实训		78
3.6	新手问答		81
本章小结			82

第 4 章 Ajax 数据抓取 83

4.1 Ajax 简介 84
4.1.1 实例引入 84
4.1.2 Ajax 的基本原理 85
4.1.3 Ajax 方法分析 88

4.2 使用 Python 模拟 Ajax 请求数据 91
4.2.1 分析请求 91
4.2.2 分析响应结果 92
4.2.3 编写代码模拟抓取 92

4.3 新手实训 93
4.4 新手问答 96
本章小结 96

第 5 章 动态渲染页面爬取 97

5.1 Selenium 的使用 98
5.1.1 安装 Selenium 库 98
5.1.2 Selenium 定位方法 99
5.1.3 控制浏览器操作 101
5.1.4 WebDriver 常用方法 102
5.1.5 其他常用方法 104
5.1.6 鼠标键盘事件 104
5.1.7 获取断言信息 107
5.1.8 设置元素等待 109
5.1.9 多表单切换 110
5.1.10 下拉框选择 112
5.1.11 调用 JavaScript 代码 113
5.1.12 窗口截图 113
5.1.13 无头模式 114

5.2 Splash 的基本使用 115
5.2.1 Splash 的功能介绍 115
5.2.2 Docker 的安装 115
5.2.3 Splash 的安装 122
5.2.4 初次实例体验 123

5.2.5　Splash Scripts 125
　5.3　新手实训 127
　5.4　新手问答 131
　本章小结 132

第 6 章　代理的设置与使用 133

　6.1　代理设置 134
　　　6.1.1　urllib 代理设置 134
　　　6.1.2　requests 代理设置 134
　　　6.1.3　Selenium 代理设置 135
　6.2　代理池构建 136
　　　6.2.1　获取 IP 137
　　　6.2.2　验证代理是否可用 138
　　　6.2.3　使用代理池 139
　6.3　付费代理的使用 140
　　　6.3.1　讯代理的使用 140
　　　6.3.2　阿布云代理的使用 142
　6.4　ADSL 拨号代理的搭建 145
　　　6.4.1　ADSL 简介 145
　　　6.4.2　购买动态拨号 VPS 云主机 145
　　　6.4.3　测试拨号 147
　　　6.4.4　设置代理服务器 150
　　　6.4.5　动态获取 IP 152
　　　6.4.6　使用 Python 实现拨号 153
　6.5　新手问答 155
　本章小结 156

第 7 章　验证码的识别与破解 157

　7.1　普通图形验证码的识别 158
　　　7.1.1　使用 OCR 进行简单识别 158
　　　7.1.2　对验证码进行预处理 159
　　　7.1.3　CNN 验证码识别 163
　7.2　极验滑动验证码的破解 164
　　　7.2.1　分析思路 164

7.2.2　使用 Selenium 实现模拟淘宝登录的拖动验证 165
　　7.2.3　验证修改代码 166
7.3　极验滑动拼图验证码破解 168
　　7.3.1　分析思路 168
　　7.3.2　代码实现拖动拼接 169
　　7.3.3　运行测试 174
7.4　新手问答 174
本章小结 175

第 8 章　App 数据抓取 176

8.1　Fiddler 的基本使用 177
　　8.1.1　Fiddler 设置 177
　　8.1.2　手机设置 178
　　8.1.3　抓取猎聘网 App 请求包 180
8.2　Charles 的基本使用 182
　　8.2.1　Charles 安装 183
　　8.2.2　证书设置 184
　　8.2.3　手机端配置 186
　　8.2.4　抓包 188
　　8.2.5　分析 192
　　8.2.6　重发 195
8.3　Appium 的基本使用 196
　　8.3.1　安装 Appium 196
　　8.3.2　启动 App 200
　　8.3.3　appPackage 和 appActivity 参数的获取方法 209
　　8.3.4　Python 代码驱动 App 211
　　8.3.5　常用 API 方法 213
8.4　新手问答 217
本章小结 217

第 9 章　数据存储 218

9.1　文件存储 219
　　9.1.1　TEXT 文件存储 219
　　9.1.2　JSON 文件存储 220

9.1.3 CSV 文件存储 221

9.1.4 Excel 文件存储 222

9.2 数据库存储 224

9.2.1 MySQL 存储 224

9.2.2 MongoDB 228

9.2.3 Redis 存储 231

9.2.4 PostgreSQL 233

9.3 新手实训 236

9.4 新手问答 239

本章小结 240

第 2 篇　技能进阶篇

第 10 章　常用爬虫框架 242

10.1 PySpider 框架 243

10.1.1 安装 PySpider 243

10.1.2 PySpider 的基本功能 243

10.1.3 PySpider 架构 243

10.1.4 第一个 PySpider 爬虫 244

10.1.5 保存数据到 MySQL 数据库 250

10.2 Scrapy 框架 252

10.2.1 安装 Scrapy 253

10.2.2 创建项目 253

10.2.3 定义 Item 254

10.2.4 编写第一个爬虫（Spider）............................ 254

10.2.5 运行爬取 255

10.2.6 提取 Item 255

10.2.7 在 Shell 中尝试 Selector 选择器 256

10.2.8 提取数据 257

10.2.9 使用 Item 258

10.2.10 Item Pipeline 260

10.2.11 将 Item 写入 JSON 文件 260

7

10.2.12　保存到数据库 261
　10.3　Scrapy-Splash 的使用 262
　　　10.3.1　新建项目 263
　　　10.3.2　配置 263
　　　10.3.3　编写爬虫 264
　　　10.3.4　运行爬虫 265
　10.4　新手实训 266
　10.5　新手问答 269
　本章小结 269

第 11 章　部署爬虫 270

　11.1　Linux 系统下安装 Python 3 271
　　　11.1.1　安装 Python 3 271
　　　11.1.2　安装 virtualenv 272
　11.2　Docker 的使用 273
　　　11.2.1　Docker Hello World 273
　　　11.2.2　运行交互式的容器 273
　　　11.2.3　启动容器（后台模式） 274
　　　11.2.4　停止容器 274
　11.3　Docker 安装 Python 274
　　　11.3.1　docker pull python:3.5 275
　　　11.3.2　通过 Dockerfile 构建 275
　　　11.3.3　使用 python 镜像 277
　11.4　Docker 安装 MySQL 277
　本章小结 278

第 12 章　数据分析 279

　12.1　NumPy 的使用 280
　　　12.1.1　NumPy 安装 280
　　　12.1.2　NumPy ndarray 对象 280
　　　12.1.3　NumPy 数据类型 282
　　　12.1.4　数组属性 285
　　　12.1.5　NumPy 创建数组 288

12.1.6　NumPy 切片和索引 290
　　　12.1.7　数组的运算 291
　　　12.1.8　NumPy Matplotlib 292
　12.2　Pandas 的使用 296
　　　12.2.1　从 CSV 文件中读取数据 296
　　　12.2.2　向 CSV 文件中写入数据 297
　　　12.2.3　Pandas 数据帧（DataFrame）.. 298
　　　12.2.4　Pandas 函数应用 301
　　　12.2.5　Pandas 排序 303
　　　12.2.6　Pandas 聚合 306
　　　12.2.7　Pandas 可视化 309
　12.3　pyecharts 的使用 311
　　　12.3.1　绘制第一个图表 311
　　　12.3.2　使用主题 313
　　　12.3.3　使用 pyecharts-snapshot 插件 313
　　　12.3.4　图形绘制过程 313
　　　12.3.5　多次显示图表 314
　　　12.3.6　Pandas&NumPy 简单示例 314
　12.4　新手实训 315
　12.5　新手问答 316
　本章小结 316

第 3 篇　项目实战篇

第 13 章　爬虫项目实战 318

　13.1　实战一：Selenium+XPath 爬取简书 319
　　　13.1.1　打开简书首页分析 319
　　　13.1.2　爬取思路 321
　　　13.1.3　编写爬虫代码 321
　　　13.1.4　实例总结 325
　13.2　实战二：使用 requests 爬取腾讯人口迁徙数据 326
　　　13.2.1　分析网页结构 326

13.2.2　爬取思路 328
13.2.3　动手编码实现爬取 328
13.2.4　实例总结 330
13.3　实战三：Scrapy 爬取豆瓣电影 330
13.3.1　分析豆瓣电影网页结构 330
13.3.2　爬取的数据结构定义（items.py） 332
13.3.3　爬虫器（MovieSpider.py） 332
13.3.4　pipeline 管道保存数据 333
13.3.5　将数据存储到 MySQL 数据库 333
13.3.6　实例总结 334
13.4　实战四：使用 Selenium 多线程异步爬取同城旅游网机票价格信息 334
13.4.1　分析同城旅游网 334
13.4.2　编码实现抓取数据 336
13.4.3　实例总结 343
13.5　实战五：数据分析 Dessert Apples 下 12 种苹果全年最高、最低和平均销量 343
13.5.1　Pandas 读取数据 344
13.5.2　获取索引，drop_duplicates() 去重 344
13.5.3　实现分析数据 345
13.5.4　实例总结 346
13.6　实战六：中国南方航空机票信息爬取 346
13.6.1　分析中国南方航空网 347
13.6.2　编写代码进行爬取 349
13.6.3　实例总结 352
本章小结 352

附录　Python 常见面试题精选 353

快速入门篇

　　网络爬虫是一种自动化数据采集程序。现在我们很幸运，身处互联网时代，大量的信息在网络上都可以查得到，当我们需要网络上的数据、文章、图片等信息时，通常采用的方法是一个个去手动复制、粘贴，这种方法很耗时耗力。循着"DRY"的设计原则，我们希望能有一个自动化的程序，自动帮助我们匹配到网络上的数据，然后下载下来，为我们所用。因此，网络爬虫就应运而生了。

　　其中，搜索引擎就是个很好的例子，搜索引擎技术中大量使用爬虫，它爬取整个互联网的内容，存储在数据库中做索引。例如，我们常常使用的百度搜索、谷歌搜索就是一只大爬虫。本篇将使用 Python 语言作为开发工具，从 Python 基础开始，由浅入深地讲解爬虫的开发流程及设计思路。

第 1 章
Python 基础

有句话说得好,"工欲善其事,必先利其器",由于本书中所涉及的示例代码均以 Python 作为主要开发语言,因此在学习网络爬虫开发之前,需要对 Python 的基本使用方法有个大致的了解。同时,本书致力于帮助读者从零基础入门,本章将会对 Python 的基础语法和使用方法做一个大致的讲解,但不会面面俱到,只需要读者了解基础语法的使用方法即可。如果读者已有一定的 Python 基础,可跳过本章的学习,从第 2 章开始深入探究 Python。

本章主要涉及的知识点

- Python 环境的搭建
- Python 开发 IDE PyCharm 的基本使用方法
- 数据类型和变量
- 字符串编码
- 列表和元组
- 流程控制语句 if 和循环
- 字典和集合的使用方法
- 函数
- 面向对象
- 多线程

1.1 Python 环境搭建

Python（英国发音：/ˈpaɪθən/；美国发音：/ˈpaɪθɑːn/）是一种面向对象的解释型计算机程序设计语言，由荷兰人 Guido van Rossum 于 1989 年发明，第一个公开发行版发行于 1991 年。

Python 是纯粹的自由软件，源代码和解释器 CPython 遵循 GPL（GNU General Public License）协议。Python 语法简洁清晰，特色之一是强制用空白符作为语句缩进。

Python 具有丰富和强大的库，常被称为胶水语言，能够把用其他语言制作的各种模块（尤其是 C/C++）很轻松地联结在一起。常见的一种应用情形是，使用 Python 快速生成程序的原型（有时甚至是程序的最终界面），然后对其中有特别要求的部分用更合适的语言改写，如 3D 游戏中的图形渲染模块，性能要求特别高，就可以用 C/C++ 重写，而后封装为 Python 可以调用的扩展类库。需要注意的是，在使用扩展类库时需要考虑平台问题，某些平台可能不提供跨平台的功能。

由于 Python 具有语法简洁及拥有非常全面的第三方类库支持等优势，因此其非常适合用于爬虫程序的编写。Python 目前分为两大版本，一个是 Python 2.x 版本，另一个是 Python 3.x 版本。这两个版本差距比较大，目前最新版本为 Python 3.7.x。需要注意的是，本书中所涉及的代码均以 Python 3.6.4 为主。

接下来，本节将会讲解如何在常用操作系统下搭建 Python 3 开发环境，进行 Python 基础知识的学习和代码编写。

1.1.1 Windows 系统下的 Python 环境安装与配置

Python 是跨平台的语言，支持在各种不同的系统中运行，下面先来讲解我们最熟悉的 Windows 系统下的 Python 环境安装与测试。

1. 下载 Python 安装包

根据 Windows 版本（64 位/32 位）从 Python 官网下载对应的版本安装包，Python 官网下载地址为 https://www.python.org。本书以 Windows 10 系统为例，相关的操作步骤如下。

步骤❶：下载安装包，打开 https://www.python.org，进入 Python 官网首页，鼠标指针移动到【Downloads】选项，可以看到 Python 的最新版本为 Python 3.7.2，如图 1-1 所示。

步骤❷：由于我们使用的是 Windows 系统，因此需要下载 Windows 版本的 Python，在上一步骤的基础上，鼠标指针移动到【Windows】选项并单击，之后将进入版本选择的界面，如图 1-2 所示。

步骤❸：进入版本选择的界面后，选择需要的版本进行下载。由于本书中所使用的是 Python 3.6.4，因此需要找到 3.6.4 版本的 Python 安装包并下载，如图 1-3 所示。

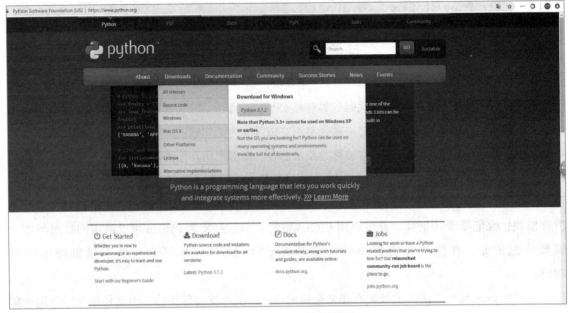

图 1-1 Python 官网首页

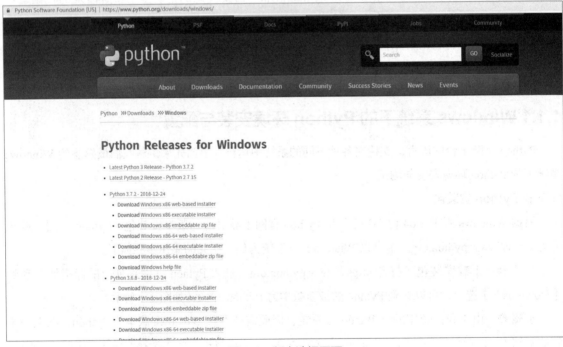

图 1-2 版本选择页面

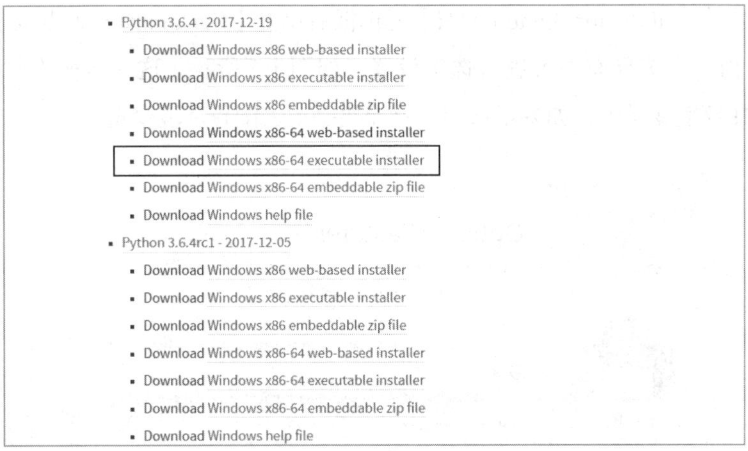

第 1 章　Python 基础

图 1-3　选择对应的版本

> **温馨提示：**
> 　　细心的读者可能会发现，在 Python 官网下载页面，当前最新版本是 3.7，而本书则以 3.6 版本为主。选用 3.6 版本，主要有以下几点原因：一是目前 Python 3 版本中比较稳定且用得比较多的是 3.6.x 版本，而 3.7.x 版本比较新，还未完全通用；二是有很多第三方库对 3.7.x 版本的完全支持性不是特别好，可能会产生某些细节上的错误。所以本书为了后面的示例代码更可靠，选用了 3.6 版本的 Python 进行开发。当然版本的选择也并非强制性的，有的读者如果比较喜欢最新版本，则可下载 3.7 版本进行安装。安装方式与 3.6 版本是相同的。

2. 安装 Python

下载完后，双击【python-3.6.4-amd64.exe】运行安装程序，进入安装引导界面，如图 1-4 所示。

图 1-4　Python 安装引导界面

接下来，就可以开始安装了，相关的安装步骤如下。

步骤❶：选中【Add Python 3.6 to PATH】复选框后单击【Customize installation】选项，会弹出一个可选特性界面，在该界面中可进行选项设置，如图1-5所示。这一步操作的作用是把Python加入系统的PATH环境变量中，如果不选中，就需要手动去配置环境变量。

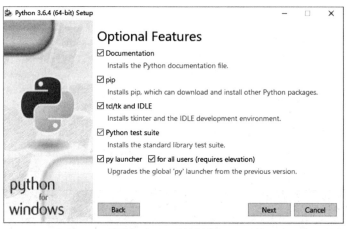

图1-5 可选特性界面

步骤❷：在弹出的可选特性界面中选中所有的复选框，各选项的含义如下。

（1）Documentation：安装Python的帮助文档。

（2）pip：安装Python的第三方包管理工具。

（3）tcl/tk and IDLE：安装Python自带的集成开发环境。

（4）Python test suite：安装Python的标准测试套件。

（5）py launcher和for all users (requires elevation)：允许所有用户更新版本。

选中之后单击【Next】按钮进入下一步骤。

步骤❸：通过步骤2之后，进入Advanced Options（高级选项）配置界面，保持默认的设置，然后单击【Browse】按钮选择安装路径，如图1-6所示。

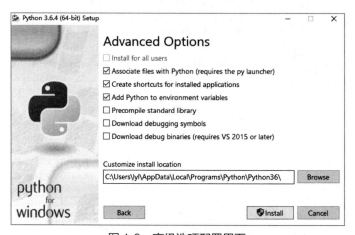

图1-6 高级选项配置界面

步骤❹：单击【Install】按钮进行安装，安装过程会持续一段时间。安装完成后，在控制台打开 cmd 命令行窗口，输入"python"，检查是否安装成功。如果安装成功，将会出现类似以下信息的内容，从中可以看到关于所安装的 Python 版本等信息。

```
C:\Users\lyl>python
Python 3.6.4 (v3.6.4:69c0db5, Mar 21 2017, 18:41:36) [MSC v.1900 64 bit (AMD64)] on win32
Type "help","copyright","credits" or "license" for more information.
>>>
```

1.1.2 Linux 系统下的 Python 环境安装

Linux 系统下的 Python 环境安装，一般常用的有两种方式：命令安装和源码安装。Linux 系统默认装有 Python 2.7 版本，但是由于我们需要使用 3.x 版本的 Python，因此需要自己安装。使用源码安装 Python 需要自己编译，而且时间比较长。在这里推荐使用命令安装，这样既简单又快速，可以省去很多步骤。由于 Linux 系统有众多版本，这里选择性地以 Ubuntu/Debian/Deepin 为例。下面将分别介绍命令安装和源码安装。

1. 命令安装

使用命令在 Ubuntu 下安装 Python 的相关步骤如下。

步骤❶：在使用命令安装之前，需要先打开 Linux 命令行。由于本书所使用的是一台云服务器上的 Ubuntu，因此需要使用 xshell 工具去连接，连接后，默认就是一个命令行界面，如图 1-7 所示。如果用户是在自己的虚拟机上安装的 Ubuntu，则可以按【Ctrl+Alt+T】组合键直接打开命令行。

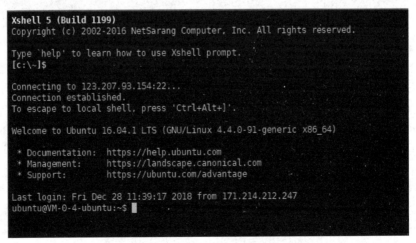

图 1-7　Linux 命令行界面

步骤❷：打开命令行之后，切换到 root 用户，直接输入命令"sudo su"即可切换，如图 1-8 所示，如果默认是使用 root 用户登录的，则可以省略此步骤。

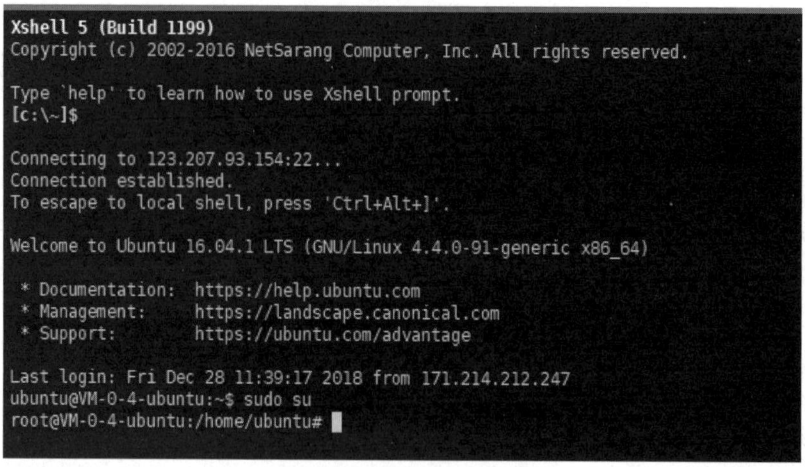

图 1-8 切换 root 用户

步骤❸：接下来输入命令：

apt-get update

在 apt-get update 执行完成之后，输入下面的命令，安装 Python 3 所需要的一些依赖环境。

apt-get install -y python3-dev build-essential libssl-dev libffi-dev libxml2 libxml2-dev libxslt1-dev zlib1g-dev libcurl4-openssl-dev

此命令成功执行完毕后将会出现如图 1-9 所示的内容。

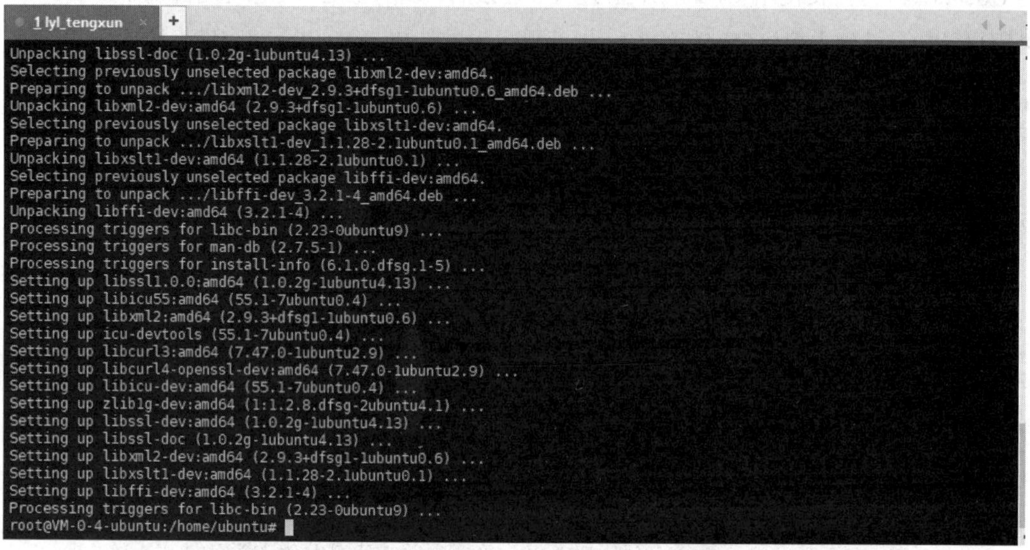

图 1-9 安装 Python 3 所需的依赖环境

步骤❹：紧接着继续输入命令：

apt-get install -y python3

等待安装。安装过程会持续一段时间，执行完命令后，Python 3 就安装完成了。最后还要测试一下是否安装成功，直接输入"python3"，如图1-10所示，如果安装成功将会看到相关的版本信息。

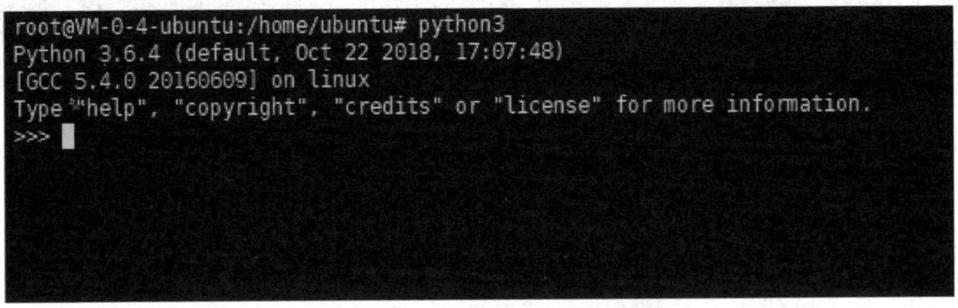

图 1-10　测试是否安装成功

步骤❺：继续安装 pip3。pip 是一个现代的、通用的 Python 包管理工具，提供了对 Python 包的查找、下载、安装、卸载的功能。这里还是使用命令安装，输入命令：

```
sudo apt-get install -y python3-pip
```

执行完命令后，测试一下 pip 是否安装成功，输入命令"pip3 list"，如果出现类似如图 1-11 所示的内容，则代表安装成功。

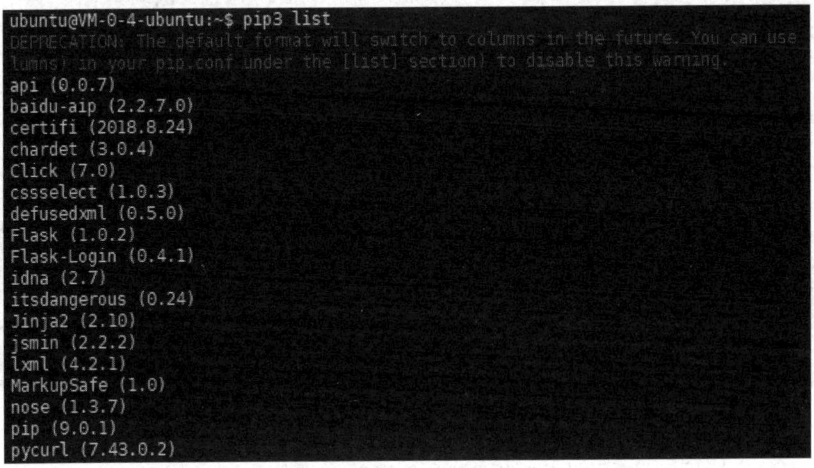

图 1-11　测试 pip 是否安装成功

2. 源码安装

源码安装需要去官网手动下载相应的安装包，官网地址为 https://www.python.org，进入官网选择相应的版本下载。这里以 3.6.4 版本为例，源码安装的相关步骤如下。

步骤❶：例如，这里将 Python 源码文件下载到了 /home/download_files 路径下，接下来使用以下命令进行解压，解压完成之后，当前路径将会出现一个名为"Python-3.6.4"的目录，然后可以用"cd"命令切换到"Python-3.6.4"目录下。为了验证解压的文件是否有缺失，可以使用"ls"命令查看一下，如图 1-12 所示。

```
tar -zxvf Python-3.6.4.tgz
```

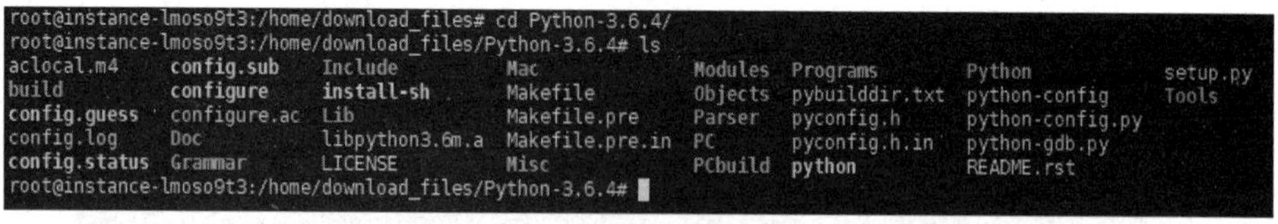

图 1-12　解压后的路径

步骤❷：创建 Python 3 安装路径，然后编译并安装，整个过程可能会有点长。相关命令如下所示，依次执行以下命令即可。在执行完"sudo make install"命令之后，等待一段时间，如果出现如图 1-13 所示的内容，则代表已经将 Python 3 安装成功。

```
sudo mkdir /usr/local/python3
sudo ./configure --prefix = /usr/loacl/python3
sudo make
sudo make install
```

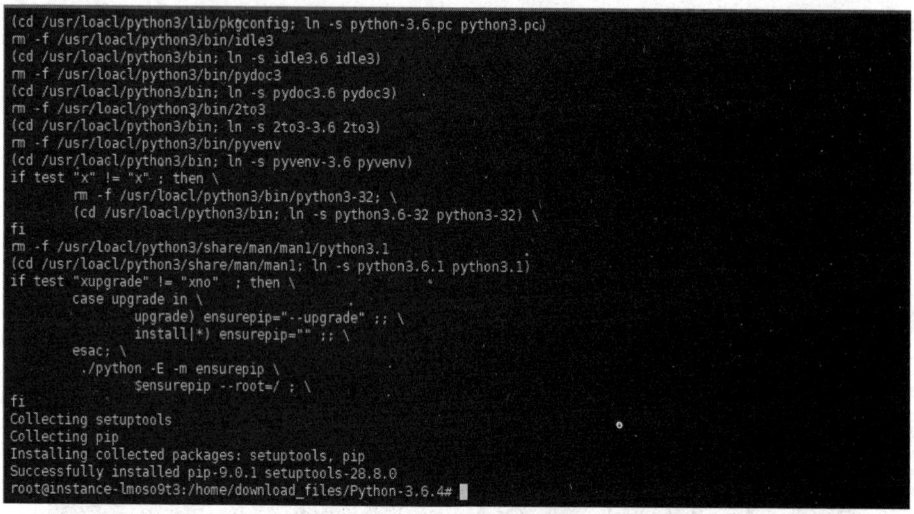

图 1-13　安装完成界面

步骤❸：安装完毕后，还需要创建软链接，创建软链接的作用类似于 Windows 下的环境变量，相关命令如下。

```
sudo ln -s /usr/local/python3/bin/python3 /usr/bin/python3
```

步骤❹：同样与 Windows 环境下安装一样，在安装完 Python 3 之后，也需要安装一个工具 pip 进行包管理，pip 的下载地址为 https://github.com/pypa/pip/archive/9.0.1.tar.gz。下载完成之后，依次执行以下命令进行 pip 的安装。

```
tar -zxvf pip-9.0.1.tar.gz
cd pip-9.0.1
python3 setup.py install
```

步骤❺：安装完 pip3 后，再创建 pip3 的软链接，相关命令如下。

```
sudo ln -s /usr/local/python3/bin/pip /usr/bin/pip3
```

关于源码安装 Python 的步骤到此就结束了，最后测试一下是否安装成功，如图 1-14 所示，直接输入"python3"。

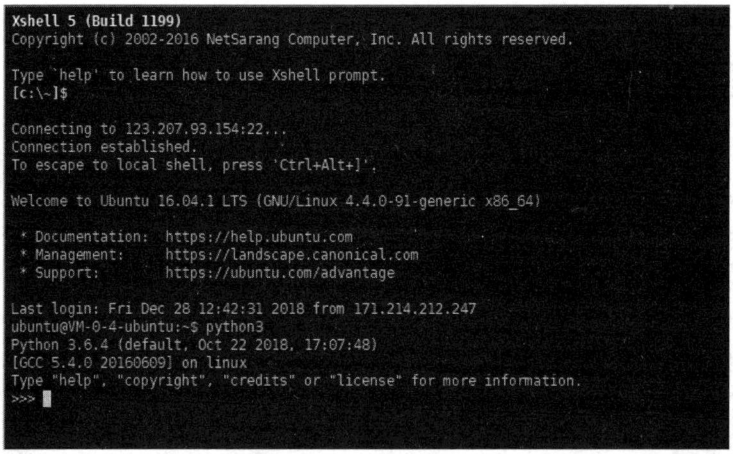

图 1-14　测试 Python 是否安装成功

1.1.3 Mac OS X 系统搭建 Python 3

在不同的操作系统中，Python 存在细微的差别。这里将介绍使用 Mac 的 Python 版本，并简要介绍 Python 3 的安装步骤。Mac 系统下安装 Python 比较简单，比 Windows 系统下会少些步骤，因为 Mac 系统跟 Linux 系统有不少相似之处，有些东西集成得比较好，不需要特意手动配置，相关的安装步骤如下。

步骤❶：安装之前需要到官网去下载，双击下载好的安装包进入安装引导界面，如图 1-15 所示，这里以 Python 3.7 版本为例。

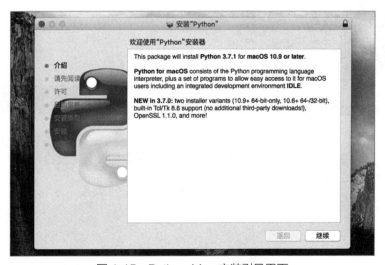

图 1-15　Python Mac 安装引导界面

步骤❷：单击【继续】按钮，阅读完相关的条款协议后，保持默认设置，进行安装，可以看到 Mac 系统下的安装步骤要比 Windows 系统下简单一些，直接就可以进行安装了，如图 1-16 所示。

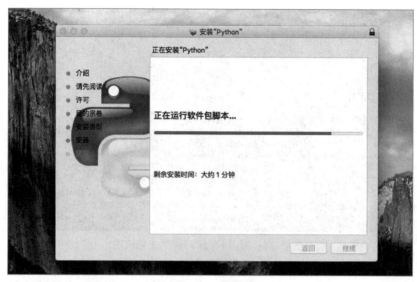

图 1-16　安装 Python

步骤❸：安装完成后，就能在应用程序目录下看到关于 Python 的文件，如图 1-17 所示。

图 1-17　查看 Python

步骤❹：打开命令行，输入"python3"进行测试，看看是否安装成功，如果安装成功，则会出现类似如图 1-18 所示的内容。

第 1 章 Python 基础

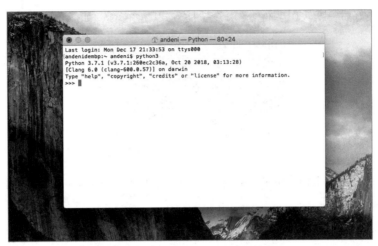

图 1-18 测试 Python 是否安装成功

> **温馨提示：**
> 因为本书中所涉及的示例均是在 Window 10 系统下开发的，所以这里建议读者在练习时，可以优先选用 Windows 系统，毕竟在实际工作中，公司所配置的计算机最常用的还是 Windows 系统。而对于 Mac 系统，在实际的项目开发过程中，在安装 Python 的某些库时，系统本身可能会出现一些问题而不利于读者学习。所以建议初学者学习时可以选用 Windows 系统，以减少学习时的障碍。

1.1.4 IDE 开发工具介绍

安装好 Python 环境后，需要一个编辑代码的 IDE 工具。理论上使用任何一款文本编辑器都可以，如记事本、Notepad++ 等。这里推荐使用用于 Python 开发的专属工具 PyCharm，它是一种 Python IDE，带有一整套可以帮助用户在使用 Python 语言开发时提高其效率的工具，功能包括调试、语法高亮、Project 管理、代码跳转、智能提示、自动完成、单元测试、版本控制等。此外，该 IDE 还提供了一些高级功能。PyCharm 官方正版是收费的，社区版本是可以免费使用的。下面将会讲解 PyCharm 的基本用法。

关于 PyCharm 的安装方法这里不做讲解，与安装其他软件的方法一样，下载好之后直接打开进行安装，各种选项保持默认状态即可。

> **温馨提示：**
> 在使用 PyCharm 之前，需要注意的是，PyCharm 是运行在 JVM 虚拟机上的，所以需要安装 Java 的 JDK，否则会打不开 PyCharm。关于 JDK 的安装这里不做讲解，可在网络上查询具体操作。

PyCharm 安装好后，默认在桌面创建一个快捷方式启动图标，如图 1-19 所示。

图 1-19　PyCharm 桌面快捷图标

安装好 PyCharm 后，下面讲解 PyCharm 的简单基本操作。创建第一个 py 文件并编写测试代码运行，相关的步骤如下。

步骤❶：打开 PyCharm，初始界面如图 1-20 所示，选择【Create New Project】选项创建一个新项目，并在【Location】文本框后面选择路径设置一个项目名称，项目名称自由设定，有意义就行。例如，设置为"test_project"，如图 1-21 所示，单击【Create】按钮完成创建。

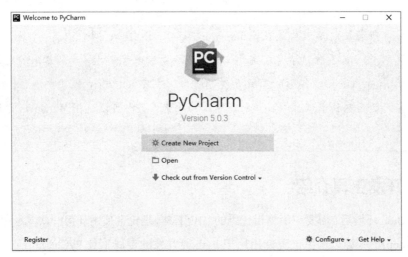

图 1-20　PyCharm 初始界面

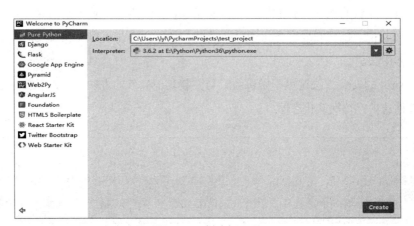

图 1-21　创建新项目

步骤❷：创建完项目后，就正式进入了 PyCharm 的项目工作区。这时仅仅是创建了一个空的项目，还没有相关的 py 代码文件。而本小节的目的是要创建一个 py 文件并编写代码测试运行，所以需要使用鼠标右击刚才创建的项目名称【test_project】，在弹出的菜单中执行【New】→【Python File】命令，进行 py 文件创建。这里以创建的一个 test.py 文件为例，如图 1-22 所示。

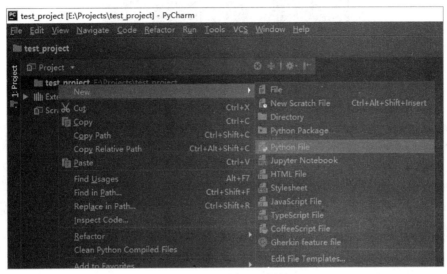

图 1-22　创建 py 文件

步骤❸：打开步骤 2 创建好的 test.py 文件，就可以在其中编写代码了，如在这里添加以下代码：

print("hello word")

编写好代码后，右击"test.py"文件，选择【Run 'test'】选项运行文件，如图 1-23 所示。

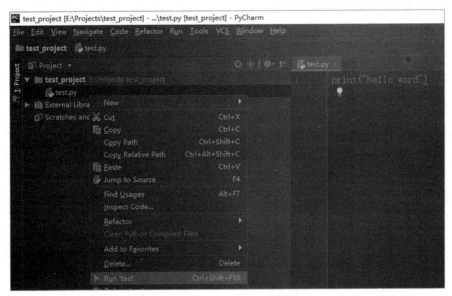

图 1-23　运行 test

运行之后就会在底部控制台看到输出了"hello word"字样，如图1-24所示，至此就完成了在PyCharm中创建项目并运行。

图1-24 控制台

1.2 Python 编程入门

Python是一种计算机程序设计语言，是一种动态的、面向对象的脚本语言，最初被设计用于编写自动化脚本（shell），随着版本的不断更新和语言新功能的添加，越来越多被用于独立的、大型项目的开发。由于Python语法简洁，拥有众多第三方库，因此Python能够快速地完成需求，达到目的，人们经常使用它编写爬虫数据分析等程序。本节将对Python的基础语法和使用方法做大致的讲解，为后面的爬虫编写做铺垫。

1.2.1 第一个 Python 程序

在1.1节Python环境的搭建安装中，已经默认安装了一个交互式环境的IDE，可以在上面直接写代码。至于安装PyCharm只是本书推荐，因为通过PyCharm能更方便地管理调试项目代码。接下来，在1.1.4小节创建的"test.py"中输入"print(100+1)"并运行，看看计算结果是不是101。

```
print(100+1)
```

运行后控制台会输出：

```
101
```

运行代码后，将会得到结果：101。可以发现，任何有效的数学计算都可以计算出来。如果想打印文字，可以通过print()方法打印出来，在print()方法中将文字通过单引号或双引号括起来。例如：

```
print('hello, world')
```

运行后控制台会输出：

```
hello, world
```

在程序中，像这种使用单引号或双引号括起来的文本被称为字符串，在今后的编程中会经常遇到，程序中所使用的一切符号如引号、括号等，必须在英文输入法状态下输入，否则会报语法错误。

1.2.2 Python 注释

注释的目的是让人们能够轻松地读懂每一行代码，也就是说，让人看了能知道这些代码的作用是什么。而计算机在执行程序时会自动忽略它，不会去执行，同时也是为后期代码维护提供便利，提高工作效率。在 Python 中，单行注释以"#"开头，例如：

```
print('hello, world') # 第一个注释
```

多行注释用 3 个单引号 ''' 或 3 个双引号 """ 将注释括起来，例如：

```
'''
多行注释测试
'''
print("hello world")
```

1.2.3 数据类型和变量

前面了解到 Python 简单语法能够打印出"hello world"，接下来，看看它都有哪些数据类型和变量，是怎样定义的。

1. 数据类型

在计算机中，以位（0 或 1）表示数据，因此，计算机程序理所当然地可以处理各种数值。但是，计算机能处理的远不止数值，还可以处理文本、图形、音频、视频、网页等各种各样的数据，不同的数据，需要定义不同的数据类型。数据类型的出现是为了把数据分成所需内存大小不同的数据，编程时，需要用大数据时才需要申请大内存。按内存不同将数据分类，可以充分利用内存。例如，胖的人必须睡双人床，就给他双人床；瘦的人单人床就够了，就给他单人床，这样才能物尽其用。在 Python 中，能够直接处理的数据类型有以下几种。

（1）整数。

Python 可以处理任意大小的整数，在程序中的表示方法和数学上的写法一样，例如，1、100、-8080、0 等。

由于计算机使用二进制编码，因此，有时用十六进制表示整数比较方便，十六进制用 0x 前缀和 0~9、a~f 表示，例如，0xff00、0xa5b4c3d2 等。

（2）浮点数。

浮点数也就是小数，之所以称为浮点数，是因为按照科学记数法表示时，一个浮点数的小数点位置是可变的，例如，1.23×10^9 和 12.3×10^8 是相等的。浮点数可以用数学写法，如 1.23、3.14、-9.01 等。但是对于很大或很小的浮点数，就必须用科学计数法来表示，把 10 用 e 替代，1.23×10^9 就是 1.23e9 或 12.3e8，0.000012 也可以写成 1.2e-5，等等。

整数和浮点数在计算机内部存储的方式是不同的，整数运算永远是精确的（除法也是精确的），而浮点数运算则可能会有四舍五入的误差。

（3）字符串。

字符串是以 " 或 "" 括起来的任意文本，如 'abc'、"xyz" 等。需要注意的是，" 或 "" 本身只是一种表示方式，不是字符串的一部分，因此，字符串 'abc' 只有 a、b、c 这 3 个字符。如果 ' 本身也是一个字符，那么就可以用 "" 括起来，例如，"I'm OK" 包含的字符是 I、'、m、空格、O、K 这 6 个字符。

如果字符串内部包含单引号 "'" 或双引号 """，那么就可以用转义字符 "\" 来标识，例如：

```
print('I\' am zhangsan')
```

运行后控制台会输出：

```
I' am zhangsan
```

转义字符 "\" 可以转义很多字符，如 \n、\t、\\ 等。读者可以使用 print() 方法打印出来看一看。

（4）布尔值。

布尔值和布尔代数的表示完全一致，一个布尔值只有 True 和 False 两种值。在 Python 中，可以直接用 True、False 表示布尔值（注意大小写），也可以通过布尔运算计算出来，例如：

```
print(True)
print(False)
print(1 > 0)
print(3 > 10)
```

运行后控制台会输出：

```
True
False
True
False
```

布尔值还可以用 and、or 和 not 运算。and 运算是与运算，只有所有都为 True，and 运算结果才是 True，例如：

```
print(True and True)
print(False and True)
```

运行后控制台会输出：

```
True
False
```

or 运算是或运算，只要其中有一个为 True，or 运算结果就是 True，例如：

```
print(True or True)
print(True or False)
```

运行后控制台会输出：

```
True
True
```

not 运算是非运算，它是一个单目运算符，把 True 变成 False，False 变成 True，例如：

```
print(not True)
```

```
print(not False)
```

运行后控制台会输出：

```
False
True
```

（5）空值。

空值是 Python 中一个特殊的值，用 None 表示。None 不能理解为 0，因为 0 是有意义的，而 None 是一个特殊的空值。此外，Python 还提供了列表、字典等多种数据类型，还允许创建自定义数据类型，后面将会详细介绍。

2. 变量

变量来源于数学，是计算机语言中能储存计算结果或能表示值的抽象概念。变量可以通过变量名访问。在指令式语言中，变量通常是可变的；但在纯函数式语言（如 Haskell）中，变量可能是不可变的。在一些语言中，变量可能被明确为是能表示可变状态、具有存储空间的抽象（如在 Java 和 Visual Basic 中）。但另外一些语言可能使用其他概念（如 C 的对象）来指称这种抽象，而不严格地定义"变量"的准确外延。

在计算机程序中，变量不仅可以是数字，还可以是任意数据类型。变量在程序中是用一个变量名表示的，变量名必须是大小写英文、数字和 _ 的组合，且不能用数字开头，例如：

```
a = 1
b = "hello"
c1 = True
```

这里将 1 赋值给变量 a，所以 a 就是一个整数。同理，变量 b 等于字符串"hello"、变量 c1 等于布尔值 True。在 Python 中，等号"="是赋值语句，可以把任意数据类型赋值给变量，同一个变量可以反复赋值，而且可以是不同类型的变量，例如：

```
a1 = 123
a1 = "test111"
```

这种变量本身类型不固定的语言称为动态语言，与之对应的是静态语言。静态语言在定义变量时必须指定变量类型，如果赋值时类型不匹配，就会报错。

1.2.4 字符串和编码

前面了解了关于 Python 数据类型和变量的知识，也提到过字符串，接下来看看关于字符串和编码的更多知识。

1. 字符串

字符串是 Python 中最常用的数据类型，可以使用单引号或双引号来创建字符串。创建字符串时只要为变量分配一个值即可。例如：

```
var1 = 'Hello World!'
```

var2 = " 张三 "

字符串创建好后，还可以对它进行一些操作，如访问字符串、转义、更新、格式化等。

（1）Python 访问字符串中的值。

Python 访问字符串，可以使用方括号来截取字符串，例如：

```
var1 = 'Hello World!'
var2 = "this is test"
print("var1[0]:", var1[0])
print("var2[1:5]: ", var2[1:5])
```

运行后控制台会输出：

```
var1[0]: H
var2[1:5]: his
```

（2）Python 字符串更新。

可以截取字符串的一部分与其他字段拼接，例如：

```
var1 = 'Hello World!'
print(" 已更新字符串 : ", var1[:6] + ' 哈喽 !')
```

运行后控制台会输出：

已更新字符串：Hello 哈喽！

（3）Python 转义字符。

需要在字符中使用特殊字符时，Python 用反斜杠（\）转义字符，如表 1-1 所示。

表1-1　Python转义字符表

转义字符	描述
\（在行尾时）	续行符
\\	反斜杠符号
\'	单引号
\"	双引号
\a	响铃
\b	退格（Backspace）
\e	转义
\000	空
\n	换行
\v	纵向制表符
\t	横向制表符
\r	回车
\f	换页

续表

转义字符	描述
\oyy	八进制数，yy代表的字符，例如，\o12代表换行
\xyy	十六进制数，yy代表的字符，例如，\x0a代表换行
\other	其他的字符以普通格式输出

如输入带引号的字符串，就需要使用到"\"进行转义，例如：

```
var1 = 'I\'am a test!'
print(var1)
```

运行后控制台会输出：

I'am a test!

（4）Python 字符串格式化。

Python 支持格式化字符串的输出。尽管这样可能会用到非常复杂的表达式，但最基本的用法是将一个值插入一个有字符串格式符 %s 的字符串中。例如：

```
print(" 我叫 %s 今年 %d 岁 !" % (' 小明 ', 10))
```

运行后控制台会输出：

我叫 小明 今年 10 岁 !

Python 字符串格式化符号如表 1-2 所示。

表1-2 Python字符串格式化符号

符号	描述
%c	格式化字符及其ASCII码
%s	格式化字符串
%d	格式化整数
%u	格式化无符号整型
%o	格式化无符号八进制数
%x	格式化无符号十六进制数
%X	格式化无符号十六进制数（大写）
%f	格式化浮点数，可指定小数点后的精度
%e	用科学计数法格式化浮点数
%E	作用同%e，用科学计数法格式化浮点数
%g	%f和%e的简写
%G	%f和%E的简写
%p	用十六进制数格式化变量的地址

2. 编码

字符串也是一种数据类型，但是字符串比较特殊的是还有编码问题。因为计算机只能处理数字，如果要处理文本，就必须先把文本转换为数字。最早的计算机在设计时采用8个比特（bit）作为一个字节（Byte），所以，一个字节能表示的最大的整数就是255（二进制11111111=十进制255），如果要表示更大的整数，就必须用更多的字节。例如，两个字节可以表示的最大整数是65535，4个字节可以表示的最大整数是4294967295。

由于计算机是美国人发明的，因此，最早只有127个字符被编码到计算机中，也就是大小写英文字母、数字和一些符号，这个编码被称为ASCII编码，例如，大写字母A的编码是65，小写字母z的编码是122。

但是要处理中文显然一个字节是不够的，至少需要两个字节，而且还不能和ASCII编码冲突，所以，中国制定了GB2312编码，用来把中文编进去。

全世界有上百种语言，日本把日文编到Shift_JIS中，韩国把韩文编到EUC-KR中，各国有各国的标准，就会不可避免地出现冲突，结果就是，在多语言混合的文本中，显示出来会有乱码。

因此，Unicode应运而生。Unicode把所有语言都统一到一套编码中，这样就不会再有乱码问题了。Unicode标准也在不断发展，但最常用的是用两个字节表示一个字符（如果要用到非常偏僻的字符，就需要4个字节）。现代操作系统和大多数编程语言都直接支持Unicode。

ASCII编码和Unicode编码的区别是：ASCII编码是一个字节，而Unicode编码通常是两个字节。举例如下。

（1）字母A用ASCII编码是十进制的65，二进制的01000001。

（2）字符0用ASCII编码是十进制的48，二进制的00110000。需要注意的是，字符'0'和整数0是不同的。

（3）汉字中已经超出了ASCII编码的范围，用Unicode编码是十进制的20013，二进制的01001110 00101101。

可以猜测，如果把ASCII编码的A用Unicode编码，只需要在前面补0就可以，因此，A的Unicode编码是00000000 01000001。

新的问题又出现了：如果统一用Unicode编码，乱码问题从此消失了。但是，如果文本基本上全部是英文，那么用Unicode编码比ASCII编码需要多一倍的存储空间，在存储和传输上就十分不划算。

所以，为了节省空间，又出现了将Unicode编码转化为"可变长编码"的UTF-8编码。UTF-8编码把一个Unicode字符根据不同的数字大小编码成1~6个字节，常用的英文字母被编码成一个字节，汉字通常是3个字节，只有很生僻的字符才会被编码成4~6个字节。如果要传输的文本包含大量英文字符，用UTF-8编码就能节省很多空间，如表1-3所示。

表1-3 编码对比表

字符	ASCII	Unicode	UTF-8
A	01000001	00000000 01000001	01000001
中	×	01001110 00101101	11100100 10111000 10101101

从表 1-3 中还可以发现，UTF-8 编码有一个额外的好处，就是 ASCII 编码实际上可以被看成是 UTF-8 编码的一部分，所以，大量只支持 ASCII 编码的软件可以在 UTF-8 编码下继续工作。

清楚了 ASCII、Unicode 和 UTF-8 的关系，就可以总结一下现在计算机系统通用的字符编码工作方式：在计算机内存中，统一使用 Unicode 编码，当需要保存到硬盘或需要传输时，就转换为 UTF-8 编码。用记事本编辑时，从文件读取的 UTF-8 字符被转换为 Unicode 字符保存到内存中，编辑完成后，保存时再把 Unicode 字符转换为 UTF-8 字符保存到文件中。

1.2.5 列表

序列是 Python 中最基本的数据结构。序列中的每个元素都分配一个数字，即它的位置或索引，第一个索引是 0，第二个索引是 1，依此类推。Python 有 6 个序列的内置类型，但最常见的是列表和元组。序列都可以进行的操作包括索引、切片、加、乘和检查成员。

此外，Python 已经内置确定序列的长度及确定最大和最小的元素的方法。列表是最常用的 Python 数据类型，它可以作为一个方括号内的逗号分隔值出现。列表的数据项不需要具有相同的类型。

1. 创建列表

创建一个列表，只要把逗号分隔的不同的数据项使用方括号括起来即可。例如：

```
list1 = ['physics', 'chemistry', 1997, 2000]
list2 = [1, 2, 3, 4, 5 ]
list3 = ["a", "b", "c", "d"]
```

2. 访问列表中的值

使用下标索引来访问列表中的值，同样也可以使用方括号的形式截取字符。例如：

```
list1 = ['physics', 'chemistry', 1997, 2000]
list2 = [1, 2, 3, 4, 5, 6, 7 ]
print("list1[0]: ", list1[0])
print("list2[1:5]: ", list2[1:5])
```

运行后控制台会输出：

```
list1[0]:  physics
list2[1:5]:  [2, 3, 4, 5]
```

3. 更新列表

对列表的数据项进行修改或更新，可以使用 append() 方法来添加列表项，例如：

```
list = []          # 空列表
list.append('Google')   # 使用 append() 添加元素
list.append('baidu')
print(list)
```

运行后控制台会输出：

```
['Google', 'baidu']
```

4. 删除列表元素

可以使用 del 语句来删除列表的元素，例如：

```
list = ['Google', 'Runoob', 1997, 2000]
print(" 原始列表 : ", list)
del list[2]
print(" 删除第三个元素 : ", list)
```

运行后控制台会输出：

```
原始列表 : ['Google', 'Runoob', 1997, 2000]
删除第三个元素 : ['Google', 'Runoob', 2000]
```

1.2.6 元组

元组与列表类似，不同之处在于元组的元素不能修改。元组写在圆括号 () 中，元素之间用逗号隔开。

1. 创建元组

元组的创建很简单，只需要在括号中添加元素，并使用逗号隔开即可。例如：

```
tup1 = ('Google', 'test', 1997, 2000)
print(tup1)
```

运行后控制台会输出：

```
('Google', 'test', 1997, 2000)
```

元组中只包含一个元素时，需要在元素后面添加逗号，否则括号会被当作运算符使用。

2. 访问元组

如果想要访问元组中的元素，可以像访问列表元素一样使用下标或切片来访问。例如：

```
tup1 = ('Google', 'test', 1997, 2000)
tup2 = (1, 2, 3, 4, 5, 6, 7 )
print("tup1[0]: ", tup1[0])
print("tup2[1:5]: ", tup2[1:5])
```

运行后控制台会输出：

```
tup1[0]:  Google
tup2[1:5]:  (2, 3, 4, 5)
```

元组一经定义是不能修改和删除的，所以在使用元组时一定要慎重，要用在合适的地方。

1.2.7 字典

字典是一种可变容器模型，且可存储任意类型的对象，用"{}"标识。字典是一个无序的键（key）: 值（value）对的集合。

1. 创建字典

下面通过一个简单的示例来说明如何创建一个字典，示例中的 name 和 age 为键（key），张三和 23 为值（value）。

```
dic = {'name':' 张三 ', 'age':23}
print(dic) # 运行打印
```

运行后控制台会输出：

```
{'name': ' 张三 ', 'age':23}
```

2. 字典新增值

字典增加数据时可以用以下方法，例如：

```
dic = {'name':' 张三 ','age':23}
dic['sex'] = ' 男 '
print(dic) # 打印增加后的结果
```

运行后控制台会输出：

```
{'name':' 张三 ','age':23,'sex':' 男 '}
```

3. 字典删除数据

字典删除数据时可以使用 del 函数，例如：

```
dic = {'name':' 张三 ','age':23}
del dic['age']
print(dic) # 打印删除后的结果
```

运行后控制台会输出：

```
{'name':' 张三 '}
```

字典平常在实际开发中使用得非常多，它的格式与 JSON 格式一样，所以解析起来特别方便和快捷。

1.2.8 条件语句

Python 条件语句是通过一条或多条语句的执行结果（True 或 False）来决定执行的代码块。使用 if 语句来进行判断，在 Python 中 if 语句的一般格式如下。

```
if condition_1:
    statement_block_1
elif condition_2:
    statement_block_2
else:
```

```
    statement_block_3
```

如果"condition_1"为 True,将执行"statement_block_1"块语句;如果"condition_1"为 False,将判断"condition_2";如果"condition_2"为 True,将执行"statement_block_2"块语句;如果"condition_2"为 False,将执行"statement_block_3"块语句。

以下是一个简单的 if 示例。

```
var1 = 100
if var1:
    print("1 -if 表达式条件为 true")
    print(var1)
var2 = 0
if var2:
    print("2 -if 表达式条件为 true")
    print(var2)
print("Good bye!")
```

运行后控制台会输出:

```
1 -if 表达式条件为 true
100
Good bye!
```

从结果可以看出,由于变量 var2 为 0,因此对应的 if 内的语句没有执行。if 中常用的运算符如表 1-4 所示。

表 1-4　if 运算符

运算符	描述
<	小于
<=	小于或等于
>	大于
>=	大于或等于
==	等于,比较对象是否相等
!=	不等于

在 Python 中要注意缩进,一般情况下是 4 个空格,条件语句根据缩进来判断执行语句归属。

1.2.9 循环语句

Python 中的循环语句有 for 和 while。Python 循环语句的控制结构如图 1-25 所示。

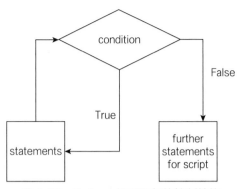

图 1-25　Python 循环语句的控制结构

1. for 循环

在 Python 中 for 循环可以遍历任何序列的项目，如一个列表或一个字符串。for 循环的一般格式如下。

```
for <variable> in <sequence>:
    <statements>
else:
    <statements>
```

下面用 for 语句实现打印出 1~10 的数字。

```
for x in range(1,10):
    print(x)
```

运行后控制台会输出：

```
1
2
3
4
5
6
7
8
9
```

其中 range 表示范围，1~10 的数，x 表示从 1 开始迭代，每迭代一次，x 就会加 1，直到 x 变成了 10 结束，因此 x=10 时不执行语句，for 循环是 9 次迭代。

如果是列表或字典，就不用 range() 函数，直接用列表或字典，此时 x 表示列表或字典的元素，代码如下。

```
list = [1,2,3,4]
for x in list:
    print(x)
```

运行后控制台会输出：

```
1
2
3
4
```

2. while 循环

在 Python 中 while 循环的一般格式如下。

```
while 判断条件：
    语句
```

同样地，需要注意冒号和缩进。另外，在 Python 中没有 do…while 循环。以下示例使用了 while 来计算 1~100 的总和。

```
n = 100
sum = 0
counter = 1
while counter <= n:
    sum = sum + counter
    counter += 1
print("1 到 %d 之和为 : %d" % (n, sum))
```

运行后控制台会输出：

```
1 到 100 之和为 : 5050
```

还可以通过设置条件表达式永远不为 False 来实现无限循环，示例如下。

```
var = 1
while var == 1:  # 表达式永远为 true
    num = int(input(" 输入一个数字 :"))
    print(" 你输入的数字是 : ", num)
print("Good bye!")
```

运行后控制台会输出：

```
输入一个数字： 1
你输入的数字是： 1
输入一个数字： 2
你输入的数字是： 2
输入一个数字：
```

3. while 循环使用 else 语句

while…else 在条件语句为 False 时执行 else 的语句块，示例如下。

```
count = 0
while count < 5:
    print(count, " 小于 5")
    count = count + 1
else:
```

```
    print(count, " 大于或等于 5")
```

运行后控制台会输出：

```
0 小于 5
1 小于 5
2 小于 5
3 小于 5
4 小于 5
5 大于或等于 5
```

1.2.10 函数

函数是组织好的、可重复使用的、用来实现单一或相关联功能的代码段。函数能提高应用的模块性和代码的重复利用率。Python 提供了许多内建函数，如 print()，但也可以自己创建函数，这被称为用户自定义函数。

1. 定义函数

要定义一个有自己想要功能的函数，以下是简单的规则。

（1）函数代码块以 def 关键词开头，后接函数标识符名称和圆括号 ()。

（2）任何传入参数和自变量必须放在圆括号中间，圆括号之间可以用于定义参数。

（3）函数的第一行语句可以选择性地使用文档字符串——用于存放函数说明。

（4）函数内容以冒号起始，并且缩进。

（5）return [表达式] 结束函数，选择性地返回一个值给调用方。不带表达式的 return 相当于返回 None。

Python 定义函数使用 def 关键字，一般格式如下。

```
def 函数名 ( 参数列表 ):
    函数体
```

默认情况下，参数值和参数名称是按函数声明中定义的顺序匹配起来的。例如，使用函数来输出"Hello World！"，示例代码如下。

```
def hello() :
    print("Hello World!")
hello()
```

2. 调用函数

定义一个函数：给函数指定一个名称，指定函数中包含的参数和代码块结构。这个函数的基本结构定义完成以后，可以通过另一个函数调用执行，也可以直接从 Python 命令提示符执行。以下示例调用了 printme() 函数。

```
# 定义函数
def printme(str):
    # 打印任何传入的字符串
```

```
    print(str)
    return

# 调用函数
printme(" 我要调用用户自定义函数 !")
printme(" 再次调用同一函数 ")
```

运行后控制台会输出：

```
我要调用用户自定义函数！
再次调用同一函数
```

1.2.11 类

Python 中的类提供了面向对象编程的所有基本功能：类的继承机制允许多个基类，派生类可以覆盖基类中的任何方法，方法中可以调用基类中的同名方法。

1. 类的定义

定义类的语法格式如下。

```
class ClassName:
    <statement-1>
    .
    .
    .
    <statement-N>
```

类实例化后，可以使用其属性，实际上，创建一个类之后，可以通过类名访问其属性。例如，定义一个学生类 Student。

```
class Student():

    def info(self):
        print(" 测试方法 ")
```

2. 类对象

类对象支持两种操作：属性引用和实例化。属性引用使用 Python 中所有的属性引用一样的标准语法：obj.name。类对象创建后，类命名空间中所有的命名都是有效属性名。所以如果类定义为：

```
class MyClass:
    """ 一个简单的类实例 """
    i = 12345
    def f(self):
        return 'hello world'

# 实例化类
x = MyClass()
```

```python
# 访问类的属性和方法
print("MyClass 类的属性 i 为：", x.i)
print("MyClass 类的方法 f 输出为：", x.f())
```

以上创建了一个新的类实例并将该对象赋给局部变量 x，x 为空的对象。

运行后控制台会输出：

```
MyClass 类的属性 i 为： 12345
MyClass 类的方法 f 输出为： hello world
```

类有一个名为 __init__() 的特殊方法（构造方法），该方法在类实例化时会自动调用，具体如下。

```python
def __init__(self):
    self.data = []
```

类定义了 __init__() 方法，类的实例化操作会自动调用 __init__() 方法。如下实例化类 MyClass 对应的 __init__() 方法就会被调用。

```python
x = MyClass()
```

当然，__init__() 方法可以有参数，参数通过 __init__() 传递到类的实例化操作上。例如：

```python
class Complex:
    def __init__(self, realpart, imagpart):
        self.r = realpart
        self.i = imagpart
x = Complex(3.0, -4.5)
print(x.r, x.i)  # 输出结果：3.0 -4.5
```

self 代表类的实例，而非类，类的方法与普通的函数只有一个特别的区别——它们必须有一个额外的第一个参数名称，按照惯例它的名称是 self。

3. 类方法

在类的内部，使用 def 关键字来定义一个方法，与一般函数定义不同，类方法必须包含参数 self，且为第一个参数，self 代表的是类的实例。

```python
# 类定义
class people:
    # 定义基本属性
    name = ''
    age = 0
    # 定义私有属性,私有属性在类外部无法直接进行访问
    __weight = 0
    # 定义构造方法
    def __init__(self,n,a,w):
        self.name = n
        self.age = a
        self.__weight = w
    def speak(self):
```

```
        print("%s 说：我 %d 岁。" %(self.name,self.age))

# 实例化类
p = people('runoob',10,30)
p.speak()
```

运行后控制台会输出：

zhangsan 说：我 10 岁。

4. 继承

Python 同样支持类的继承，如果一种语言不支持继承，类就没有什么意义。派生类的定义如下。

```
class DerivedClassName(BaseClassName1):
    <statement-1>
    .
    .
    .
    <statement-N>
```

需要注意的是，圆括号中基类的顺序，若是基类中有相同的方法名，而在子类使用时未指定，Python 从左到右搜索，即方法在子类中未找到时，从左到右查找基类中是否包含该方法。

BaseClassName（示例中的基类名）必须与派生类定义在一个作用域内。除了类外，还可以用表达式，当基类定义在另一个模块中时这一点非常有用。

```
class DerivedClassName(modname.BaseClassName):
```

示例如下。

```
# 类定义
class people:
    # 定义基本属性
    name = ''
    age = 0
    # 定义私有属性，私有属性在类外部无法直接进行访问
    __weight = 0
    # 定义构造方法
    def __init__(self,n,a,w):
        self.name = n
        self.age = a
        self.__weight = w
    def speak(self):
        print("%s 说：我 %d 岁。"%(self.name,self.age))

# 单继承示例
class student(people):
    grade = ''
    def __init__(self,n,a,w,g):
        # 调用基类的构造函数
```

```
        people.__init__(self,n,a,w)
        self.grade = g
# 覆写基类的方法
    def speak(self):
        print("%s 说：我 %d 岁了，我在读 %d 年级 "%(self.name,self.age,self.grade))

s = student('ken',10,60,3)
s.speak()
```

运行后控制台会输出：

```
ken 说：我 10 岁了，我在读 3 年级
```

> **温馨提示：**
> 由于本书是以爬虫为主，因此关于 Python 的基础知识只简单介绍。想知道 Python 更多用法的读者可以去查询 Python 的官方文档：https://docs.python.org/3。

1.3 新手实训

学习完本章，下面结合前面所讲的知识做几个小的实训练习。

1. 使用 for 循环实现九九乘法表

下面实现用 for 循环在控制台打印出九九乘法表，效果如下。

```
1x1=1
1x2=2    2x2=4
1x3=3    2x3=6    3x3=9
1x4=4    2x4=8    3x4=12   4x4=16
1x5=5    2x5=10   3x5=15   4x5=20   5x5=25
1x6=6    2x6=12   3x6=18   4x6=24   5x6=30   6x6=36
1x7=7    2x7=14   3x7=21   4x7=28   5x7=35   6x7=42   7x7=49
1x8=8    2x8=16   3x8=24   4x8=32   5x8=40   6x8=48   7x8=56   8x8=64
1x9=9    2x9=18   3x9=27   4x9=36   5x9=45   6x9=54   7x9=63   8x9=72   9x9=81
```

要实现这个效果，需要使用两个 for 循环，相关示例代码如下。

```
# 九九乘法表
for i in range(1, 10):
    for j in range(1, i+1):
        print('{}x{}={}\t'.format(j, i, i*j), end='')
    print()
```

2. 判断闰年

在控制台输入一个年份字符串，判断其是否为闰年，如果是闰年，则输出是闰年，否则就输出不是闰年，相关示例代码如下。

```python
year = int(input(" 输入一个年份 : "))
if (year % 4) == 0:
    if (year % 100) == 0:
        if (year % 400) == 0:
            print("{0} 是闰年 ".format(year))    # 整百年能被 400 整除的是闰年
        else:
            print("{0} 不是闰年 ".format(year))
    else:
        print("{0} 是闰年 ".format(year))        # 非整百年能被 4 整除的是闰年
else:
    print("{0} 不是闰年 ".format(year))
```

运行后控制台会输出：

```
输入一个年份 : 2000
2000 是闰年
```

3. 计算二次方程

在控制台输入数字，并计算二次方程，相关示例代码如下。

```python
# 导入 cmath( 复杂数学运算 ) 模块
import cmath

a = float(input(' 输入 a: '))
b = float(input(' 输入 b: '))
c = float(input(' 输入 c: '))

# 计算
d = (b**2)-(4*a*c)

# 两种求解方式
sol1 = (-b-cmath.sqrt(d))/(2*a)
sol2 = (-b+cmath.sqrt(d))/(2*a)

print(' 结果为 {0} 和 {1}'.format(sol1,sol2))
```

运行后控制台会输出：

```
输入 a: 1
输入 b: 5
输入 c: 6
结果为 (-3+0j) 和 (-2+0j)
```

1.4 新手问答

学习完本章之后，读者可能会有以下疑问。

（1）当有许多 module，如几百个，想要使用时一个一个导入太麻烦，有没有简便的方法？

答：有，就是将这些模块组织成一个 package。其实就是将模块都放在一个目录中，然后再加一个 __init__.py 文件，Python 会将其看作 package，使用其中的函数就可以 dotted-attribute 方式来访问。

（2）Python 写出来的程序是 exe 可执行文件吗？

答：Python 写出来的程序默认是 .py 文件，需要在命令行运行，如果想使用 exe 方式运行，可以借助某些工具，例如，py2exe 可以将它转换成可执行文件；又如，Cython 可以将它转换成 C 代码编码执行。

（3）Windows 7 64 位系统能安装 32 位的 Python 开发环境吗？

答：可以。32 位的 Python 能够在 Windows 32 位和 64 位上运行，但考虑到兼容性，建议使用 64 位的 Python 比较好。

本章小结

本章主要介绍了 Python 开发环境的搭建、Python 常用的基础语法（如基本数据类型、字符串、布尔类型、列表、元组、字典等），以及函数的使用和字符串编码等知识。

本章需要重点掌握的是列表、循环、字典和类，这几个知识点在爬虫中应用非常频繁，所以希望读者多加练习和理解。

第 2 章
Python 爬虫入门

在学习爬虫之前,还需要了解一些基础知识,如 HTML(网页)基础、HTTP 原理、Session 和 Cookie 的基本原理等。在本章中,将会对这些知识做一个简单的学习和总结,无论是零基础还是有一定功底的读者都能掌握其精髓,并能在后续深入学习中达到事半功倍的效果。

本章主要涉及的知识点

- 爬虫的基本结构和工作流程
- HTTP 的基本原理
- HTML 基础
- Session 和 Cookie

2.1 爬虫的分类

网络爬虫按照系统结构和实现技术，常见的主要有以下几种类型：通用网络爬虫、聚焦网络爬虫、增量式网络爬虫和深层网络爬虫。实际的网络爬虫系统通常是几种爬虫类型相交叉结合实现的。下面将分别对这几种常见爬虫做概念性的讲解。

2.1.1 通用网络爬虫

通用网络爬虫是指爬取目标资源在全互联网中，爬取目标数据巨大。对爬取性能要求非常高。应用于大型搜索引擎中，有非常高的应用价值。通用网络爬虫主要由初始 URL 集合、URL 队列、页面爬行模块、页面分析模块、页面数据库、链接过滤模块等构成。通用网络爬虫的爬行策略主要有深度优先爬行策略和广度优先爬行策略。

2.1.2 聚焦网络爬虫

聚焦网络爬虫是指将爬取目标定位在与主题相关的页面中，主要应用在对特定信息的爬取中，主要为某一类特定的人群提供服务。聚焦网络爬虫主要由初始 URL、URL 队列、页面爬行模块、页面分析模块、页面数据库、链接过滤模块、内容评价模块、链接评价模块等构成。

聚焦网络爬虫的爬行策略有基于内容评价的爬行策略、基于链接评价的爬行策略、基于增强学习的爬行策略和基于语境图的爬行策略。

2.1.3 增量式网络爬虫

增量式网络爬虫是指对已下载网页采取增量式更新和只爬行新产生的或已经发生变化网页的爬虫，它能够在一定程度上保证所爬行的页面是尽可能新的页面。与周期性爬行和刷新页面的网络爬虫相比，增量式网络爬虫只会在需要时爬行新产生或发生更新的页面，并不重新下载没有发生变化的页面，可有效减少数据下载量，及时更新已爬行的网页，减小时间和空间上的耗费，但是增加了爬行算法的复杂度和实现难度。增量式网络爬虫的体系结构包含爬行模块、排序模块、更新模块、本地页面集、待爬行 URL 集及本地页面 URL 集。

增量式网络爬虫有两个目标：保持本地页面集中存储的页面为最新页面和提高本地页面集中页面的质量。为实现第一个目标，增量式网络爬虫需要通过重新访问网页来更新本地页面集中的页面内容，常用的方法有以下几种。

（1）统一更新法：爬虫以相同的频率访问所有网页，不考虑网页的改变频率。

（2）个体更新法：爬虫根据个体网页的改变频率来重新访问各页面。

（3）基于分类的更新法：爬虫根据网页改变频率将其分为更新较快网页子集和更新较慢网页子集两类，然后以不同的频率访问这两类网页。

2.1.4 深层网络爬虫

深层网络爬虫可以爬取互联网中的深层页面。在互联网中网页按存在方式分类,可分为表层页面和深层页面。所谓的表层页面,指的是不需要提交表单,使用静态的链接就能够到达的静态页面;而深层页面则隐藏在表单后面,不能通过静态链接直接获取,是需要提交一定的关键词之后才能够获取得到的页面。在互联网中,深层页面的数量往往比表层页面的数量要多很多,故而,需要想办法爬取深层页面。爬取深层页面,需要想办法自动填写好对应表单,所以,深层网络爬虫最重要的部分为表单填写部分。

深层网络爬虫主要由 URL 列表、LVS 列表(LVS 指的是标签/数值集合,即填充表单的数据源)、爬行控制器、解析器、LVS 控制器、表单分析器、表单处理器、响应分析器等构成。

深层网络爬虫表单的填写有两种类型:第一种是基于领域知识的表单填写,简单地说,就是建立一个填写表单的关键词库,在需要填写时,根据语义分析选择对应的关键词进行填写;第二种是基于网页结构分析的表单填写,简单地说,这种填写方式一般在领域知识有限的情况下使用,这种方式会根据网页结构进行分析,并自动地进行表单填写。

2.2 爬虫的基本结构和工作流程

网络爬虫是搜索引擎抓取系统的重要组成部分。爬虫的主要目的是将互联网上的网页下载到本地形成一个互联网内容的镜像备份。

一个通用的普通网络爬虫的基本结构如图 2-1 所示。

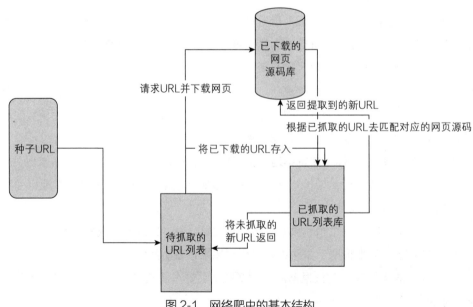

图 2-1 网络爬虫的基本结构

网络爬虫的基本工作流程如下。

步骤❶：选取一些种子 URL，如某地区的新闻列表 1~10 页的 URL。

步骤❷：将这些 URL 放入待抓取的 URL 列表中。

步骤❸：依次从待抓取的 URL 列表中取出 URL 进行解析，得到网页源码，并下载存储到已下载网页源码库中，同时将这个已抓取过的 URL 放进已抓取的 URL 列表中。

步骤❹：分析已抓取 URL 列表中 URL 对应的网页源码，从中按照一定的需求或规则，提取出新 URL 放入待抓取的 URL 列表中，这样依次循环，直到待抓取 URL 列表中的 URL 抓取完为止。例如，新闻列表中每页每一条新闻的标题详情 URL。

2.3 爬虫策略

在实际的爬虫项目开发过程中，对于待抓取的 URL 列表的设计是很重要的一部分。例如，待抓取 URL 列表中的 URL 以什么样的顺序排列就是一个很重要的问题，因为这涉及先抓取哪个页面，后抓取哪个页面。而决定这些 URL 排列顺序的方法，称为抓取策略。下面介绍几种常见的抓取策略。

2.3.1 深度优先遍历策略

深度优先遍历策略是指网络爬虫会从起始页开始，一个链接一个链接跟踪下去，处理完这条线路之后再转入下一个起始页，继续跟踪链接，其原理如图 2-2 所示。

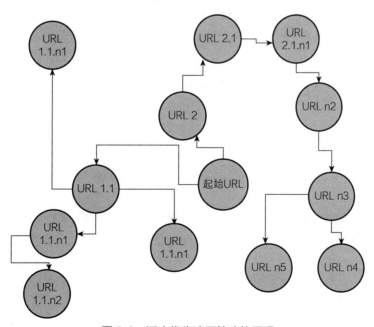

图 2-2　深度优先遍历策略的原理

2.3.2 宽度优先遍历策略

宽度优先遍历策略的基本思路是，将新下载网页中发现的链接直接插入待抓取 URL 队列的末尾。也就是指网络爬虫会首先抓取起始网页中链接的所有网页，然后再选择其中的一个链接网页，继续抓取在此网页中链接的所有网页。例如，以淘宝网首页为起始 URL 为例，如果采用宽度优先遍历策略，就会首先把淘宝网首页所有的 URL 提取出来放到待抓取 URL 列表中，然后再选择其中的一个 URL 进入，继续在进入的新页面中提取所有的 URL，层层递进，依次循环，直到所有的 URL 抓取完毕。

2.3.3 大站优先策略

大站优先策略是指以网站为单位来进行主题选择，确定优先性，对于待爬取 URL 队列中的网页，根据所属网站归类，如果哪个网站等待下载的页面最多，则优先下载这些链接，其本质思想倾向于优先下载大型网站。因为大型网站往往包含更多的页面。鉴于大型网站往往是著名企业的内容，其网页质量一般较高，所以这个思路虽然简单，但是有一定依据。实验表明，这个算法效果也要略优先于宽度优先遍历策略。

2.3.4 最佳优先搜索策略

最佳优先搜索策略按照一定的网页分析算法，预测候选 URL 与目标网页的相似度，或与主题的相关性，并选取评价最好的一个或几个 URL 进行抓取。它只访问经过网页分析算法预测为"有用"的网页。存在的一个问题是，在爬虫抓取路径上的很多相关网页可能被忽略，因为最佳优先策略是一种局部最优搜索算法。因此需要将最佳优先结合具体的应用进行改进，以跳出局部最优点。

关于爬虫的策略，在实际应用中将会根据具体情况选择合适的策略进行爬取。

2.4 HTTP 的基本原理

在本节中，将会详细介绍 HTTP 的基本原理，介绍为什么在浏览器中输入 URL 就可以看到网页的内容，它们之间到底发生了什么。了解了这些内容，有助于进一步了解爬虫的基本原理。

2.4.1 URI 和 URL 介绍

先来了解一下 URI 和 URL，URI 是统一资源标识符，全称为 Uniform Resource Identifier，而

URL 是统一资源定位符,全称为 Universal Resource Locator。

举例来说,"https://www.baidu.com/search/detail?z=0&word= 爬虫教程"这个地址是百度搜索的一个链接,它是一个 URL,也是一个 URI。用 URL/URI 来唯一指定了它的访问方式,这其中包括了访问协议 https、访问主机 www.baidu.com 和资源路径("/"后面的内容)。通过这样一个链接,我们便可以从互联网上找到这个资源,这就是 URL/URI。这种链接一般为了简便习惯性地称为 URL。

因此,笼统地说,每个 URL 都是 URI,但不一定每个 URI 都是 URL。这是因为 URI 还包括一个子类,即统一资源名称(Uniform Resource Name,URN),它命名资源但不指定如何定位资源。URL 和 URI 的关系如图 2-3 所示。

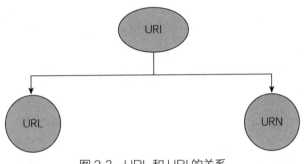

图 2-3　URL 和 URI 的关系

URI 是个纯粹的句法结构,用于指定标识 Web 资源的字符串的各个不同部分。URL 是 URI 的一个特例,它包含了定位 Web 资源的足够信息。其他 URI,如 mailto:cay@horstman.com 则不属于定位符,因为根据该标识符无法定位任何资源。

2.4.2 超文本

"超文本"是超级文本的中文缩写,它的英文名称为 HyperText,我们经常上网打开浏览器所看到的网页其实就是超文本解析而成的。其网页源码是一系列的 HTML 代码,其中包含了各种标签,如 img 显示图片、div 布局、p 指定显示段落等。浏览器解析这些标签后,便形成了我们平常所看到的网页,而网页的源代码就可以称为超文本。

例如,用谷歌浏览器 Chrome 打开百度的首页,然后右击网页,在弹出的快捷菜单中选择【检查】选项(或者直接按【F12】键),即可打开浏览器的开发工具模式,这时在【Eelements】选项卡中就可以看到当前网页的源代码了,这些源代码都是超文本,如图 2-4 所示。

图 2-4 百度首页源码

2.4.3 HTTP 和 HTTPS

在上网过程中，访问的网址（URL）的开头会有 http 或 https，这就是访问资源需要的协议类型。有时还会看到 ftp、sftp、smb 开头的 URL，它们也都是协议类型。在爬虫中，抓取的页面通常是 http 或 https 协议的，下面先来了解一下这两个协议的含义。

HTTP（Hyper Text Transfer Protocol，超文本传输协议）是用于从网络传输超文本数据到本地浏览器的传送协议，它能保证高效而准确地传送超文本文档。HTTP 是由万维网协会（World Wide Web Consortium）和互联网工程工作小组 IETF（Internet Engineering Task Force）共同合作指定的规范，目前广泛使用的是 HTTP 1.1 版本。

HTTPS（Hyper Text Transfer Protocol over Secure Socket Layer，超文本传输安全协议）是以安全为目标的 HTTP 通道，简单讲就是 HTTP 的安全版，即 HTTP 下加入 SSL 层。HTTPS 的安全基础是 SSL，因此加密的详细内容就需要 SSL。它是一个 URI scheme（抽象标识符体系），句法类同 http: 体系，用于安全的 HTTP 数据传输。https:URL 表明它使用了 HTTP，但 HTTPS 存在不同于 HTTP 的默认端口及一个加密/身份验证层（在 HTTP 与 TCP 之间）。这个系统的最初研发由网景公司（Netscape）进行，并内置于其浏览器 Netscape Navigator 中，提供了身份验证与加密通信方法。现在它被广泛用于万维网上安全敏感的通信，如交易支付方面。

现在越来越多的网站和 App 都在使用 HTTPS，如我们每天都在使用的即时通信聊天工具微信，以及微信中的微信公众号、微信小程序等。这说明未来肯定以 HTTPS 为发展的方向。然而某些网站虽然使用了 HTTPS，但还是会被浏览器提示不安全，例如，使用谷歌浏览器 Chrome 打开 12306 购票网站 http://www.12306.cn，这时浏览器就会提示【您的连接不是私密连接】，如图 2-5 所示。

第 2 章　Python 爬虫入门

图 2-5　12306 网站

这是因为 12306 的 CA 证书是由中国铁道部自行签发的，而这个证书是不被 CA 机构信任的，所以才会出现这样的提示，但是实际上它的数据传输依然是经过 SSL 加密认证的。如果爬取这样的站点就需要设置忽略证书的选项，否则会提示 SSL 连接错误。

2.4.4 HTTP 的请求过程

通过前面的学习了解了什么是 HTTP 和 HTTPS，下面再深入地了解一下它们的请求过程。由于 HTTP 和 HTTPS 的请求过程都是一样的，因此这里仅以 HTTP 为例。HTTP 的请求过程笼统来讲，可归纳为以下几个步骤：客户端浏览器向网站所在的服务器发送一个请求→网站服务器接收到这个请求后进行解析和处理，然后返回响应对应的数据给浏览器→浏览器中包含网页的源代码等内容，浏览器再对其进行解析，最终将结果呈现给用户，如图 2-6 所示。

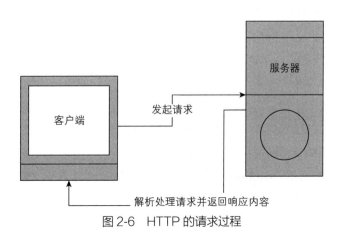

图 2-6　HTTP 的请求过程

43

为了能够更加直观地体现这个过程，下面通过案例进行实际操作。打开 Chrome 浏览器，按【F12】键或在页面中右击，在弹出的快捷菜单中选择【检查】选项进入开发者调试模式。以淘宝网为例，输入"https://www.taobao.com"进入淘宝网首页，观察右侧开发者模式中的选项卡，选择【Network】选项卡，如图 2-7 所示。界面出现了很多的条目，其实这就是一个请求接收和响应的过程。

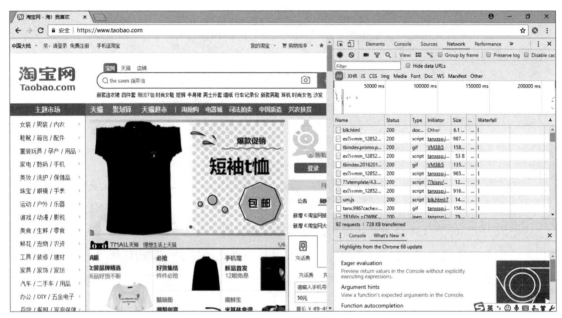

图 2-7　淘宝网首页

通过观察可以发现，它有很多列，各列的含义如下。

（1）Name：代表的是请求的名称，一般情况下，URL 的最后一部分内容就是名称。

（2）Status：响应的状态码，如果显示是 200 则代表正常响应，通过这个状态码可以判断发送了请求后是否得到了正常响应，如常见的响应状态码 404、500 等。

（3）Type：请求的类型，常见类型有 xhr、document 等，如这里有一个名称为 www.taobao.com 的请求，它的类型为 document，表示这次请求的是一个 HTML 文档，响应的内容就是一些 HTML 代码。

（4）Initiator：请求源，用来标记请求是哪个进程或对象发起的。

（5）Size：表示从服务器下载的文件和请求的资源大小。如果是从缓存中取得的资源，则该列会显示 from cache。

（6）Time：表示从发起请求到响应所耗费的总时间。

（7）Waterfall：网络请求的可视化瀑布流。

下面再来单击 www.taobao.com 这个名称的请求，可以看到关于请求更详细的信息，如图 2-8 所示。

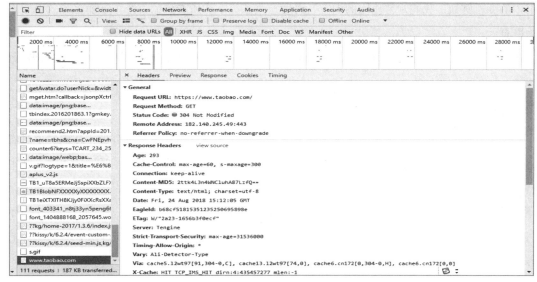

图 2-8　请求的详细信息

（1）General 部分：Request URL 为请求的 URL，Request Method 为请求的方法，Status Code 为响应状态码，Remote Address 为远程服务器的地址和端口，Referrer Policy 为 Referrer 判别策略。

（2）Response Headers 和 Resquest Headers 部分：该部分代表响应头和请求头。请求头中有许多信息，如浏览器标识、Cookie、Host 等，这是请求的一部分，服务器会根据请求头内部的信息判断请求是否合法，进而做出对应的响应。图 2-8 中可以看到的 Response Headers 就是响应的一部分，例如，其中包含了服务器的类型、文档类型、日期信息等，浏览器接收到响应后，会解析响应内容，进而展现给用户。

> **温馨提示：**
>
> 　　概括地说，其实请求主要包含以下部分：请求方法、请求网址、请求头和请求体。而响应包含响应状态码、响应头和响应体。HTTP的请求过程大致就是这样，这里只做一个简单的介绍，想要了解更多详情的读者可以到W3School网站去学习。

2.5 网页基础

　　网页听起来似乎是一个很难懂的概念，一个非常抽象的物体，看得见摸不着。但是在如今的社会，无论是通过计算机还是手机，都可以在互联网上进行活动。互联网上的基本元件就是网页，简单地说，它就是由若干代码编写的文件形式，其中就包含了许多的文字、图片、音乐、视频等丰富的资源。网页就是计算机浏览器呈现的一个个页面。如果把一个网站比作一本书，那么网页就是这本书中的页。例如，我们常常访问的淘宝、百度、京东等。你所看到的一个个绚丽多彩的页面，就称为网页。

本节将对网页的一些基础知识做简单的介绍，了解其基本结构组成即可，为后面学习爬虫做铺垫。

2.5.1 网页的组成

一个网页的结构就是使用结构化的方法对网页中用到的信息进行整理和分类，使内容更具有条理性、逻辑性和易读性。如果网页没有自己的结构，那么打开的网页就像一团乱麻，很难在其中找到自己想要的信息。如同我们打开一本书，结果发现书中没有段落，没有标点，字间没有间隙，可能不出几秒就头晕眼花，看不下去了。所以一个好的结构是网页带来好的用户体验的重要的一环。

一个完整的网页大致可以分成三部分：HTML、CSS 和 JS，这三部分组成了我们平时看到的一张张绚丽多彩的网页。下面将分别介绍这三部分的功能。

1. HTML

HTML（Hyper Text Markup Language，超文本标记语言）是用来描述网页的一种语言。这里需要申明一点，HTML 不是一种编程语言，而是一种标记语言。HTML 使用标记标签来描述网页，同时 HTML 文档包含了 HTML 标签及文本内容，所以 HTML 文档也称为 Web 页面。网页包括文字、按钮、图片、视频等各种复杂的元素，不同类型的元素通过不同类型的标签来表示，如图片用 img 标签来表示，段落用 p 标签来表示，它们之间的布局又常通过布局标签 div 嵌套组合而成，各种标签通过不同的排列和嵌套才形成了网页的框架。

在 Chrome 浏览器中随便打开一个网页，如以淘宝网为例，打开淘宝网后，右击网页，在弹出的菜单中执行【查看网页源码】命令，这时即可看到淘宝网首页的网页源代码，如图 2-9 所示。

图 2-9　淘宝网首页的网页源代码

这里显示的就是 HTML，整个网页就是由各种标签嵌套组合而成的。这些标签定义的节点元素相互嵌套和组合形成了复杂的层次关系，从而形成了网页的架构。

2. CSS

通过前面的介绍了解到 HTML 定义了网页的结构，但是只有 HTML 页面的布局并不美观，可能只是简单的节点元素的排列，为了让网页看起来更美观一些，需要借助 CSS。CSS（Cascading Style Sheet，层叠样式表）是用来控制网页外观的一门技术。

在网页初期，是没有 CSS 的。那时的网页仅仅是用 HTML 标签来制作，CSS 的出现就是为了改造 HTML 标签在浏览器展示的外观，使其更加美观。如果没有 CSS，就不会有现在色彩缤纷的网页页面。

例如，以下代码就是一个 CSS 样式。

```
#test{
    width:800px;
    height:600px;
    background-color:red;
}
```

大括号前面是一个 CSS 选择器，此选择器的意思是选中 id 为 test 的节点，大括号内部写的就是一条条的样式规则，例如，width 指定了元素的宽，height 指定了元素的高，background-color 指定了元素的背景颜色。也就是说，将宽、高、背景颜色等样式配置统一写成这样的形式，然后用大括号括起来，接着在开头加上 CSS 选择器，这就代表这个样式对 CSS 选择器选中的元素生效，元素就会根据此样式来展示了。

在网页中一般会统一定义整个网页的样式规则，并写入 CSS 文件中（其后缀名为 .css）。在 HTML 中，只需要用 link 标签即可引入写好的 CSS 文件，这样整个网页就会变得美观。

3. JavaScript

JavaScript（简称 JS）是一种脚本语言。HTML 和 CSS 配合使用，提供给用户的只是一种静态信息，缺乏交互性。在网页里可能会看到一些交互和动画效果，如下载进度条、提示框、轮播图、表单提交等，这通常就是 JavaScript 的功劳。它的出现使得用户与信息之间不只是一种浏览器与显示的关系，而实现了一种实时、动态、交互的页面功能。

JavaScript 通常也是以单独的文件形式加载的，后缀名为 .js，在 HTML 中通过 script 标签即可引入。例如：

```
<script src="test.js"></script>
```

综上所述，HTML 定义了网页的内容和结果，CSS 描述了网页的布局，JavaScript 定义了网页的行为。

2.5.2 网页的结构

下面用示例来了解一下 HTML 的基本结构。新建一个文件,名称自己确定,后缀名为 .html,在文件中输入以下内容。

```
<!DOCTYPE html>
<html>
    <head>
        <title> 网页的标题 </title>
    </head>
    <body>
        <p>
            网页显示的内容
        </p>
    </body>
</html>
```

这就是一个最简单的 HTML,开头用 DOCTYPE 定义了文档的类型,其次最外层是 html 标签,最后还有对应的结束标签来表示闭合,其内部是 head、title 和 body 标签,分别代表网页头、标题和网页体,它们也需要结束标签。head 标签定义了一些页面的配置和引用,例如,前面所说的 CSS 和 JS 一般都是放在这里引入的。title 标签定义了网页的标题,会显示在网页的选项卡中,不会出现在正文中。body 标签内侧是网页正文显示的内容,可以在其中写入各种标签和布局。将代码保存后双击,在浏览器中打开,就可以看到如图 2-10 所示的内容。

图 2-10 测试网页

可以看到,在页面上显示了"网页的标题"字样,这是在 head 中的 title 中定义的文字(如果未看到"网页的标题"字样,说明可能被浏览器隐藏了,可以试试单击浏览器右上角的星号查看,如图 2-11 所示)。而网页正文是 body 标签内部定义的元素生成的,可以看到这里显示了"网页显示的内容"字样。

这个示例便是网页的一般结构。一个网页的标准形式是 html 标签内嵌套 head 和 body 标签,head 内定义网页的配置和引用,body 内定义网页的正文。

图 2-11　查看书签

2.6 Session 和 Cookie

在浏览网站的过程中，我们经常会遇到需要登录的情况，有些页面需要登录之后才能访问，而且登录之后可以连续访问很多次网站，但是有时过一段时间就需要重新登录。还有一些网站在打开浏览器时就自动登录了，而且很长时间都不会失效，为什么会出现这种情况呢？其实，这里主要涉及 Session 和 Cookie 的相关知识。

2.6.1 Session 和 Cookie 的基本原理

Session 和 Cookie 是用于保持 HTTP 连接状态的技术。在网页或 App 等应用中基本都会使用到，同时鉴于后面在写爬虫时，也会经常涉及需要携带 Cookie 应对一般的反爬，下面将会分别对 Session 和 Cookie 的基本原理做简要讲解。

1. Session

Session 代表服务器与浏览器的一次会话过程，这个过程可以是连续的，也可以是时断时续的。Session 是一种服务器端的机制，Session 对象用来存储特定用户会话所需的信息。Session 由服务端生成，保存在服务器的内存、缓存、硬盘或数据库中。

Session 的基本原理如下。

（1）当用户访问一个服务器，如果服务器启用 Session，服务器就要为该用户创建一个 Session，在创建 Session 时，服务器首先检查这个用户发来的请求里是否包含了一个 Session ID，如果包含了一个 Session ID 则说明之前该用户已经登录过并为此用户创建过 Session，那么服务器就按照这个 Session ID 把这个 Session 在服务器的内存中查找出来（如果查找不到，就有可能新创建一个）。

（2）如果客户端请求中不包含 Session ID，则为该客户端创建一个 Session 并生成一个与此 Session 相关的 Session ID。要求这个 Session ID 是唯一的、不重复的、不容易找到规律的字符串，这个 Session ID 将在本次响应中返回到客户端保存，而保存这个 Session ID 的正是 Cookie，这样在交互过程中浏览器可以自动地按照规则把这个标识发送给服务器。

2. Cookie

因为 HTTP 是无状态的，即服务器不知道用户上一次做了什么，这严重阻碍了交互式 Web 应用程序的实现。在典型的网上购物场景中，用户浏览了几个页面，买了一盒饼干和两瓶饮料。最后结账时，由于 HTTP 的无状态性，不通过额外的手段，服务器并不知道用户到底买了什么。为了做到这点，就需要使用到 Cookie。服务器可以设置或读取 Cookie 中包含的信息，借此维护用户与服务器会话中的状态。

Cookie 是由服务端生成后发送给客户端（通常是浏览器）的。Cookie 总是保存在客户端中，按在客户端中的存储位置，可分为内存 Cookie 和硬盘 Cookie。

（1）内存 Cookie：由浏览器维护，保存在内存中，浏览器关闭后就消失了，其存在时间是短暂的。

（2）硬盘 Cookie：保存在硬盘里，有一个过期时间，除非用户手动清理或到了过期时间，硬盘 Cookie 不会被删除，其存在时间是长期的。所以，按存在时间，可分为非持久 Cookie 和持久 Cookie。

Cookie 的基本原理如下。

（1）创建 Cookie：当用户第一次浏览某个使用 Cookie 的网站时，该网站的服务器就进行如下工作。给该用户生成一个唯一的识别码（Cookie ID），创建一个 Cookie 对象；默认情况下，它是一个会话级别的 Cookie，存储在浏览器的内存中，用户退出浏览器之后被删除。如果网站希望浏览器将该 Cookie 存储在磁盘上，则需要设置最大时效（maxAge），并给出一个以秒为单位的时间（其中将最大时效设为 0 则是命令浏览器删除该 Cookie）；然后将 Cookie 放入 HTTP 响应报头，将 Cookie 插入一个 Set-Cookie HTTP 请求报头中。最终发送该 HTTP 响应报文。

（2）设置存储 Cookie：浏览器收到该响应报文之后，根据报文头里的 Set-Cookie 特殊的指示，生成相应的 Cookie，保存在客户端。该 Cookie 中记录着用户当前的信息。

（3）发送 Cookie：当用户再次访问该网站时，浏览器首先检查所有存储的 Cookie，如果某个存在该网站的 Cookie（即该 Cookie 所声明的作用范围大于等于将要请求的资源），则把该 Cookie 附在请求资源的 HTTP 请求头上发送给服务器。

（4）读取 Cookie：服务器接收到用户的 HTTP 请求报文之后，从报文头获取到该用户的 Cookie，从中找到所需要的内容。

简单来说，Cookie 的基本原理如图 2-12 所示。

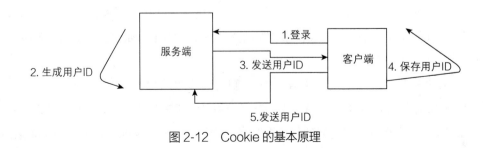

图 2-12　Cookie 的基本原理

2.6.2 Session 和 Cookie 的区别

了解了 Session 和 Cookie 的基本原理，下面来了解一下它们之间的区别。Session 是存储在服务器端的，Cookie 是存储在客户端的，所以 Session 的安全性要高于 Cookie。再者，我们获取的 Session 中的信息是通过存放在会话 Cookie 中的 Session ID 获取的，因为 Session 是存放在服务器中的，所以 Session 中的东西不断增加会增加服务器的负担，我们会把一些重要的东西放在 Session 中，不太重要的东西放在客户端 Cookie 中。Cookie 分为两大类，会话 Cookie 和持久化 Cookie，它们的生命周期和浏览器是一致的，浏览器关了会话 Cookie 也就消失了，而持久化 Cookie 会存储在客户端硬盘中。当浏览器关闭时会话 Cookie 也就消失了，所以 Session 也就消失了，Session 在什么情况下丢失，就是在服务器关闭时，或者是 Session 过期时（默认 30 分钟）。

2.6.3 常见误区

在谈论会话机制时，常常会产生这样的误解——"只要关闭浏览器，会话就消失了"。可以想一下银行卡的例子，除非客户主动销卡，否则银行绝对不会轻易销卡删除客户的资料信息。对于会话来说也是一样，除非程序通知服务器删除一个会话，否则服务器会一直保留。例如，程序一般都是在我们做注销的操作时才去删除会话。

当我们关闭浏览器时，浏览器不会主动在关闭之前通知服务器它将会关闭，所以服务器根本就不会知道浏览器已经关闭。之所以会有这种错觉，是因为大部分会话机制都会使用会话 Cookie 来保存会话 ID 信息，而关闭浏览器之后 Cookie 就消失了，再次连接服务器时，也就无法找到原来的会话了。如果服务器设置的 Cookie 保存到硬盘上，或者使用某种手段改写浏览器发出的 HTTP 请求头，把原来的 Cookie 发送给服务器，再次打开浏览器，仍然能够找到原来的会话 ID，依旧还是可以保持登录状态的。

而且恰恰是由于关闭浏览器不会导致会话被删除，这就需要服务器为会话设置一个失效时间，当距离客户端上一次使用会话的时间超过这个失效时间时，服务器就可以认为客户端已经停止了活动，才会把会话删除以节省存储空间。

2.7 新手实训

学习完本章，下面结合前面所讲的知识做几个小的实训练习。

1. 编写网页

编写一个简单的网页，效果如图 2-13 所示。

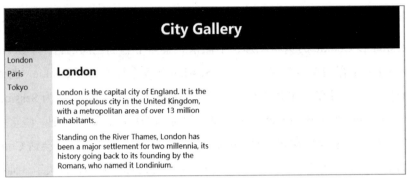

图 2-13　简单网页

示例代码如下。

```
<!DOCTYPE html>
<html>

<head>
<style>
#header {
  background-color:black;
  color:white;
  text-align:center;
  padding:5px;
}
#nav {
  line-height:30px;
  background-color:#eeeeee;
  height:300px;
  width:100px;
  float:left;
  padding:5px;
}
#section {
  width:350px;
  float:left;
  padding:10px;
}
#footer {
  background-color:black;
  color:white;
  clear:both;
  text-align:center;
  padding:5px;
}
</style>
</head>
```

```html
<body>

<div id="header">
<h1>City Gallery</h1>
</div>

<div id="nav">
London<br>
Paris<br>
Tokyo<br>
</div>

<div id="section">
<h2>London</h2>
<p>
London is the capital city of England. It is the most populous city in the United Kingdom,
with a metropolitan area of over 13 million inhabitants.
</p>
<p>
Standing on the River Thames, London has been a major settlement for two millennia,
its history going back to its founding by the Romans, who named it Londinium.
</p>
</div>

<div id="footer">
Copyright ? W3Schools.com
</div>

</body>
</html>
```

2. 在网页中插入便签

编写一个简单的网页，插入一个视频播放的标签，效果如图 2-14 所示。

图 2-14　插入视频播放的标签

示例代码如下。

```
<video width="320" height="240" controls="controls">
    <source src="movie.mp4" type="video/mp4" />
    <source src="movie.ogg" type="video/ogg" />
    <source src="movie.webm" type="video/webm" />
    <object data="movie.mp4" width="320" height="240">
        <embed src="movie.swf" width="320" height="240" />
    </object>
</video>
```

2.8 新手问答

学习完本章之后，读者可能会有以下疑问。

1. HTTP GET 方法与 POST 方法有什么区别？

答：区别一，GET 重点在从服务器上获取资源，POST 重点在向服务器发送数据。

区别二，GET 传输数据是通过 URL 请求，以 field（字段）= value 的形式，置于 URL 后，并用 "?" 连接，多个请求数据间用 "&" 连接，如 http://127.0.0.1/Test/login.action?name=admin&password=admin，这个过程用户是可见的；POST 传输数据通过 HTTP 的 POST 机制，将字段与对应值封存在请求实体中发送给服务器，这个过程对用户是不可见的。

区别三，GET 传输的数据量小，因为受 URL 长度限制，但效率较高；POST 可以传输大量数据，所以上传文件时只能用 POST 方式。

区别四，GET 是不安全的，因为 URL 是可见的，可能会泄露私密信息，如密码等；POST 与 GET 相比，安全性较高。

区别五，GET 方式只能支持 ASCII 字符，向服务器传的中文字符可能会出现乱码；POST 支持标准字符集，可以正确传递中文字符。

2. 学习爬虫是否要求必须要学会网页和 JS 的编写？

答：关于网页和 JS 的知识，只需要了解它的基本组成和结构即可，不强制要求会编写网页。毕竟爬虫中涉及的主要是数据提取，而 JS 则最好能把基本的语法学会，后期学习中偶尔会用到。

3. Cookie 有哪些弊端？

答：（1）Cookie 数量和长度的限制。每个 domain 最多只能有 20 条 Cookie，每个 Cookie 长度不能超过 4KB，否则会被截去。

（2）安全性问题。如果 Cookie 被人拦截了，拦截者就可以取得所有的 Session 信息。即使加密也于事无补，因为拦截者并不需要知道 Cookie 的意义，他只要原样转发 Cookie 就可以达到目的了。

本章小结

本章主要介绍了为什么要写爬虫，爬虫的几种常用类型及爬虫的基本结构和工作流程，HTTP 的基本原理，网页的一些基础知识，如网页的组成、网页的结构等，最后介绍了 Session 和 Cookie 的基本原理和它们之间的区别。

第 3 章
基本库的使用

关于爬虫，最常见的就是模拟浏览器向服务器发送请求。可能会有部分学习爬虫的人会对学习爬虫到底该从何入手，学习爬虫时需不需要了解 HTTP、TCP、IP 层的网络传输通信和知道服务器的响应和应答原理，以及请求的这个数据结构需要自己实现吗，等等一系列问题产生疑惑。

如果你现在正处于迷茫的阶段，不知道如何下手，不用担心，Python 的强大之处就是提供了功能齐全的类库来帮助我们完成这些请求。最基础的 HTTP 库有 urllib、httplib2、requests、treq 等。

就以 requests 库来说，有了它，我们只需要关注请求的链接是什么，需要传什么参数，以及如何设置请求头就可以了，不用深入地去看它的底层是怎样传输和通信的。有了它，两行代码就可以完成一个请求和响应的处理过程，得到我们想要的内容。

接下来从最基础的部分开始一点一点地了解这些库的使用方法。

本章主要涉及的知识点

- urllib 网络请求库的基本认识和使用
- requests 库的基本使用
- 熟练使用 urllib 和 requests 编写一个简单的爬虫
- re 正则提取数据
- XPath 提取数据

3.1 urllib

本节主要讲解 Python 3 中的 urllib 库的用法，urllib 是 Python 标准库中用于网络请求的库。该库有 4 个模块，分别是 urllib.request、urllib.error、urllib.parse 和 urllib.robotparser。其中 urllib.request 和 urllib.error 两个库在爬虫程序中应用比较频繁。

3.1.1 urlopen()

模拟浏览器发起一个 HTTP 请求，需要用到 urllib.request 模块。urllib.request 的作用不仅是发起请求，还能获取请求返回结果。下面先看一下 urlopen() 的 API。

```
urllib.request.urlopen(
    url,
    data=None,
    [timeout, ]*,
    cafile=None,
    capath=None,
    cadefault=False,
    context=None
)
```

（1）url 参数是 string 类型的地址，也就是要访问的 URL，如 http://www.baidu.com。

（2）data 参数是 bytes 类型的内容，可通过 bytes() 函数转换为字节流，它也是可选参数。使用 data 参数，请求方式变成以 post 方式提交表单。使用标准格式是 application/x-www-form-urlencoded。

（3）timeout 参数用于设置请求超时时间，单位是秒。

（4）cafile 和 capath 参数代表 CA 证书和 CA 证书的路径，如果使用 HTTPS 则需要用到。

（5）context 参数必须是 ssl.SSLContext 类型，用来指定 SSL 设置。

（6）cadefault 参数已经被弃用，可以略去。

（7）该方法也可以单独传入 urllib.request.Request 对象。

（8）该函数返回的结果是一个 http.client.HTTPResponse 对象。

其实在实际使用过程中，用得最多的参数就是 url 和 data。

3.1.2 简单抓取网页

下面来看一个简单的示例，使用 urllib.request.urlopen() 去请求百度贴吧，并获取到它页面的源代码。运行结果如图 3-1 所示。

```
import urllib.request
```

```
url = "http://tieba.baidu.com"
response = urllib.request.urlopen(url)
html = response.read()          # 获取到页面的源代码
print(html.decode('utf-8'))     # 转换为 UTF-8 编码
```

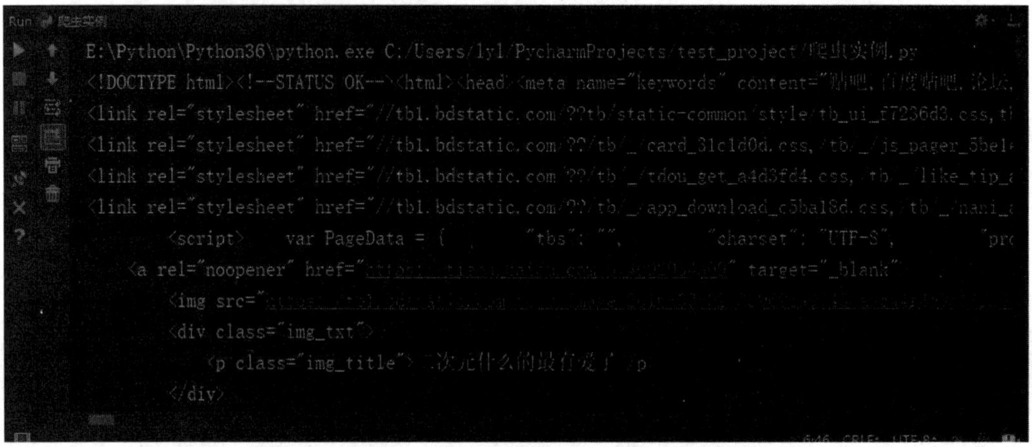

图 3-1　请求百度贴吧

通过上面的示例可以看到，使用 urllib.request.urlopen() 方法，传入 http://tieba.baidu.com（百度贴吧）这个网址，就可以成功地得到它的网页源代码。

3.1.3 设置请求超时

有时，在访问网页时常常会遇到这样的情况，因为某些原因，如自己的计算机网络慢或对方网站服务器压力大崩溃等，导致在请求时迟迟无法得到响应。同样地，在程序中去请求时也会遇到这样的问题。因此，可以手动设置超时时间。当请求超时，可以采取进一步措施，如选择直接丢弃该请求或再请求一次。为了应对这个问题，在 urllib.urlopen() 中可以通过 timeout 参数设置超时时间。

下面看一下如何设置。从下面的代码中可以看到，只需要在 url 参数的后面再加上一个参数就可以了——设置 timeout 参数，如果时间超过了 1 秒就舍弃它或重新尝试访问。

```
import urllib.request

url = "http://tieba.baidu.com"
response = urllib.request.urlopen(url, timeout=1)
print(response.read().decode('utf-8'))
```

3.1.4 使用 data 参数提交数据

前面介绍的 API 中已提到过除了可以传递 url 和 timeout（超时时间）外，还可以传递其他的内容，如 data。data 参数是可选的，如果要添加 data，需要它是字节流编码格式的内容，即 bytes 类型，通过 bytes() 函数可以进行转换，另外，如果传递了 data 参数，那么它的请求方式就不再是 GET 方式，而是 POST 方式。下面看一下如何传递这个参数。

通过下面的示例代码可以看到，data 需要被转码成字节流。而 data 是一个字典，需要使用 urllib.parse.urlencode() 将字典转换为字符串，再使用 bytes() 函数转换为字节流。最后使用 urlopen() 发起请求，请求是模拟用 POST 方式提交表单数据。

```
import urllib.parse
import urllib.request

data = bytes(urllib.parse.urlencode({'word': 'hello'}), encoding='utf-8')
response = urllib.request.urlopen('http://httpbin.org/post', data=data)
print(response.read())
```

运行后控制台会输出：

```
b'{\n  "args": {}, \n  "data": "", \n  "files": {}, \n  "form": {\n    "word": "hello"\n  }, \n  "headers": {\n    "Accept-Encoding": "identity", \n    "Connection": "close", \n    "Content-Length": "10", \n    "Content-Type": "application/x-www-form-urlencoded", \n    "Host": "httpbin.org", \n    "User-Agent": "Python-urllib/3.6"\n  }, \n  "json": null, \n  "origin": "171.214.212.178", \n  "url": "http://httpbin.org/post"\n}\n'
```

3.1.5 Request

通过 3.1.1 小节介绍的 urlopen() 方法可以发起简单的请求，但它的几个简单的参数并不足以构建一个完整的请求。如果请求中需要加入 headers（请求头）、指定请求方式等信息，那么就可以利用更强大的 Request 类来构建一个请求。下面看一下 Request 的构造方法。

```
urllib.request.Request(
  url,
  data=None,
  headers={},
  origin_req_host=None,
  unverifiable=False,
  method=None
)
```

（1）url 参数是请求链接，它是必选参数，其他的都是可选参数。

（2）data 参数与 urlopen() 中的 data 参数用法相同。

（3）headers 参数是指定发起的 HTTP 请求的头部信息。headers 是一个字典，它除了在 Request 中添加外，还可以通过调用 Request 实例的 add_header() 方法来添加请求头。

（4）origin_req_host 参数指的是请求方的 host 名称或 IP 地址。

（5）unverifiable 参数表示这个请求是否是无法验证的，默认值是 False。意思就是说用户没有足够权限来选择接收这个请求的结果。例如，我们请求一个 HTML 文档中的图片，但是我们没有自动抓取图像的权限，我们就要将 unverifiable 的值设置成 True。

（6）method 参数指的是发起的 HTTP 请求的方式，有 GET、POST、DELETE 和 PUT 等。

3.1.6 简单使用 Request

了解了 Request 参数后，下面就来简单地使用它请求一下 http://tieba.baidu.com（百度贴吧）这个网址。需要注意的是，使用 Request 伪装成浏览器发起 HTTP 请求，如果不设置 headers 中的 User-Agent，默认的 User-Agent 是 Python-urllib/3.5。因为可能一些网站会将该请求拦截，所以需要伪装成浏览器发起请求。例如，使用的 User-Agent 为 Chrome 浏览器。运行以下代码，结果如图 3-2 所示。

```
import urllib.request

url = "http://tieba.baidu.com"
headers = {
'User-Agent': 'Mozilla/5.0 (Windows NT 6.1; Win64; x64)AppleWebKit/'
        '537.36 (KHTML, like Gecko) Chrome/56.0.2924.87Safari/537.36'
}
request = urllib.request.Request(url=url, headers=headers)
response = urllib.request.urlopen(request)
print(response.read().decode('utf-8'))
```

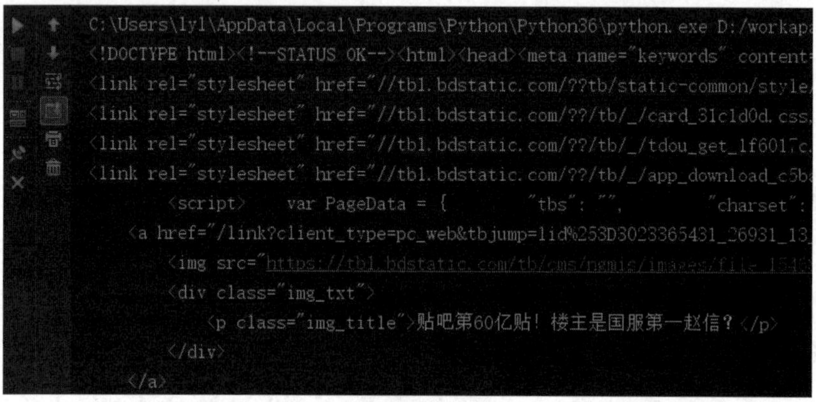

图 3-2 运行结果

这里涉及的"User-Agent"这个头部信息的获取，可以使用谷歌浏览器随便打开一个网站，然后按【F12】键打开调试界面，切换到【Network】选项卡刷新页面，随意选择一个请求，如图 3-3 所示，即可找到需要的"User-Agent"，将其复制过来就可以了。

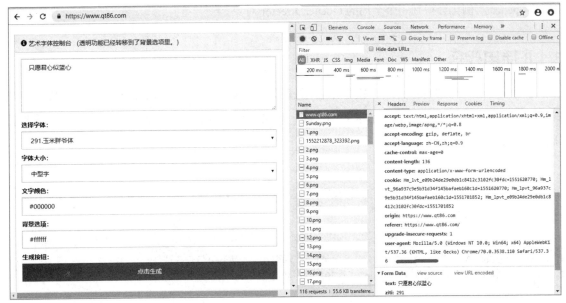

图 3-3　User-Agent 的获取

3.1.7 Request 高级用法

如果需要在请求中添加代理、处理请求的 Cookie，那么就需要用到 Handler 和 OpenerDirector 两个知识点。

1. Handler

Handler 即处理者、处理器，能处理请求（HTTP、HTTPS、FTP 等）中的各种事情。Handler 的具体实现是 urllib.request.BaseHandler 类。urllib.request.BaseHandler 类是所有其他 Handler 的基类，其提供了最基本的 Handler 的方法，如 default_open()、protocol_request() 等。继承 BaseHandler 类的 Handle 子类有很多，这里列举几个比较常见的类。

（1）ProxyHandler：为请求设置代理。

（2）HTTPCookieProcessor：处理 HTTP 请求中的 Cookie。

（3）HTTPDefaultErrorHandler：处理 HTTP 响应错误。

（4）HTTPRedirectHandler：处理 HTTP 重定向。

（5）HTTPPasswordMgr：用于管理密码，它维护了用户名密码的表。

（6）HTTPBasicAuthHandler：用于登录认证，一般和 HTTPPasswordMgr 结合使用。

2. OpenerDirector

OpenerDirector，也可以称为 Opener。之前用过的 urlopen() 方法，实际上就是 urllib 提供的一个 Opener。那么 Opener 和 Handler 又有什么关系呢？ Opener 对象是由 build_opener(handler) 方法创建出来的。创建自定义的 Opener，就需要使用 install_opener(opener) 方法。值得注意的是，

install_opener 实例化会得到一个全局的 OpenerDirector 对象。

3.1.8 使用代理

了解了 Opener 和 Handler 后，接下来就通过示例来深入学习——为 HTTP 请求设置代理。有些网站做了浏览频率限制，如果请求频率过高，该网站会封 IP，禁止我们的访问，所以就需要使用代理来突破这个"枷锁"。

下面来看一个示例。

```
import urllib.request

url = "http://tieba.baidu.com"
headers = {
'User-Agent': 'Mozilla/5.0 (Windows NT 6.1; Win64; x64) AppleWebKit/537.36 '
        '(KHTML, like Gecko) Chrome/56.0.2924.87Safari/537.36'
}
proxy_handler = urllib.request.ProxyHandler({
'http': '172.12.24.45:8080',
'https': '120.34.5.46:8080'
})
opener = urllib.request.build_opener(proxy_handler)
urllib.request.install_opener(opener)

request = urllib.request.Request(url=url, headers=headers)
response = urllib.request.urlopen(request)
print(response.read().decode('utf-8'))
```

通过以上示例代码可以看到，调用 ProxyHandler 方法就可以设置代理，模拟成多个不同的客户端，成功"欺骗"网站，获取了数据。

> **温馨提示：**
> 在实际项目中，如需要大量使用代理IP，可到专门做代理IP的提供商处购买，虽然网上有大量免费的，但是大都不稳定，故这里推荐两个代理IP提供商地址：http.zhiliandaili.cn；http://www.etdaili.com。

3.1.9 认证登录

有些网站需要携带账号和密码进行登录之后才能继续浏览网页。遇到这样的网站，就需要用到认证登录。首先需要使用 HTTPPasswordMgrWithDefaultRealm() 实例化一个账号密码管理对象；然后使用 add_password() 函数添加账号和密码；接着使用 HTTPBasicAuthHandler() 得到 Hander；再使用 build_opener() 获取 Opener 对象；最后使用 Opener 的 open() 函数发起请求。下面以携带账号和密码请求登录百度贴吧为例，代码如下。

```
import urllib.request

url = "http://tieba.baidu.com"
user = 'test_user'
password = 'test_password'
pwdmgr = urllib.request.HTTPPasswordMgrWithDefaultRealm()
pwdmgr.add_password(None,url ,user ,password)
auth_handler = urllib.request.HTTPBasicAuthHandler(pwdmgr)
opener = urllib.request.build_opener(auth_handler)
response = opener.open(url)
print(response.read().decode('utf-8'))
```

3.1.10 Cookie 设置

如果请求的页面每次都需要身份验证，那么就可以使用 Cookie 来自动登录，免去重复登录验证的操作。获取 Cookie 需要使用 http.cookiejar.CookieJar() 实例化一个 Cookie 对象，再用 urllib.request.HTTPCookieProcessor 构建出 Handler 对象，最后使用 Opener 的 open() 函数即可。下面以获取请求百度贴吧的 Cookie 并保存到文件中为例，代码如下。

```
import http.cookiejar
import urllib.request

url = "http://tieba.baidu.com"
fileName = 'cookie.txt'

cookie = http.cookiejar.CookieJar()
handler = urllib.request.HTTPCookieProcessor(cookie)
opener = urllib.request.build_opener(handler)
response = opener.open(url)

f = open(fileName,'a')
for item in cookie:
    f.write(item.name+" = "+item.value+'\n')
f.close()
```

3.1.11 HTTPResponse

从前面的例子可知，使用 urllib.request.urlopen() 或 opener.open(url) 返回结果是一个 http.client.HTTPResponse 对象。http.client.HTTPResponse 对象包含 msg、version、status、reason、debuglevel、closed 等属性及 read()、readinto()、getheader(name)、getheaders()、fileno() 等函数。

3.1.12 错误解析

发起请求难免会出现各种异常，因此就需要对异常进行处理，异常处理主要用到两个类：urllib.error.URLError 和 urllib.error.HTTPError。

1. URLError

URLError 是 urllib.error 异常类的基类，可以捕获由 urllib.request 产生的异常。它具有一个属性 reason，即返回错误的原因。捕获 URL 异常的示例代码如下。

```
import urllib.request
import urllib.error

url = "http://www.google.com"
try:
    response = request.urlopen(url)
except error.URLError as e:
    print(e.reason)
```

2. HTTPError

HTTPError 是 UEKRrror 的子类，专门处理 HTTP 和 HTTPS 请求的错误。它具有以下 3 个属性：（1）code：HTTP 请求返回的状态码；（2）renson：与基类用法一样，表示返回错误的原因；（3）headers：HTTP 请求返回的响应头信息。

获取 HTTP 异常的示例代码（输出了错误状态码、错误原因、服务器响应头）如下。

```
import urllib.request
import urllib.error

url = "http://www.google.com"

try:
    response = request.urlopen(url)
except error.HTTPError as e:
    print('code: ' + e.code + '\n')
    print('reason: ' + e.reason + '\n')
    print('headers: ' + e.headers + '\n')
```

3.2 requests

Python 爬虫中除了前面讲到的 urllib 外，还有一个用得比较多的 HTTP 请求库 requests。这个库也是一个常用的用于 HTTP 请求的模块，它使用 Python 语言编写，可以方便地对网页进行爬取，是学习 Python 爬虫的较好的 HTTP 请求模块。本节将对它的基本使用方法进行讲解。

3.2.1 requests 模块的安装

Python 3 中默认没有安装 requests 库，所以需要使用者自己安装，安装方式主要有两种：pip 命令安装和源码安装，下面对这两种安装方式分别进行讲解。

1. pip 命令安装

在 Windows 系统或 Mac 系统下只要已经安装了 pip，就可以直接执行以下命令安装 requests 库。

```
pip install requests
```

2. 源码安装

有时因为某些原因可能会导致使用 pip 命令安装 requests 失败，这时就可以通过下载 requests 的源代码来进行安装，相关步骤如下。

步骤❶：在 GitHub（地址为 https://github.com/requests/requests）上进行下载。

步骤❷：下载文件到本地之后，解压到 Python 安装目录，之后打开解压文件。

步骤❸：运行命令行并输入"python setup.py install"即可进行安装。

步骤❹：测试 requests 模块是否安装正确，在交互式环境中输入"import requests"。如果没有任何报错，说明 requests 模块已经安装成功了。

3.2.2 requests 模块的使用方法介绍

在使用 requests 库之前，先来看一下它有哪些方法。requests 库的 7 个主要方法如表 3-1 所示。在后文将对其中一些方法进行详细介绍。

表3-1　requests库的7个主要方法

方法	解释
requests.request()	构造一个请求，支持以下各种方法
requests.get()	获取HTML的主要方法
requests.head()	获取HTML头部信息的主要方法
requests.post()	向HTML网页提交POST请求的方法
requests.put()	向HTML网页提交PUT请求的方法
requests.patch()	向HTML提交局部修改的请求
requests.delete()	向HTML提交删除请求

3.2.3 requests.get()

requests.get() 方法是常用的方法之一，通过该方法可以了解到其他的方法，使用方法如下面的示例代码。

```
res = requests.get(url,params,**kwargs)
```

（1）url：需要爬取的网站地址。

（2）params：URL 中的额外参数，字典或字节流格式，为可选参数。

（3）**kwargs：12 个控制访问的参数。

下面先来介绍 **kwargs。**kwargs 的参数如表 3-2 所示。

表3-2　**kwargs的参数

参数名称	描述
params	字典或字节序列，作为参数增加到URL中，使用这个参数可以把一些键值对以?key1=value1&key2=value2的模式增加到URL中
data	字典、列表或元组的字节的文件，作用是向服务器提交资源，作为request的内容，与params不同的是，data提交的数据并不放在URL链接中，而是放在URL链接对应位置的地方作为数据来存储。它也可以接受一个字符串对象
json	JSON格式的数据，json是HTTP中经常使用的数据格式，作为内容部分可以向服务器提交。例如： kv = {'key1': 'value1'} r = requests.request('POST', 'http://python123.io/ws', json=kv)
headers	字典是HTTP的相关语，对应了向某个URL访问时所发起的HTTP的头字段，可以用这个字段来定义HTTP的访问的HTTP头，可以用来模拟任何想模拟的浏览器来对URL发起访问。例如： hd = {'user-agent': 'Chrome/10'} r = requests.request('POST', 'http://python123.io/ws', headers=hd)
cookies	字典或CookieJar，指的是从HTTP中解析Cookie
auth	元组，用来支持HTTP认证功能
files	字典，是用来向服务器传输文件时使用的字段。例如： fs = {'files': open('data.txt', 'rb')}
timeout	用于设定超时时间，单位为秒，当发起一个GET请求时可以设置一个timeout时间，如果在timeout时间内请求内容没有返回，将产生一个timeout的异常
proxies	字典，用来设置访问代理服务器
allow_redirects	开关，表示是否允许对URL进行重定向，默认为True
stream	开关，指是否对获取内容进行立即下载，默认为True
verify	开关，用于认证SSL证书，默认为True
cert	用于设置保存本地SSL证书路径

前面示例中的代码是构造一个服务器请求 requests，返回一个包含服务器资源的 Response 对象。其中 Response 对象有以下属性，如表 3-3 所示。

表3-3　Response对象的属性

属性	说明
status_code	HTTP请求的返回状态，若为200则表示请求成功
text	HTTP响应内容的字符串形式，即返回的页面内容
encoding	从HTTP header 中猜测的相应内容编码方式
apparent_encoding	从内容中分析出的响应内容编码方式（备选编码方式）
content	HTTP响应内容的二进制形式

举例说明，示例代码如下。

```
import requests

r = requests.get("http://www.baidu.com")
print(r.status_code)
print(r.encoding)
print(r.apparent_encoding)
print(r.text)
```

运行结果如图 3-4 所示。

图3-4　运行结果

以上打印出来的 r.text 内容过长，自行删除了部分，看出编码效果即可。

3.2.4 requests 库的异常

requests 库有时会产生异常，如网络连接错误、HTTP 错误异常、重定向异常、请求 URL 超时异常等。这里可以利用 r.raise_for_status() 语句来捕捉异常，该语句在方法内部判断 r.status_code 是否等于 200，如果不等于，则抛出异常，示例代码如下。

```
import requests

try:
    r = requests.get("www.baidu.com",timeout=30) # 请求超时时间为 30 秒
```

```
    r.raise_for_status() # 如果状态不是 200，则引发异常
    r.encoding = r.apparent_encoding # 配置编码
    print(r.text)
except:
    print(" 产生异常 ")
```

3.2.5 requests.head()

通过 requests.head() 方法，可以获取请求地址的 header 头部信息，示例代码如下。

```
import requests

r = requests.head("http://httpbin.org/get")
print(r.headers)
```

运行结果如图 3-5 所示。

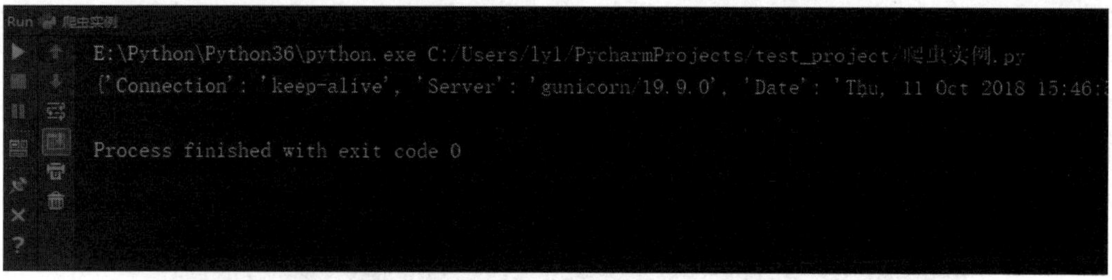

图 3-5　运行结果

3.2.6 requests.post()

requests.post() 方法一般用于表单提交，向指定 URL 提交数据，可提交字符串、字典、文件等数据，示例代码如下。

```
import requests

# 向 url post 一个字典：
payload = {"key1":"value1","key2":"value2"}
r = requests.post("http://httpbin.org/post",data=payload)
print(r.text)
# 向 url post 一个字符串，自动编码为 data
r = requests.post("http://httpbin.org/post",data='helloworld')
print(r.text)
```

3.2.7 requests.put() 和 requests.patch()

requests.patch() 与 requests.put() 类似，两者不同的是：当用 patch 时，仅需提交需要修改的字段；

当用 put 时，必须将 20 个字段一起提交到 URL，未提交字段将会被删除；patch 的优点是节省网络带宽，示例代码如下。

```
import requests

payload = {"key1":"value1","key2":"value2"}
r = requests.put("http://httpbin.org/put",data=payload)
#requests.patch()
payload = {"key1":"value1","key2":"value2"}
r = requests.patch("http://httpbin.org/post",data=payload)
```

关于 Python 爬虫中常用的两个网络请求库本节暂讲到此，至于如何在实际中使用它们编写爬虫爬取数据，将会在后面的内容中讲到。

3.3　re 正则使用

正则表达式是一个特殊的字符序列，它能帮助用户便捷地检查一个字符串是否与某种模式匹配。在爬虫中我们经常会使用它从抓取到的网页源码或接口返回内容中匹配提取我们想要的数据。Python 自 1.5 版本增加了 re 模块，它提供 Perl 风格的正则表达式模式。re 模块使 Python 语言拥有全部的正则表达式功能。compile 函数根据一个模式字符串和可选的标志参数生成一个正则表达式对象。该对象拥有一系列方法用于正则表达式匹配和替换。

re 模块也提供了与这些方法功能完全一致的函数，这些函数使用一个模式字符串作为它们的第一个参数。本节主要介绍 Python 中常用的正则表达式处理函数。

3.3.1　re.match 函数

re.match 尝试从字符串的起始位置匹配一个模式，如果不是起始位置匹配成功，那么 match() 就返回 None。re.match 的语法格式如下。

re.match(pattern, string, flags=0)

参数说明如表 3-4 所示。

表3-4　re.match的参数

参数	描述
pattern	匹配的正则表达式
string	要匹配的字符串
flags	标志位，用于控制正则表达式的匹配方式，如是否区分大小写、是否多行匹配等

匹配成功 re.match 返回一个匹配的对象，否则返回 None。还可以使用 group(num) 或 groups() 匹配对象函数来获取匹配表达式，如表 3-5 所示。

表3-5　匹配对象方法及其描述

匹配对象方法	描述
group(num=0)	匹配的整个表达式的字符串，group() 可以一次输入多个组号，在这种情况下它将返回一个包含那些组所对应值的元组
groups()	返回一个包含所有小组字符串的元组，从 1 到 所含的小组号

了解了以上内容，下面来看一个示例，代码如下。

```
import re

print(re.match('www', 'www.baidu.com').span())    # 在起始位置匹配
print(re.match('com', 'www.baidu.com'))            # 不在起始位置匹配
```

运行后控制台会输出：

```
(0, 3)
None
```

获取匹配表达式的示例代码如下。

```
import re

line = "Cats are smarter than dogs"
matchObj = re.match(r'(.*) are (.*?) .*', line)

if matchObj:
   print("matchObj.group() : ", matchObj.group())
   print("matchObj.group(1) : ", matchObj.group(1))
   print("matchObj.group(2) : ", matchObj.group(2))
else:
   print("No match!!")
```

运行后控制台会输出：

```
matchObj.group() :  Cats are smarter than dogs
matchObj.group(1) :  Cats
matchObj.group(2) :  smarter
```

3.3.2 re.search 函数

re.search 用于扫描整个字符串并返回第一个成功的匹配。re.search 的语法格式如下。

```
re.search(pattern, string, flags=0)
```

re.search 也有 3 个参数，这 3 个参数的作用与表 3-4 中所介绍的是一样的，需要注意的是，

flags 参数可写可不写，不写也能正常返回结果，原因是它的底层给了默认值。

示例代码如下。

```
import re

print(re.search('www', 'www.runoob.com').span())  # 在起始位置匹配
print(re.search('com', 'www.runoob.com').span())  # 不在起始位置匹配
```

运行后控制台会输出：

```
(0, 3)
(11, 14)
```

可以看到，匹配成功了，它会返回一个元组，该元组包含匹配内容的开始位置和结束位置。

3.3.3 re.match 与 re.search 的区别

re.match 只匹配字符串的开始，如果字符串开始不符合正则表达式，则匹配失败，函数返回 None；而 re.search 匹配整个字符串，直到找到一个匹配。

示例代码如下。

```
import re

line = "Cats are smarter than dogs"

matchObj = re.match(r'dogs', line)
if matchObj:
    print("match --> matchObj.group() : ", matchObj.group())
else:
    print("No match!!")

matchObj = re.search(r'dogs', line)
if matchObj:
    print("search --> matchObj.group() : ", matchObj.group())
else:
    print("No match!!")
```

运行后控制台会输出：

```
No match!!
search --> matchObj.group() :  dogs
```

从运行结果中可以看到，使用 re.match 时，它会从"Cats are smarter than dogs"这个字符的开始位置开始匹配，这里开始位置的内容"Cats"并不满足它的要求，它从这停止了匹配，所以返回了未匹配到。反之，re.search 从开始位置没匹配到，会继续往后匹配，直到把"Cats are smarter than dogs"这个字符串匹配完，这里在字符串的最后结尾位置找到了它要匹配的内容，所以返回了匹配到的数据。

3.3.4 检索和替换

当需要替换某段文字中的某些内容时,例如,有一句话:"等忙完这一阵,就可以接着忙下一阵了。"想要把"忙"字替换成"过",这时该如何去实现替换呢?Python 的 re 模块提供了 re.sub,可用于替换字符串中的匹配项。通过 re.sub 就可以将字符串中满足匹配条件的内容全部替换,re.sub 的语法格式如下。

```
re.sub(pattern, repl, string, count=0, flags=0)
```

可以看出,re.sub 有以下几个比较重要的参数。

(1) pattern:正则中的模式字符串。

(2) repl:替换的字符串,也可为一个函数。

(3) string:要被查找替换的原始字符串。

(4) count:模式匹配后替换的最大次数,默认为 0,表示替换所有的匹配。

示例代码如下。

```
import re

st = " 忙完这一阵,就可以接着忙下一阵了。"

# 替换其中的忙字
new_st = re.sub(r' 忙 '," 过 ", st)
print(" 替换后的句子 : ", new_st)
```

运行后控制台会输出:

```
替换后的句子:过完这一阵,就可以接着过下一阵了。
```

从运行结果中可以看到,已经成功地把"忙"字替换成"过"了。

3.3.5 re.compile 函数

re.compile 用于编译正则表达式,生成一个正则表达式(Pattern)对象,供 match() 和 search() 函数使用。re.complie 的语法格式如下。

```
re.compile(pattern[, flags])
```

参数说明如下。

(1) pattern:一个字符串形式的正则表达式。

(2) flags:可选参数,表示匹配模式,如忽略大小写、多行模式等,具体参数如下。

① re.I:忽略大小写。

② re.L:表示特殊字符集 \w、\W、\b、\B、\s、\S 依赖于当前环境。

③ re.M:多行模式。

④ re.S:即为 . 并且包括换行符在内的任意字符(. 不包括换行符)。

⑤ re.U：表示特殊字符集 \w、\W、\b、\B、\d、\D、\s、\S 依赖于 Unicode 字符属性数据库。

⑥ re.X：为了增加可读性，忽略空格和 # 后面的注释。

下面来看一个示例。

```
import re

pattern = re.compile(r'\d+') # 用于匹配至少一个数字
m1 = pattern.match('one12twothree34four') # 查找头部，没有匹配
m2 = pattern.match('one12twothree34four', 2, 10) # 从 'e' 的位置开始匹配，没有匹配
m3 = pattern.match('one12twothree34four', 3, 10) # 从 '1' 的位置开始匹配，正好匹配

print(m1)
print(m2)
print(m3)
print(m3.group(0))
print(m3.start(0))
print(m3.end(0))
print(m3.span(0))
```

运行结果如图 3-6 所示。

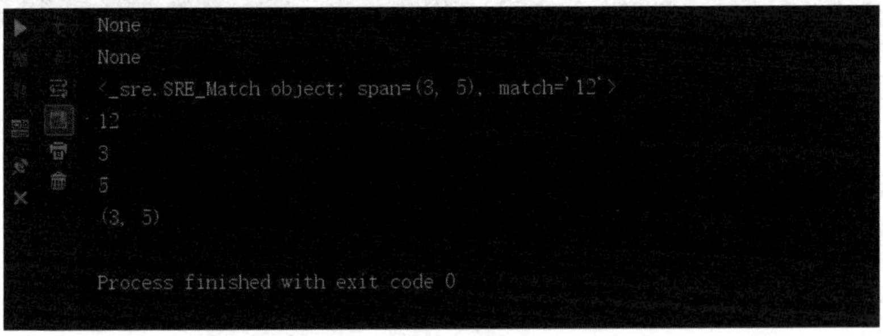

```
None
None
<_sre.SRE_Match object; span=(3, 5), match='12'>
12
3
5
(3, 5)

Process finished with exit code 0
```

图 3-6　运行结果 1

在上面的例子中，当匹配成功时返回一个 Match 对象，其中 group([group1, …]) 方法用于获得一个或多个分组匹配的字符串，当要获得整个匹配的子串时，可直接使用 group() 或 group(0)；start([group]) 方法用于获取分组匹配的子串在整个字符串中的起始位置（子串第一个字符的索引），参数默认值为 0； end([group]) 方法用于获取分组匹配的子串在整个字符串中的结束位置（子串最后一个字符的索引 +1），参数默认值为 0； span([group]) 方法返回 (start(group), end(group))。

再来看一个示例。

```
import re

pattern = re.compile(r'([a-z]+) ([a-z]+)', re.I) # re.I 表示忽略大小写
m = pattern.match('Hello World Wide Web')

print(m)
```

```
print(m.group(0))    # 返回匹配成功的整个子串
print(m.span(0))     # 返回匹配成功的整个子串的索引
print(m.group(1))    # 返回第一个分组匹配成功的子串
print(m.span(1))     # 返回第一个分组匹配成功的子串的索引
print(m.group(2))    # 返回第二个分组匹配成功的子串
print(m.span(2))     # 返回第二个分组匹配成功的子串
print(m.groups())    # 等价于 (m.group(1), m.group(2), …)
print(m.group(3))    # 不存在第三个分组
```

运行结果如图 3-7 所示。

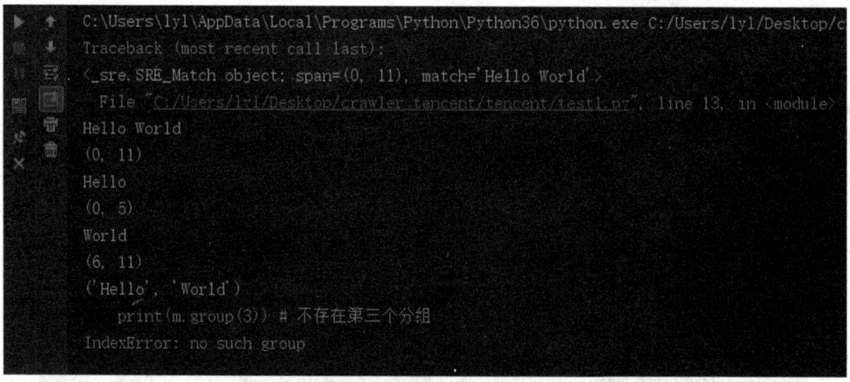

图 3-7 运行结果 2

3.3.6 findall 函数

findall 用于在字符串中找到正则表达式所匹配的所有子串，并返回一个列表，如果没有找到匹配的，则返回空列表。findall 的语法格式如下。

```
findall(string[, pos[, endpos]])
```

参数说明如下。

（1）string：待匹配的字符串。

（2）pos：可选参数，指定字符串的起始位置，默认为 0。

（3）endpos：可选参数，指定字符串的结束位置，默认为字符串的长度。

下面来看一个示例：查找字符串中的所有数字。

```
import re

pattern = re.compile(r'\d+')   # 查找数字
result1 = pattern.findall('runoob 123 google 456')
result2 = pattern.findall('run88oob123google456', 0, 10)

print(result1)
print(result2)
```

运行结果如图 3-8 所示。

图 3-8 运行结果

3.4 XPath

XPath 是一门在 XML 文档中查找信息的语言。XPath 可用来在 XML 文档中对元素和属性进行遍历。XPath 是 W3C XSLT 标准的主要元素，并且 XQuery 和 XPointer 都构建于 XPath 表达之上。XPath 在 Python 的爬虫学习中，起着举足轻重的作用，对比正则表达式 re，两者可以完成同样的工作，实现的功能也类似，但 XPath 明显比 re 具有优势，在网页分析上使 re 退居二线。

XPat 的全称为 XML Path Language，是一种小型的查询语言，其有如下优点。

（1）可在 XML 中查找信息。

（2）支持 HTML 的查找。

（3）可通过元素和属性进行导航。

Python 开发使用 XPath 条件：由于 XPath 属于 lxml 库模块，因此需要先安装 lxml 库，具体的安装步骤如下。

步骤❶：这里使用下载 lxml 的 whl 文件进行安装，下载地址为 https://www.lfd.uci.edu/~gohlke/pythonlibs/#lxml，下载对应的版本，例如，这里下载的是 lxml-4.2.5-cp36-cp36m-win_amd64.whl。

步骤❷：下载完成之后，放在一个文件夹中，然后按住【Shift】键的同时单击鼠标右键，在弹出的快捷菜单中选择【在此处打开命令窗口】选项，打开 cmd 命令行窗口。

步骤❸：使用如下 pip 命令进行安装。

```
pip install lxml-4.2.5-cp36-cp36m-win_amd64.whl
```

3.4.1 XPath 的使用方法

下面介绍一下 XPath 的基本语法知识，常见的使用方法主要有以下几种。

（1）//（双斜杠）：定位根节点，会对全文进行扫描，在文档中选取所有符合条件的内容，以列表的形式返回。

（2）/（单斜杠）：寻找当前标签路径的下一层路径标签或对当前路径标签内容进行操作。

（3）/text()：获取当前路径下的文本内容。

（4）/@xxxx：提取当前路径下标签的属性值。

（5）|（可选符）：使用"|"可选取若干个路径，如 //p | //div，即在当前路径下选取所有符合条件的 p 标签和 div 标签。

（6）.（点）：用来选取当前节点。

（7）..（双点）：选取当前节点的父节点。

3.4.2 利用实例讲解 XPath 的使用

以下是一段 HTML。

```
<div>
  <ul>
    <li class="item-0"><a href="www.baidu.com">baidu</a>
    <li class="item-1"><a href="https://blog.csdn.net/qq_25343557">myblog</a>
    <li class="item-2"><a href="https://www.csdn.net">csdn</a>
    <li class="item-3"><a href="https://hao.360.cn/?a1004">hao123</a>
```

显然，这段 HTML 中的节点没有闭合，因此可以使用 lxml 中的 etree 模块进行补全，示例代码如下。

```
from lxml import etree

text = '''
<div>
  <ul>
    <li class="item-0"><a href="www.baidu.com">baidu</a>
    <li class="item-1"><a href="https://blog.csdn.net/qq_32502511">myblog</a>
    <li class="item-2"><a href="https://www.csdn.net">csdn</a>
    <li class="item-3"><a href="https://hao.360.cn/?a1004">hao123</a>
'''

html = etree.HTML(text)
result = etree.tostring(html)
print(result.decode('UTF-8'))
```

运行后控制台会输出：

```
<html><body><div>
  <ul>
    <li class="item-0"><a href="www.baidu.com">baidu</a>
    </li><li class="item-1"><a href="https://blog.csdn.net/qq_32502511">myblog</a>
    </li><li class="item-2"><a href="https://www.csdn.net">csdn</a>
    </li><li class="item-3"><a href="https://hao.360.cn/?a1004">hao123</a>
</li></ul></div></body></html>
```

可以看到，etree 不仅闭合了节点，还添加了其他需要的标签。除了直接读取文本进行解析外，etree 也可以读取文件进行解析，示例代码如下。

```
from lxml import etree

html = etree.parse('./test.html',etree.HTMLParser())
result = etree.tostring(html)
print(result.decode('UTF-8'))
```

3.4.3 获取所有节点

根据 XPath 常用规则可知，通过 "//" 可以查找当前节点下的子孙节点，以上面的 HTML 为例获取所有节点，示例代码如下。

```
from lxml import etree
html = etree.parse('./test.html',etree.HTMLParser())
result = html.xpath('//*') # // 表示获取当前节点下的子孙节点，* 表示所有节点，
                 # //* 表示获取当前节点下的所有节点
for item in result:
    print(item)
```

如果不是获取所有节点而是指定获取某个节点，只需要将 "*" 改为指定节点名称即可，如获取所有的 li 节点。这个 HTML 代码可以直接放在代码的变量中，也可以放在文件中，效果都一样。

3.4.4 获取子节点

根据 XPath 常用规则可知，通过 "/" 或 "//" 可以获取子孙节点或子节点。如果要获取 li 节点下的 a 节点，也可以使用 //ul//a，首先选择所有的 ul 节点，然后再获取 ul 节点下的所有 a 节点，最后结果是一样的。但是使用 //ul/a 就不行了，首先选择所有的 ul 节点，然后再获取 ul 节点下的直接子节点 a，然而 ul 节点下没有直接子节点 a，当然获取不到。需要深刻理解 "//" 和 "/" 的不同之处。"/" 用于获取直接子节点，"//" 用于获取子孙节点，示例代码如下。

```
from lxml import etree

html = etree.parse('./test.html',etree.HTMLParser())
result = html.xpath('//li/a') # //li 表示选择所有的 li 节点，/a 表示选择 li 节点下的直接子节点 a
for item in result:
    print(item)
```

3.4.5 获取文本信息

很多时候找到指定的节点都是要获取节点内的文本信息。这里使用 text() 方法获取节点中的文本。例如，获取所有 a 标签的文本信息，示例代码如下。

资源下载码：HyPc32B

```
from lxml import etree

html = etree.parse('./test.html',etree.HTMLParser())
result = html.xpath('//ul//a/text()')
print(result)
```

XPath 在爬虫中使用得最频繁的方法基本就是这些，当然，除了以上讲解的这些外，它还有很多使用方法，有兴趣的读者可以去 W3School 官网查看 XPath 教程。

3.5 新手实训

通过前面几节的学习，相信读者已经对 Python 中常用的两个 HTTP 请求库有了基本的认识和理解，下面来做几个小练习，巩固一下并加深对知识的理解。

1. requests 库爬取阳光电影网

本实例主要是希望读者练习 requests 库的使用，试着用它请求阳光电影网的首页获取网页源码并在控制台打印出来，请求地址为 https://www.ygdy8.com，需要实现的目标如下。

（1）构造一个访问阳光电影网的请求 (url,headers)。

（2）输出请求的状态码。

（3）输出请求的网页源码。

（4）将源码打印到控制台。

为了实现目标，这里给出一个大概的参考步骤，读者可以参考此步骤，实现对阳光电影网的请求，达到举一反三的目的，相关的步骤如下。

步骤❶：输入网址 https://www.ygdy8.com，进入阳光电影网的首页，如图 3-9 所示。

步骤❷：寻找 headers 信息。按【F12】键进入调试模式，然后切换到【Network】选项卡，选择一个请求查找 headers 相关信息。

步骤❸：分析页面源码结构，获取编码方式。在网页中右击，在弹出的快捷菜单中选择【查看网页源代码】选项进入源码页面，如图 3-10 所示。通过分析网页源码顶部的 <META http-equiv=Content-Type content="text/html; charset=gb2312"> 可以发现 charset 是 gb2312 的。

第 3 章 基本库的使用

图 3-9 阳光电影网的首页

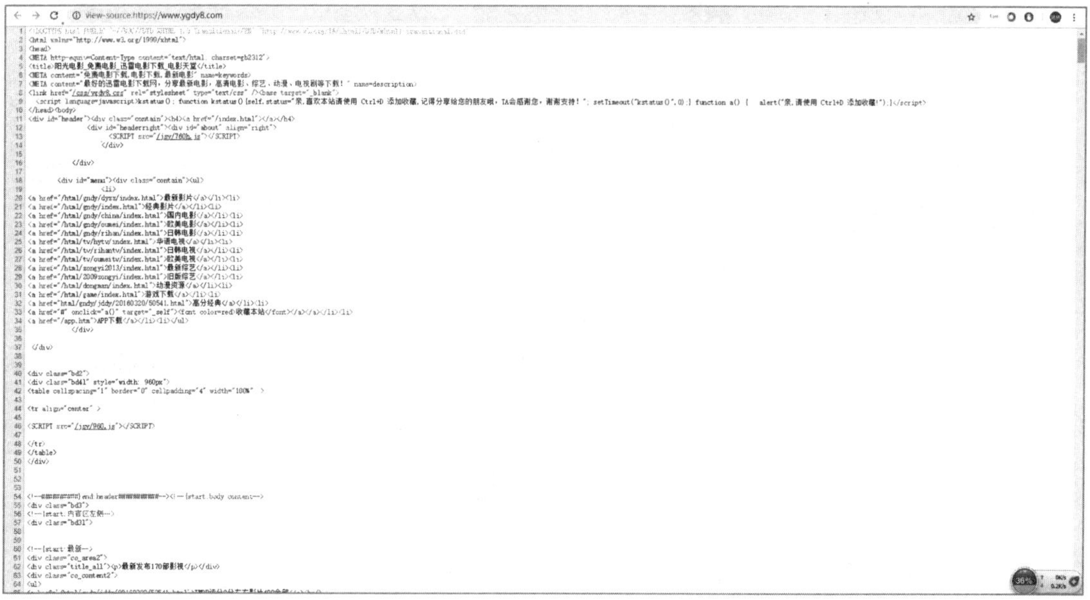

图 3-10 网页源码

步骤❹：编写代码实现请求获取源码并打印，示例代码如下。

```
import requests

url = 'http://www.ygdy8.com'
headers = {
  'Accept':'text/html,application/xhtml+xml,'
        'application/xml;q=0.9,image/webp,image/apng,*/*;q=0.8',
  'Accept-Encoding':'gzip, deflate',
```

79

```
    'Accept-Language':'zh-CN,zh;q=0.8',
    'Cache-Control':'max-age=0',
    'Connection':'keep-alive',
    'Host':'www.ygdy8.com',
    'If-Modified-Since':'Mon, 28 Aug 2017 04:48:57 GMT',
    'If-None-Match': "804213f5b81fd31:530",
    'Referer' : 'https://www.baidu.com/link?url='
               'utMdaXmlbTPNR8LWph_DbE_m09qwXW-0X52v5rstv'
               'Iy&wd=&eqid=8aa7bb7d00010f010000000259a3d86e',
    'Upgrade-Insecure-Requests':'1',
    'User-Agent':'Mozilla/5.0 (Macintosh; Intel Mac OS X'
                 ' 10_12_5) AppleWebKit/537.36 (KHTML, '
                 'like Gecko) Chrome/60.0.3112.101 Safari/537.36',
}
# 定义 req 为一个 request 请求的对象
req = requests.get(url,headers=headers)
# 获取请求的状态码
status_code = req.status_code
print(status_code)
# 指定网页编码方式
req.encoding = 'gb2312'
# 获取网页源码，将 req.content 返回的文本内容赋值给 html 变量，然后打印到控制台
html = req.content
print(html)
```

2. 百度搜索关键字提交

通过 requests 库携带参数去请求百度搜索，然后获取返回的 HTML 源码。百度搜索地址为 https://www.baidu.com/s?wd=keyword，参考步骤如下。

步骤❶：打开百度首页，在搜索框中输入"python"，输入之后会自动跳转到搜索结果页面，如图 3-11 所示。

图 3-11　百度搜索结果

步骤❷：观察 URL 地址栏，发现有一个 wd 参数，这个表示的就是输入的要搜索的内容，如图 3-12 所示。

图 3-12　URL 地址栏

步骤❸：知道了 wd 参数，就可以使用 Python 编写代码模拟这个过程了，示例代码如下。

```
import requests

keyword = 'python'

try:
    kv = {'wd':keyword}
    r = requests.get('https://www.baidu.com/s',params=kv)
    r.raise_for_status()
    r.encoding = r.apparent_encoding
    print(len(r.text))
except:
    print(" 失败 ")
```

> 温馨提示：
> 学习爬虫是一件快乐有趣的事情，读者一定要多动手写代码，善于观察发现，带着问题去学习，这样才能达到事半功倍的效果。

3.6 新手问答

学习完本章之后，读者可能会有以下疑问。

1. 异常处理中 except 的用法和作用是什么？

答：执行 try 下的语句，如果引发异常，则执行过程会跳到 except 语句。对每个 except 分支顺序尝试执行，如果引发的异常与 except 中的异常组匹配，则执行相应的语句；如果所有的 except 都不匹配，则异常会传递到下一个调用本代码的最高层 try 代码中。

try 下的语句如果正常执行，则执行 else 块代码；如果发生异常，就不会执行；如果存在 finally 语句，最后总是会执行。

2. 如何解决 urllib.request 找不到的问题？

答：Python 3.x 中 urllib 库和 urllib2 库合并成了 urllib 库，其中：

urllib2.urlopen() 变成了 urllib.request.urlopen()
urllib2.Request() 变成了 urllib.request.Request()

因此，Python 3.x 版本中可以使用 urllib.request 库，但是在 Python 2.7 版本的库中还是使用 urllib2.urlopen。

本章小结

本章主要介绍了 urllib 和 requests 库的基本使用方法，以及如何用它们编写简单的爬虫。本章的内容还需要读者积极配合练习进行巩固加深，一步一个脚印，才能真正学会使用 urllib 和 requests 进行网络请求抓取数据。

第 4 章
Ajax 数据抓取

通过前面几章的学习,我们已经了解了爬虫的工作原理和一些基本库的使用。但我们会发现一个问题:有时在使用 requests 库或 urllib 库抓取页面时,得到的结果可能和在浏览器中看到的不一样。例如,在抓取 https://data.variflight.com/analytics/CodeQuery(飞常准大数据)这个网页时,通过浏览器看到的页面数据是正常的,但是通过 requests 直接去请求这个地址,返回的网页源代码数据和在浏览器上看到的是不同的。

这是为什么呢?实际上,这是因为 requests 获取到的都是原始的 HTML 文档,而浏览器中的页面是经过 JavaScript 处理数据后生成的结果,这些数据来源有多种,可能是通过 Ajax 加载的,也可能是包含在 HTML 文档中的,还有可能是经过 JavaScript 和特殊的算法计算后生成的。对于第一种情况,数据加载是一种异步加载方式,原始的页面最初不会包含某些数据,原始页面加载完成后,再通过 JS 向服务器发送一个或多个请求获取数据,数据才会被处理并呈现在网页上,这其实就是发送了一个 Ajax 请求。

依照当今乃至以后的 Web 发展趋势来看,采用这种形式的页面会越来越多。网页的原始 HTML 文档不会再包含任何数据,都是通过 Ajax 加载数据后再渲染,达到前后端分离的效果,而且这样能降低服务器之间渲染页面带来的压力。所以如果遇到这样的页面,直接利用 requests 等库来抓取,是无法获取到数据的,这时就需要借助一些工具去分析网页的 Ajax 请求接口,然后再利用 requests 等库去模拟 Ajax 请求,这样就能成功地抓取到数据了。本章将会讲解 Ajax 的含义及如何分析和抓取 Ajax 请求。

本章主要涉及的知识点

- Ajax 的基本原理及方法
- 分析抓取目标网站的 Ajax 接口
- 使用 Python 网络请求库请求分析到的 Ajax 接口获取数据

4.1 Ajax 简介

Ajax 的全称为 Asynchronous JavaScript and XML，即异步的 JavaScript 和 XML，它不是新的编程语言，而是一种使用现有标准的新方法，它可以在不重新加载整个页面的情况下与服务器交换数据并更新部分网页的数据。例如，访问 https://data.variflight.com/analytics/CodeQuery（飞常准大数据）这个网页时，在搜索框中输入想要查询的机场、城市、三字码、四字码等，然后单击【搜索】按钮就可以在网址不变的情况下刷新已查询出来的数据。

在 W3School 网站上也有几个关于 Ajax 的小实例，有兴趣的读者可以打开网址 http://www.w3school.com.cn/tiy/t.asp?f=ajax_get 去体验一下。

4.1.1 实例引入

下面通过一个实例来了解 Ajax 请求，这里仍以飞常准大数据网页为例，在浏览器中打开链接，如图 4-1 所示。

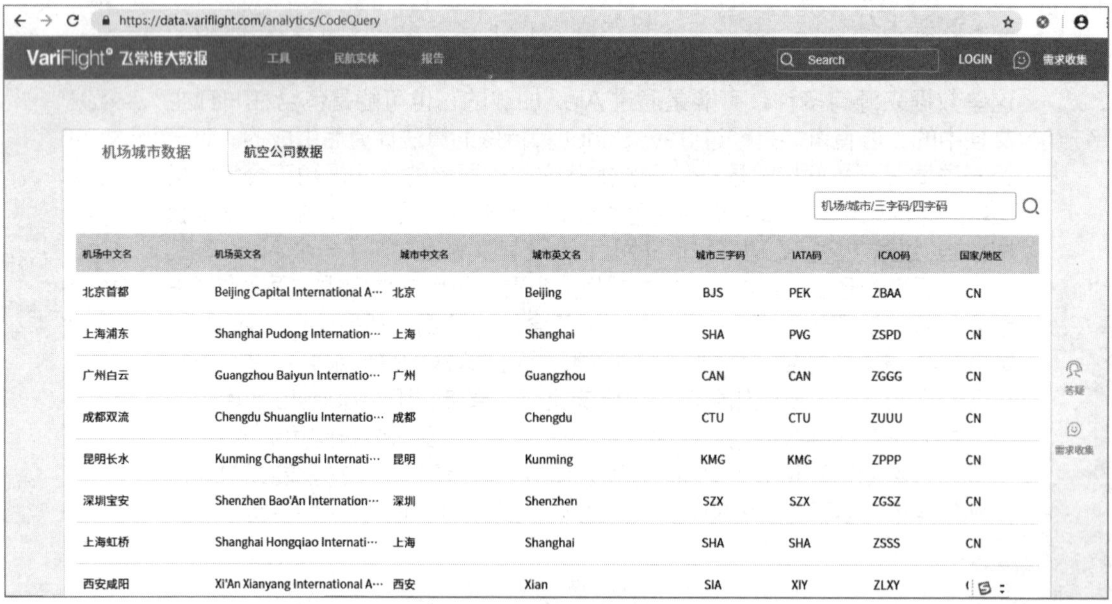

图 4-1　飞常准代码查询页面

在界面右上方的条件筛选输入框中输入 "PEK"，然后单击【搜索】按钮，如图 4-2 所示。

图 4-2　PEK 查询结果

得到查询结果后仔细观察查询前和查询后的页面，特别是 URL 地址栏，可以发现查询前和查询后页面的 URL 没有任何变化，但下面的列表中的数据却不一样了，这其实就是 Ajax 的效果，在不刷新全部页面的情况下，通过 Ajax 异步加载数据，实现数据局部更新。

4.1.2 Ajax 的基本原理

初步了解了 Ajax 之后，下面再来详细了解它的基本原理。发送 Ajax 请求到网页更新的过程可以简单地分为以下 3 个步骤。

（1）发送请求。
（2）解析返回数据。
（3）渲染网页。

在具体讲解这 3 个步骤之前，可以先看一下它的抽象过程图，如图 4-3 所示。

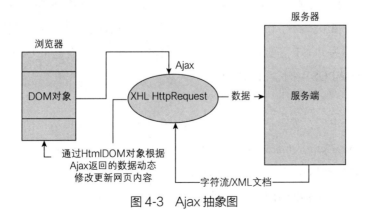

图 4-3　Ajax 抽象图

1. 发送请求

我们知道，JavaScript 可以实现页面的各种交互功能。Ajax 也不例外，它的底层也是由 JavaScript 实现的。要使用 Ajax 技术，需要先创建一个 XMLHttpRequest 对象，缺少它就不能实现异步传输。所以执行 Ajax 时，实际上需要执行以下代码。

```
var xmlhttp;
if (window.XMLHttpRequest) {
// IE7+, Firefox, Chrome, Opera, Safari 浏览器执行代码
xmlhttp=new XMLHttpRequest();
}else {
// IE6, IE5 浏览器执行代码
xmlhttp=new ActiveXObject("Microsoft.XMLHTTP");
}
xmlhttp.open("GET","/try/ajax/demo_get2.php?fname=Henry&lname=Ford",true);
xmlhttp.send();

xmlhttp.open("POST","/try/ajax/demo_post2.php",true);
xmlhttp.setRequestHeader("Content-type","application/x-www-form-urlen coded");
xmlhttp.send("fname=Henry&lname=Ford");
```

在网页中为某些事件的响应绑定异步操作：通过上面创建的 xmlhttp 对象传输请求、携带数据。在发出请求前要先定义请求对象的 method、要提交给服务器中哪个文件进行请求的处理、要携带哪些数据，以及判断是否异步。

其中，与普通的 Request 提交数据一样，这里也分两种方式：GET 和 POST，在实际使用时可根据需求自主选择。GET 和 POST 都是向服务器提交数据，并且都会从服务器获取数据。它们之间的区别如下。

（1）传送方式：GET 通过地址栏传输，POST 通过报文传输。

（2）传送长度：GET 参数有长度限制（受限于 URL 长度），而 POST 无限制。

对于 GET 方式的请求，浏览器会把 HTTP header 和 data 一并发送出去，服务器响应 200（返回数据）；而对于 POST，浏览器先发送 header，服务器响应 100 continue，浏览器再发送 data，服务器响应 200 OK（返回数据）。也就是说，GET 只需要汽车跑一趟就把货送到了，而 POST 得跑两趟，第一趟，先去和服务器打个招呼"嗨，我等下要送一批货来，你们打开门迎接我"，然后再回头把货送过去。因为 POST 需要两步，时间上消耗的要多一点，看起来 GET 比 POST 更有效。因此推荐用 GET 替换 POST 来优化网站性能。

2. 解析请求

服务器在收到请求后，就会把附带的参数数据作为输入传给处理请求的文件，例如，前面代码中所示：把 fname=Henry&lname=Ford 作为输入，传给"/try/ajax/demo_get2.php"文件。然后该文件根据传入的数据做出处理，最终返回结果，并通过 Response 对象发回去。客户端根据 xmlhttp 对象来获取 Response 的内容，返回的 response 内容可能是 HTML 也可能是 JSON，接下

来只需要在方法中用 JavaScript 做进一步的处理即可。例如，当为 JSON 时可以进行解析和转化。

例如，这里使用谷歌浏览器打开网址 https://data.variflight.com/analytics/CodeQuery，按【F12】键打开调试模式，然后在页面的搜索框中输入"PEK"并单击【搜索】按钮。之后在调试面板中切换到【Network】选项卡，找到名称为 airportCode 的请求并单击即可以查看 Ajax 发起请求之后返回的 JSON 数据，如图 4-4 所示。

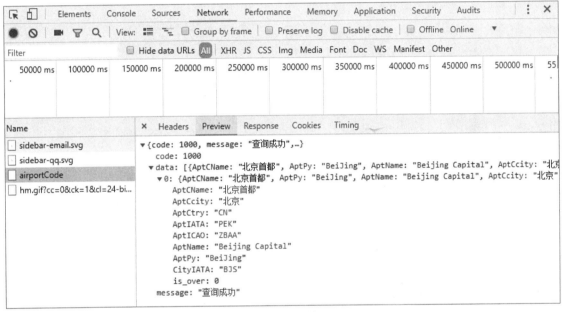

图 4-4　返回结果

3. 渲染网页

JavaScript 有改变网页内容的能力，所以在通过 Ajax 请求获取到返回数据后，通过解析就可以调用 JavaScript 获取指定的网页 DOM 对象进行更新、修改等数据处理了。例如，通过 document.getElementById().innerHTML 操作，便可以对某个元素内的元素进行修改，这样网页显示的内容就改变了，这样的操作也被称为 DOM 操作，即对 Document 网页文档进行操作，如修改、删除等。

例如，通过 document.getElementById("intro") 可以将 ID 为 intro 的节点内容的 HTML 代码改为服务器返回的内容，这样 intro 元素内部便会呈现出服务器返回的新数据，网页的部分内容看上去就更新了。假使服务器返回了"11"这个数据，如图 4-5 所示填充进去。

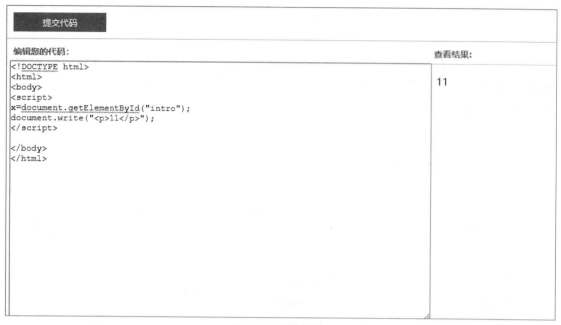

图 4-5　渲染数据

通过观察可以发现，上述 3 个步骤其实都是由 JavaScript 完成的，即 JavaScript 完成了整个请求、解析和渲染过程。现在再回过头去想一下，前面的例子中的飞常准大数据网页，其实就是 JavaScript 向服务器发送了一个 Ajax 请求，然后获取新的数据解析，并将其渲染在网页中。

4.1.3 Ajax 方法分析

这里仍以飞常准大数据（https://data.variflight.com/analytics/CodeQuery）网页为例，我们都知道在条件筛选框中输入机场三字码时刷新内容由 Ajax 加载，而且页面的 URL 没有变化，那么应该到哪里去查看这些 Ajax 请求呢？

这里还需要借助浏览器的开发者工具，下面以 Chrome 浏览器为例来介绍。

步骤❶：用 Chrome 打开网址 https://data.variflight.com/analytics/CodeQuery。

步骤❷：在页面中右击，在弹出的快捷菜单中选择【检查】选项或按【F12】键，此时会弹出开发者工具，如图 4-6 所示，在【Elements】选项卡中会显示网页的源代码，其下方是节点的样式。不过这不是我们想要寻找的内容。

步骤❸：切换到【Network】选项卡，重新刷新当前页面，可以发现这里出现了非常多的条目，其实这些条目就是页面在加载过程中浏览器与服务器之间发送请求和接收响应的所有记录，如图 4-7 所示。

第 4 章 Ajax 数据抓取

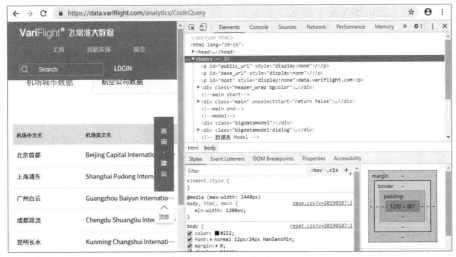

图 4-6 开发者工具

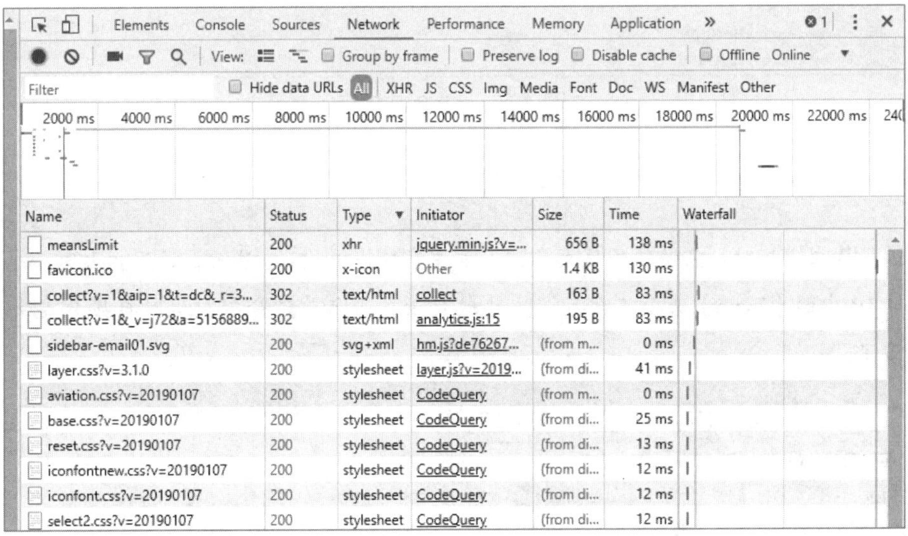

图 4-7 【Network】选项卡

Ajax 有其特殊的请求类型,它叫作 xhr。图 4-8 中用矩形框起来的部分,可以发现有一个名称为 "airportCode" 的请求,其 Type 为 xhr,这就是一个名副其实的 Ajax 请求。单击这个请求就可以看到它的详细信息。

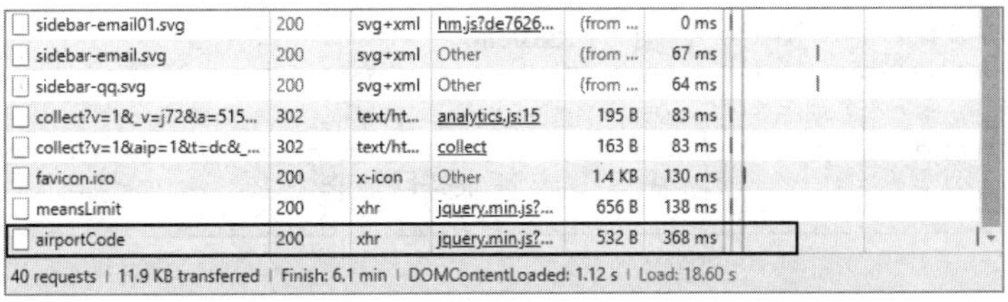

图 4-8 airportCode 请求

步骤❹：单击【airportCode】请求，会看到右侧有它的一些详细信息，如图4-9所示，这里有5个选项卡，选择【Preview】或【Response】选项卡就会看到当前Ajax请求向服务器端发起请求后服务器端响应的内容了。得到这些内容后，JS就可以解析处理，将它更新到网页中，至于其他的4个选项卡介绍请参考第2章中HTTP部分所讲的内容，这里不再做单独的讲解。

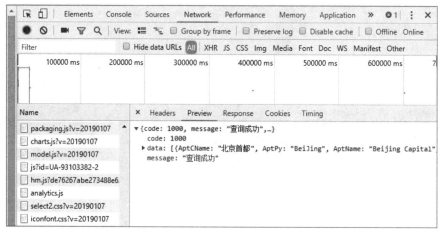

图4-9　请求响应内容

温馨提示：

在进行请求分析时，若发现条目太多，不方便直接找出xhr方法时，这里教大家一个小技巧：单击图4-10中的【Type】选项，就可以快速地对请求进行筛选分类，这时再按分类去查找xhr就快速多了。

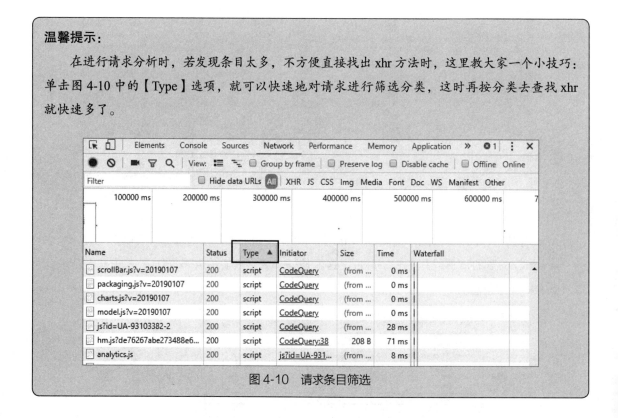

图4-10　请求条目筛选

4.2 使用 Python 模拟 Ajax 请求数据

通过前面的学习，认识和了解了 Ajax 的基本原理，下面用 Python 来模拟这些 Ajax 请求，这里仍以前面的飞常准大数据网页为例，通过传入条件查询的参数北京首都机场三字码 PEK 来请求获取它的数据，把北京首都机场的信息提取出来。

4.2.1 分析请求

下面分析一下请求，使用浏览器打开网址 https://data.variflight.com/analytics/CodeQuery 之后，相关的步骤如下。

步骤❶：按【F12】键进入开发者工具，选择【Network】选项卡，在条件搜索框中输入"PEK"并单击【搜索】按钮，可以看到【Network】选项卡下出现了很多条目。

步骤❷：然后单击【Type】进行筛选，找到名称为"airportCode"的请求并单击，如图 4-11 所示。

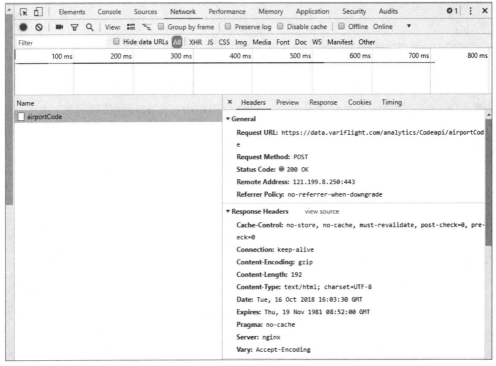

图 4-11 airportCode 请求

步骤❸：单击之后，可以看到【Headers】下面有很多关于请求的详细信息，通过观察发现，请求链接 Request URL 为"https://data.variflight.com/analytics/Codeapi/airportCode"，请求方法 Request Method 为"POST"，继续拖动滚动条到最下方 From Data 处，可以看到这里有两个参数：key 和 page，key 就是输入 PEK 要查询的三字码，page 是页数。

4.2.2 分析响应结果

前面已经分析了请求的详细信息，如请求的链接、方法、需要传递的参数等，下面再来看看它的响应结果是什么样的。选择【Preview】选项卡，将会出现如图 4-12 所示的内容，这些内容是 JSON 格式，浏览器开发工具自动做了解析方便查看。可以看到有 3 个信息，一是 code，代表响应状态码是失败还是成功；二是 data，data 就是我们想要的内容，里面包含了北京机场的相关信息；三是 message，提示消息。

图 4-12 响应内容

4.2.3 编写代码模拟抓取

下面使用 Python 的 requests 库编写代码来模拟抓取。首先定义一个方法获取每次请求的结果。在请求时，key 和 page 是一个可变的参数，所以将它们作为方法的参数传递进来，相关示例代码如下。

```
import requests
import json

# 获取请求数据
def get_data(key,page):
    url = "https://data.variflight.com/analytics/Codeapi/airportCode"
    data = {
        "key":key,
        "page":page
    }
    res = requests.request("post",url,data=data)
    return res.text
# 获取解析结果
def get_parse(data):
    return json.loads(data)

data = get_data("PEK",0)
apt_info = get_parse(data)
print(apt_info["data"])
```

这里定义了一个 get_data 的方法来表示获取请求数据，通过传入的 key 三字码和页数 page 作为参数。从前面使用浏览器开发工具分析请求详细信息得知，要抓取的请求链接 Request URL 为 "https://data.variflight.com/analytics/Codeapi/airportCode"，方法为 POST，需要传递的参数是 key 和 page。然后返回请求响应结果，接着又定义了 get_parse 方法，这个方法主要是用来解析结果的，通过传入请求获取到的数据，解析并返回，由前面的分析可知，它返回的是 JSON 字符串格式的数据，因此需要使用 json.loads 方法去解析并返回，最终得到的结果如图 4-13 所示。

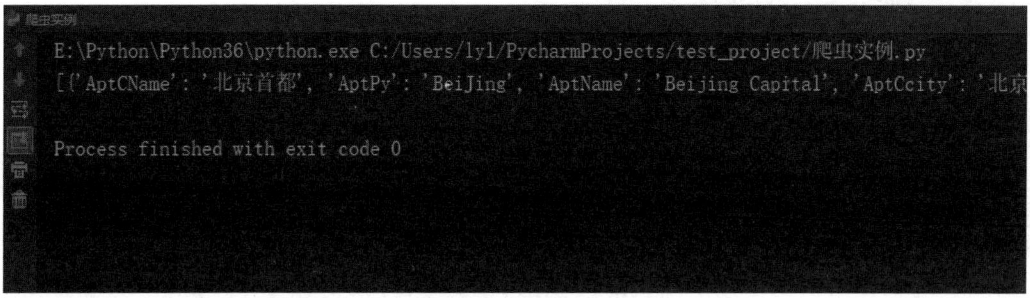

图 4-13 解析结果

通过上述方法成功得到了关于北京首都机场的相关信息，另外，还可以增加一个方法，用于将数据保存到数据库中或 Excel 中等。关于保存数据的方法，将会在后面的章节中讲到，这里不做讲解。

4.3 新手实训

关于 Ajax 的内容基本介绍完毕，学习它的基本原理和分析方法后，下面结合所学知识做几个实战练习。

1. 分析猎聘网的 xhr 请求并编写代码模拟抓取数据

下面以在猎聘网上抓取与 Python 相关的招聘信息为例，相关步骤如下。

步骤❶：用浏览器打开猎聘网首页 "https://www.liepin.com"，然后按【F12】键或右击网页，在弹出的快捷菜单中选择【检查】选项，打开开发者调试模式，如图 4-14 所示。

步骤❷：单击【猎聘一下】按钮进行搜索，这时【Network】下会出现相关的 xhr 请求条目，如图 4-15 所示，找到一个名称为 "soejob4landingpage.json" 的请求并单击，即可看到返回的搜索结果数据。

步骤❸：切换到【Headers】选项卡，观察所提交的参数和方法及数据等信息，如图 4-16 所示。

图 4-14 猎聘网首页

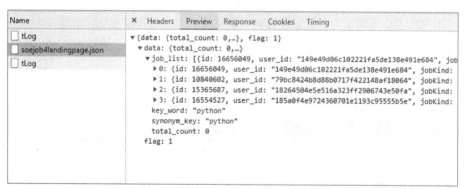

图 4-15 返回结果

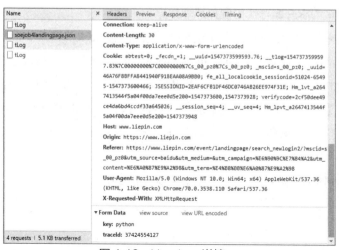

图 4-16 Headers 详情

步骤❹：编写代码，模拟这个过程，示例代码如下。

```
import requests

url = "https://www.liepin.com/event/landingpage/soejob4landingpage.json"
data = {
  "key":"python",
  "traceId":"37480458443"
}
Res = requests.post(url,json=data)
print(res.json())
```

2. 分析南方航空官网的机票查询 xhr 请求抓取数据

有了实训 1 的练习经验以后，接着再来看一个网页，通过对它的分析和观察，进一步加深对 Ajax 请求接口的理解。由于分析步骤与实训 1 类似，这里不做重复讲解。下面给出接口截图和相关示例代码。接口详情如图 4-17 所示。

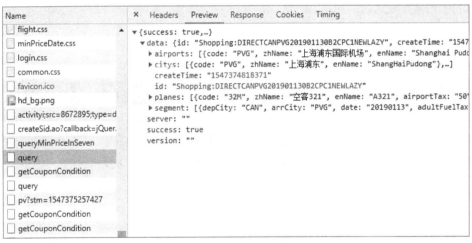

图 4-17　接口详情

相关示例代码如下。

```
import requests

url = "http://b2c.csair.com/portal/flight/direct/query"
data = {"depCity":"CAN","arrCity":"PVG","flightDate":"20190114",
  "adultNum":"1","childNum":"0","infantNum":"0","cabinOrder":"0",
  "airLine":1,"flyType":0,"international":"0","action":"0",
  "segType":"1","cache":0,"preUrl":"","isMember":""}
res = requests.post(url,json=data)
print(res.json())
```

4.4 新手问答

通过对本章的学习，读者可能会有以下疑问。

1. 为什么有些 Ajax 接口在模拟了它的参数请求之后却抓取不到数据？

答：首先这里需要了解的一点就是，现在很多网站是有反爬策略的，也就是说，它不想让别人通过爬虫获取到它的数据，所以采取了一些手段，如对接口的参数加密、IP 访问频率控制等。遇到这种问题，很可能是你模拟的接口中有些参数是需要加密或用别的特殊方法获取值携带到请求中的，如 token 之类的。遇到这种网站就需要进一步地分析它的参数或换思路爬取。关于这方面的内容将会在后面的章节中讲到。

2. Ajax 接收到的数据类型是什么？

答：后台返回的数据主要有 3 种类型：String、JSON 串和 JSON 对象。接收到了这 3 种类型的数据，可以通过 JSON 对象直接循环使用、JSON 串转 JSON 使用和 String 直接使用。具体方式可根据实际得到的数据来选择。

本章小结

本章主要介绍了 Ajax 的基本工作原理，并通过实例，使用 Python 模拟 Ajax 请求，并成功抓取到了数据。本章中的内容需要熟练掌握，在后面的实战中会用到很多次这样的分析和抓取。

第 5 章
动态渲染页面爬取

在第 4 章中，了解了 Ajax 的分析和抓取方式，这其实也是 JavaScript 动态渲染页面的一种情形，通过直接分析 Ajax，用户仍然可以借助 requests 或 urllib 实现数据抓取。

不过 JavaScript 动态渲染不止 Ajax 这一种，例如，中国青年网（http://news.youth.cn/gn）的分页部分是由 JavaScript 生成的，并非原始 HTML 代码，这其中并不包含 Ajax 请求。又如，ECharts 的官方实例（http://echarts.baidu.com/echarts2/doc/example.html）中的图像都是经过 JavaScript 计算后生成的。再如，像淘宝、京东这些网页中的很多页面虽然是 Ajax 获取的数据，但是其中的 Ajax 接口有很多加密参数，难以直接找出其规律，也很难直接分析 Ajax 来抓取。

为了解决这些问题，可以直接使用模拟浏览器的方式来实现，这样就可以做到在浏览器中看到的是什么样，抓取的源码就是什么样，也就是可见即可爬。这样就不用再管网页内部的 JavaScript 用了什么算法渲染页面，以及网页后台的 Ajax 接口到底有哪些参数。

Python 提供了许多的模拟浏览器运行的库，如 Selenium、Splash、execjs、Ghost 等。本章中着重介绍 Selenium 和 Splash 库的用法。有了它们就不用再为动态渲染页面发愁了。

本章主要涉及的知识点

- Selenium 的基本用法
- Splash 的基本用法
- 使用 Selenium 和 Splash 实现一个动态网页抓取练习

5.1 Selenium 的使用

Selenium 是一个自动化测试工具。Selenium 测试直接运行在浏览器中，支持的浏览器包括 IE（7，8，9）、Mozilla Firefox、Mozilla Suite 等。这个工具的主要功能包括测试与浏览器的兼容性，即测试应用程序是否能够很好地工作在不同浏览器和操作系统之上；驱动浏览器执行特定的动作，如鼠标单击、下拉列表等动作，同时还可以获取浏览器当前呈现的网页源代码，做到可见即可爬。对于一些 JavaScript 动态渲染的页面来说，此种抓取方式非常有效。

5.1.1 安装 Selenium 库

步骤❶：安装 Selenium 非常简单，只需要在 cmd 命令行窗口中直接执行 pip 命令 "pip install Selenium" 即可安装。

步骤❷：安装浏览器驱动。因为 Selenium 3.x 调用浏览器必须要有一个 WebDriver 驱动文件，相关下载地址如下。

Chrome 驱动文件下载：https://chromedriver.storage.googleapis.com/index.html?path=2.35。

Firefox 驱动文件下载：https://github.com/mozilla/geckodriver/releases。

步骤❸：设置浏览器驱动的环境变量，手动创建一个存放浏览器驱动的目录，如 D:\apk\chromedriver，将下载的浏览器驱动文件（如 chromedriver、geckodriver）放到该目录下。如果是 Linux 系统，把下载的文件放在 /usr/bin 目录下就可以了。

步骤❹：设置【我的电脑】→【属性】→【系统设置】→【高级】→【环境变量】→【系统变量】→【Path】，将路径添加到 Path 的值中，如图 5-1 所示。

图 5-1 驱动环境变量设置

步骤 ❺：在 Python 中执行以下代码，用 Chrome 浏览器测试是否安装成功。

```
from selenium import webdriver

browser = webdriver.Chrome()
browser.get('http://www.baidu.com')
```

运行这段代码，会自动打开浏览器，然后访问百度。如果程序执行错误，浏览器没有打开，那么应该是环境设置出现问题。

> 温馨提示：
> chromedriver 的版本需要与使用的 Chrome 浏览器版本对应，否则会报错。如果浏览器为 Firefox，需要将 webdriver.Chrome() 替换成 webdriver.Firefox()，其他方法不变，后面所涉及的代码示例都是这样。

5.1.2 Selenium 定位方法

Selenium 提供了 8 种元素定位方法，通过这些定位方法，用户可以定位指定元素，提取数据或给指定的元素绑定事件设置样式等。这 8 种方法分别为 id、name、class name、tag name、link text、partial link text、xpath 和 css selector。这 8 种定位方法在 Python Selenium 中所对应的方法如表 5-1 所示。

表5-1 Selenium中的8种定位方法与Python中的方法对照

在Selenium中	在Python中
id	find_element_by_id()
name	find_element_by_name()
class name	find_element_by_class_name()
tag name	find_element_by_tag_name()
link text	find_element_by_link_text()
partial link text	find_element_by_partial_link_text()
xpath	find_element_by_xpath()
css selector	find_element_by_css_selector()

下面来看看这些方法应该如何使用，以百度首页为例，通过前端工具（如 Chrome 或 Firebug）查看一个元素的属性，如图 5-2 所示。

```
▼<form id="form" name="f" action="/s" class="fm">
    <input type="hidden" name="ie" value="utf-8">
    <input type="hidden" name="f" value="8">
    <input type="hidden" name="rsv_bp" value="0">
    <input type="hidden" name="rsv_idx" value="1">
    <input type="hidden" name="ch" value>
    <input type="hidden" name="tn" value="baidu">
    <input type="hidden" name="bar" value>
  ▼<span class="bg s_ipt_wr quickdelete-wrap"> == $0
      <span class="soutu-btn"></span>
      <input id="kw" name="wd" class="s_ipt" value maxlength="255" autocomplete="off">
      <a href="javascript:;" id="quickdelete" title="清空" class="quickdelete" style="top: 0px; right: 0px;
      display: none;"></a>
    </span>
  ▶<span class="bg s_btn_wr">…</span>
  ▶<span class="tools">…</span>
    <input type="hidden" name="rn" value>
```

图 5-2　百度首页源码

图 5-2 所示的源码是百度首页的，我们的目的是要定位 input 标签的输入框，所以依次使用前面提到的 8 种定位方法来定位，观察它在 Python 中是如何使用的。

（1）通过 id 定位。

browser.find_element_by_id("kw")

（2）通过 name 定位。

browser.find_element_by_name("wd")

（3）通过 class name 定位。

browser.find_elements_by_class_name("wd")

（4）通过 tag name 定位。

browser.find_element_by_tag_name("input")

（5）通过 link text 定位。

browser.find_element_by_link_text(" 新闻 ")
browser.find_element_by_link_text("hao123")

（6）通过 partial link text 定位。partial_link_text 主要是用来定位 HTML 中的 <a href="url"> 超链接载体 </a>，例如：

# 模糊匹配超链接载体
driver.find_element_by_partial_link_text(" 度 ")

（7）通过 xpath 定位。xpath 定位有多种写法，这里列举几个常用写法。

browser.find_element_by_xpath("//*[@id='kw']")
browser.find_element_by_xpath("//*[@name='wd']")
browser.find_element_by_xpath("//input[@class='s_ipt']")
browser.find_element_by_xpath("/html/body/form/span/input")
browser.find_element_by_xpath("//span[@class='soutu-btn']/input")
browser.find_element_by_xpath("//form[@id='form']/span/input")
browser.find_element_by_xpath("//input[@id='kw' and @name='wd']")

（8）通过 css selector 定位。css 定位有多种写法，这里列举几个常用写法。

```
browser.find_element_by_css_selector("#kw")
browser.find_element_by_css_selector("[name=wd]")
browser.find_element_by_css_selector(".s_ipt")
browser.find_element_by_css_selector("html>body>form>span>input")
browser.find_element_by_css_selector("span.soutu-btn>input#kw")
browser.find_element_by_css_selector("form#form>span>input")
```

关于 Selenium 的定位使用的基本情况已介绍完毕，在实际开发中可能用不了这么多，用户根据实际情况选择一两种就可以了。

5.1.3 控制浏览器操作

Selenium 不仅能够定位元素，还能控制浏览器的操作，如设置浏览器的大小，控制浏览器前进、后退，刷新页面等。

1. 设置浏览器大小

有时用户会希望页面能以某种浏览器尺寸打开，让访问的页面在这种尺寸下运行。例如，将浏览器设置成移动端大小（480 像素 ×800 像素），然后访问移动站点，并对其样式进行评估。WebDriver 提供了 set_window_size() 方法来设置浏览器的大小，示例代码如下。

```
from selenium import webdriver

browser = webdriver.Chrome()
browser.get('http://www.baidu.com')
# 参数数字为像素点
print(" 设置浏览器宽 480 像素、高 800 像素显示 ")
browser.set_window_size(480, 800)
browser.quit()
```

执行此代码，将会弹出谷歌浏览器到百度首页，并将浏览器窗口大小设置成了 480 像素 ×800 像素。由于在弹出浏览器之后执行了 browser.quit() 方法，所以会在打开浏览器几秒后自动关闭。

2. 控制浏览器后退、前进

在使用浏览器浏览网页时，浏览器提供了后退和前进按钮，可以方便地在浏览过的网页之间切换，WebDriver 也提供了对应的 back() 和 forward() 方法来模拟后退和前进按钮。下面通过例子来演示这两个方法的使用。

```
from selenium import webdriver

browser = webdriver.Chrome()

# 访问百度首页
first_url = 'http://www.baidu.com'
print("now access %s" %(first_url))
```

```
browser.get(first_url)

# 访问新闻页面
second_url = 'http://news.baidu.com'
print("now access %s" %(second_url))
browser.get(second_url)

# 返回（后退）到百度首页
print("back to %s "%(first_url))
browser.back()

# 前进到新闻页
print("forward to %s"%(second_url))
browser.forward()
browser.quit()
```

为了看清脚本的执行过程，上面每操作一步都通过 print() 来打印当前的 URL 地址。执行代码后将会在控制台看到如下结果。

```
now access http://news.baidu.com
back to  http://www.baidu.com
forward to  http://news.baidu.com
```

由结果可知，它已经访问了 3 个不同的 URL。

3. 刷新页面

刷新页面非常简单，只需要使用 browser.refresh() 方法就可以刷新页面，示例代码如下。

```
from selenium import webdriver

browser = webdriver.Chrome()

# 访问百度首页
url = 'http://www.baidu.com'
browser.get(url)
# 刷新当前页面
browser.refresh()
```

5.1.4 WebDriver 常用方法

前面已经学习了定位元素，定位只是第一步，定位之后需要对这个元素进行操作，或单击（按钮）或输入（输入框）。下面就来认识 WebDriver 中最常用的几个方法。

1. clear() 清除文本

通过 clear() 方法，可以清除如 input、textarea 等 From 表单文本，如下代码通过选择器获取到元素后调用 clear() 方法清除。如图 5-3 所示，清除出发城市 input 输入框的默认值。

```
browser.find_element_by_id("kw").clear()
```

图 5-3　南航机票查询 input 输入框

2. send_keys (value) 模拟按键输入

如果用户想要模拟表单输入，可以使用 send_keys() 方法，通过它就能设置 input 的值，示例代码如下。

```
browser.find_elements_by_id("kw").send_keys(" 测试输入值 ")
```

运行这行代码可能会报错，这是因为通过 find_elements_by_id() 方法返回的是一个 webElements 列表，所以需要对代码进行修改，改为取第 0 个，修改后的代码如下。

```
browser.find_elements_by_id("kw")[0].send_keys(" 测试输入值 ")
```

细心的读者在实际操作中会发现，根据 ID 定位会提示有两种方法：find_elements_by_id() 和 find_element_by_id()。前者返回的是一个列表，后者返回的是一个单一对象，所以这里推荐大家在实际开发中使用后者。这时代码可以修改如下。

```
browser.find_element_by_id("kw").send_keys(" 测试输入值 ")
```

3. click() 模拟单击

在表单提交时需要单击按钮，这时用 Selenium 的 click() 方法就可以了。通过选择器获取到按钮元素，直接调用 click() 方法，相关示例代码如下。

```
browser.find_element_by_id("su").click()
```

4. submit() 提交

在访问百度时，需要在搜索框中输入关键词，然后单击【搜索】按钮提交。在 Selenium 中，除了可以使用 click() 方法外，还可以使用 submit() 方法模拟，示例代码如下。

```
from selenium import webdriver

driver = webdriver.Chrome()
driver.get("https://www.baidu.com")
search_text = driver.find_element_by_id('kw')
search_text.send_keys('selenium')
search_text.submit()
driver.quit()
```

有时 submit() 方法可以与 click() 方法互换来使用，submit() 方法同样可以提交一个按钮，但 submit() 方法的应用范围远不及 click() 方法广泛。

5.1.5 其他常用方法

除了前面的几种方法外，还有几种方法也是实际开发中用得比较多的，具体如下。

（1）size：返回元素的尺寸。

（2）text：获取元素的文本。

（3）get_attribute(name)：获得属性值。

（4）is_displayed()：设置该元素是否用户可见。

相关示例代码如下。

```python
from selenium import webdriver

driver = webdriver.Chrome()
driver.get("http://www.baidu.com")
# 获得输入框的尺寸
size = driver.find_element_by_id('kw').size
print(size)
# 返回百度页面底部备案信息
text = driver.find_element_by_id("cp").text
print(text)
# 返回元素的属性值，可以是 id、name、type 或其他任意属性
attribute = driver.find_element_by_id("kw").get_attribute('type')
print(attribute)
# 返回元素的结果是否可见，返回结果为 True 或 False
result = driver.find_element_by_id("kw").is_displayed()
print(result)
driver.quit()
```

5.1.6 鼠标键盘事件

在 Selenium WebDriver 中也提供了一些关于鼠标和键盘操作的方法，如鼠标指针悬浮、鼠标指针滑动、键盘输入等。

1. 鼠标事件

在 Selenium WebDriver 中，将关于鼠标操作的方法封装在 ActionChains 类中来使用。ActionChains 类方法如表 5-2 所示。

表5-2　ActionChains类方法

方法	说明
ActionChains(driver)	构造ActionChains对象
context_click()	单击鼠标右键
double_click()	双击鼠标左键
drag_and_drop(source, target)	拖曳到某个元素后松开
drag_and_drop_by_offset(source, xoffset, yoffset)	拖曳到某个坐标后松开
key_down(value, element=None)	按下某个键盘上的键
key_up(value, element=None)	松开某个键
move_by_offset(xoffset, yoffset)	鼠标从当前位置移动到某个坐标
move_to_element(to_element)	鼠标移动到某个元素
move_to_element_with_offset(to_element, xoffset, yoffset)	移动到距某个元素（左上角坐标）多少距离的位置
release(on_element=None)	在某个元素位置松开鼠标左键
send_keys(*keys_to_send)	发送某个键到当前焦点的元素
send_keys_to_element(element, *keys_to_send)	发送某个键到指定元素

下面通过一个示例来看看如何使用鼠标事件。以百度首页（https://www.baidu.com）为例，通常来说，如果用户把鼠标指针移动到百度首页的【设置】菜单项上悬浮，此时会出现一个隐藏的菜单，如果将鼠标指针移开，它就又会消失。下面使用 Selenium WebDriver 实现模拟鼠标指针移动到百度首页设置菜单项悬浮的事件，相关示例代码如下。

```
from selenium import webdriver
# 引入 ActionChains 类
from selenium.webdriver.common.action_chains import ActionChains

driver = webdriver.Chrome()
driver.get("https://www.baidu.cn")

# 定位到要悬停的元素
above = driver.find_element_by_link_text(" 设置 ")
# 对定位到的元素执行鼠标指针悬停操作
ActionChains(driver).move_to_element(above).perform()
```

运行代码，效果如图 5-4 所示。

图 5-4 Selenium WebDriver 鼠标指针悬停截图

通过上面的代码可以看到，其实关键就是 ActionChains(driver).move_to_element(above).perform() 这句代码，使用 ActionChains 类去调用 move_to_element(above) 悬浮事件，然后再执行 perform() 方法提交动作。

2. 键盘事件

前面了解到，send_keys() 方法可以用来模拟键盘输入，除此之外，还可以用它来输入键盘上的按键，甚至是组合键，如【Ctrl+A】组合键和【Ctrl+C】组合键。Keys() 类提供了键盘上几乎所有按键的使用方法。

Keys 类常用方法如表 5-3 所示。

表5-3 Keys类常用方法

方法	说明
send_keys(Keys.BACK_SPACE)	删除键（Backspace）
send_keys(Keys.SPACE)	空格键（Space）
send_keys(Keys.TAB)	制表键（Tab）
send_keys(Keys.ESCAPE)	回退键（Esc）
send_keys(Keys.ENTER)	回车键（Enter）
send_keys(Keys.CONTROL,'a')	全选（Ctrl+A）
send_keys(Keys.CONTROL,'c')	复制（Ctrl+C）
send_keys(Keys.CONTROL,'x')	剪切（Ctrl+X）
send_keys(Keys.CONTROL,'v')	粘贴（Ctrl+V）
send_keys(Keys.F1)	F1键
send_keys(Keys.F12)	F12键

关于 Selenium WebDriver 常用的鼠标键盘事件方法已介绍完毕，下面以百度首页为例，键盘事件方法的相关示例代码如下。

```python
from selenium import webdriver
# 引入 Keys 模块
from selenium.webdriver.common.keys import Keys

driver = webdriver.Chrome()
driver.get("http://www.baidu.com")

# 在输入框中输入内容
driver.find_element_by_id("kw").send_keys("seleniumm")

# 删除多输入的内容
driver.find_element_by_id("kw").send_keys(Keys.BACK_SPACE)

# 输入空格键 +" 教程 "
driver.find_element_by_id("kw").send_keys(Keys.SPACE)
driver.find_element_by_id("kw").send_keys(" 教程 ")

# 按【Ctrl+A】组合键全选输入框中的内容
driver.find_element_by_id("kw").send_keys(Keys.CONTROL, 'a')

# 按【Ctrl+X】组合键剪切输入框中的内容
driver.find_element_by_id("kw").send_keys(Keys.CONTROL, 'x')

# 按【Ctrl+V】组合键将内容粘贴到输入框中
driver.find_element_by_id("kw").send_keys(Keys.CONTROL, 'v')

# 通过【Enter】键代替单击操作
driver.find_element_by_id("su").send_keys(Keys.ENTER)
driver.quit()
```

5.1.7 获取断言信息

不管是在做功能测试还是自动化测试，最后一步需要将实际结果与预期进行比较，这个比较称为断言。通常可以通过获取 title、URL 和 text 等信息进行断言。text 方法在前面已经讲过，它用于获取标签对之间的文本信息。下面同样以百度首页为例，介绍如何获取这些信息，示例代码如下。

```python
from selenium import webdriver
from time import sleep

driver = webdriver.Chrome()
driver.get("https://www.baidu.com")
```

```python
print('------------ 搜索以前 -----------')

# 打印当前页面 title
title = driver.title
print(title)

# 打印当前页面 URL
now_url = driver.current_url
print(now_url)

driver.find_element_by_id("kw").send_keys("selenium")
driver.find_element_by_id("su").click()
sleep(1)

print('---------- 弹出搜索 ---------------')

# 再次打印当前页面 title
title = driver.title
print(title)

# 打印当前页面 URL
now_url = driver.current_url
print(now_url)

# 获取结果数目
user = driver.find_element_by_class_name('nums').text
print(user)

driver.quit()
```

运行结果如图 5-5 所示。

图 5-5　运行结果

通过代码可知，title 用于获得当前页面的标题；current_url 用于获得当前页面的 URL；text 用于获取搜索条目的文本信息。

5.1.8 设置元素等待

现在大多数的 Web 应用程序使用的是 Ajax 技术。当一个页面被加载到浏览器时，该页面内的元素可以在不同的时间点被加载。这使得定位元素变得困难，如果元素不在页面之中，会抛出 Element Not Visible Exception 异常。使用 waits，可以解决这个问题。waits 提供了一些操作之间的时间间隔，主要是定位元素或针对该元素的任何其他操作。

Selenium WebDriver 提供两种类型的 waits——显式和隐式。 显式等待会让 WebDriver 等待满足一定的条件以后再进一步执行，而隐式等待会让 WebDriver 等待一定的时间后再查找某元素。

1. 显式等待

显式等待在代码中定义等待一定条件发生后再进一步执行代码，例如，用户需要在等待此网页加载完成后再执行代码，否则会在达到最大时长时抛出超时异常，示例代码如下。

```
from selenium import webdriver
from selenium.webdriver.common.by import By
from selenium.webdriver.support.ui import WebDriverWait
from selenium.webdriver.support import expected_conditions as EC

driver = webdriver.Chrome()
driver.get("https://www.baidu.com")

element = WebDriverWait(driver, 5, 0.5).until(
            EC.presence_of_element_located((By.ID, "kw"))
        )
element.send_keys('selenium')
driver.quit()
```

WebDriverWait 类是由 WebDirver 提供的等待方法。在设置时间内，默认每隔一段时间检测一次当前页面元素是否存在，如果超过设置时间检测不到则抛出异常，具体格式如下。

```
WebDriverWait(driver, timeout, poll_frequency=0.5, ignored_exceptions=None)
```

参数说明如下。

（1）driver：浏览器驱动。

（2）timeout：最长超时时间，默认以秒为单位。

（3）poll_frequency：检测的间隔（步长）时间，默认为 0.5 秒。

（4）ignored_exceptions：超时后的异常信息，默认情况下，抛出 NoSuchElementException 异常。

WebDriverWait() 一般由 until() 或 until_not() 方法配合使用，下面是 until() 和 until_not() 方法的

相关说明。* until(method, message='') 调用该方法提供的驱动程序作为一个参数，直到返回值为 True，* until_not(method, message='') 调用该方法提供的驱动程序作为一个参数，直到返回值为 False。在本例中，通过 as 关键字将 expected_conditions 重命名为 EC，并调用 presence_of_element_located() 方法判断元素是否存在。

2. 隐式等待

WebDriver 提供了 implicitly_wait() 方法来实现隐式等待，默认设置为 0。它的用法相对来说要简单得多。implicitly_wait() 默认参数的单位为秒，本例中设置等待时长为 10 秒。首先，这 10 秒并非一个固定的等待时间，它并不影响脚本的执行速度；其次，它并不针对页面上的某一元素进行等待。当脚本执行到某个元素定位时，如果元素可以定位，则继续执行；如果元素定位不到，则它将以轮询的方式不断地判断元素是否被定位到。假设在第 6 秒定位到了元素则继续执行，若直到超出设置时长（10 秒）还没有定位到元素，则抛出异常，示例代码如下。

```python
from selenium import webdriver
from selenium.common.exceptions import NoSuchElementException
from time import ctime

driver = webdriver.Chrome()
# 设置隐式等待为 10 秒
driver.implicitly_wait(10)
driver.get("http://www.baidu.com")

try:
    print(ctime())
    driver.find_element_by_id("kw22").send_keys('selenium')
except NoSuchElementException as e:
    print(e)
finally:
    print(ctime())
    driver.quit()
```

5.1.9 多表单切换

在 Web 应用中经常会遇到 frame/iframe 表单嵌套页面的应用，WebDriver 只能在一个页面上对元素识别与定位，对于 frame/iframe 表单内嵌页面上的元素无法直接定位。这时就需要通过 switch_to.frame() 方法将当前定位的主体切换到 frame/iframe 表单的内嵌页面中。图 5-6 所示为网易 126 邮箱登录框的大概结构，想要操作登录框必须要先切换到 iframe 表单。

图 5-6　126 邮箱登录页面

这时在 Selenium WebDriver 中就可以使用 switch_to.frame() 方法去切换，示例代码如下。

```
from selenium import webdriver

driver = webdriver.Chrome()
driver.get("http://www.126.com")

driver.switch_to.frame('x-URS-iframe')
driver.find_element_by_name("email").clear()
driver.find_element_by_name("email").send_keys("lyl_sc")
driver.find_element_by_name("password").clear()
driver.find_element_by_name("password").send_keys("123456")
driver.find_element_by_id("dologin").click()
driver.switch_to.default_content()

driver.quit()
```

switch_to.frame() 默认可以直接取表单的 id 或 name 属性。如果 iframe 没有可用的 id 和 name 属性，则可以通过下面的方式进行定位。

```
……
# 先通过 xpth 定位到 iframe
xf = driver.find_element_by_xpath('//*[@id="x-URS-iframe"]')

# 再将定位对象传给 switch_to.frame() 方法
driver.switch_to.frame(xf)
……
driver.switch_to.parent_frame()
```

此外，在进入多级表单的情况下，还可以通过 switch_to.default_content() 跳回最外层的页面。

5.1.10 下拉框选择

有时我们会遇到下拉框，WebDriver 提供了 Select 类来处理下拉框，如百度搜索设置的下拉框如图 5-7 所示。

图 5-7　百度搜索设置

在 Selenium 中实现此功能的示例代码如下。

```
from selenium import webdriver
from selenium.webdriver.support.select import Select
from time import sleep

driver = webdriver.Chrome()
driver.implicitly_wait(10)
driver.get('http://www.baidu.com')

# 鼠标指针悬停至 " 设置 " 链接
driver.find_element_by_link_text(' 设置 ').click()
sleep(1)
# 打开搜索设置
driver.find_element_by_link_text(" 搜索设置 ").click()
sleep(2)

# 搜索结果显示条数
sel = driver.find_element_by_xpath("//select[@id='nr']")
Select(sel).select_by_value('50') # 显示 50 条
# 退出浏览器
```

```
driver.quit()
```

总的来说，Select 类用于定位 select 标签。select_by_value() 方法用于定位下拉选项中的 value 值。

5.1.11 调用 JavaScript 代码

虽然 WebDriver 提供了操作浏览器的前进和后退方法，但对于浏览器滚动条并没有提供相应的操作方法。在这种情况下，就可以借助 JavaScript 来控制浏览器的滚动条。WebDriver 提供了 execute_script() 方法来执行 JavaScript 代码。

用于调整浏览器滚动条位置的 JavaScript 代码如下。

```
window.scrollTo(0,450);
```

window.scrollTo() 方法用于设置浏览器窗口滚动条的水平和垂直位置，方法的第一个参数表示水平的左间距，第二个参数表示垂直的上边距，示例代码如下。

```
from selenium import webdriver
from time import sleep

# 访问百度
Driver = webdriver.Chrome()
driver.get("http://www.baidu.com")

# 设置浏览器窗口大小
driver.set_window_size(500, 500)

# 搜索
driver.find_element_by_id("kw").send_keys("selenium")
sleep(2)
driver.find_element_by_id("su").click()
sleep(2)

# 通过 JavaScript 设置浏览器窗口的滚动条位置
js = "window.scrollTo(100,450);"
driver.execute_script(js)
sleep(3)
```

通过浏览器打开百度进行搜索，并且提前通过 set_window_size() 方法将浏览器窗口设置为固定宽高显示，目的是让窗口出现水平和垂直滚动条。然后通过 execute_script() 方法执行 JavaScript 代码来移动滚动条的位置。

5.1.12 窗口截图

自动化用例是由程序去执行的，因此有时打印的错误信息并不十分明确。如果在脚本执行出错时能对当前窗口截图保存，那么通过图片就可以非常直观地看出出错的原因。WebDriver 提供了截图函数 get_screenshot_as_file() 来截取当前窗口，示例代码如下。

```
from selenium import webdriver
from time import sleep

driver = webdriver.Firefox()
driver.get('http://www.baidu.com')
driver.find_element_by_id('kw').send_keys('selenium')
driver.find_element_by_id('su').click()
sleep(2)

# 截取当前窗口，并指定截图图片的保存位置
driver.get_screenshot_as_file("D:\\baidu_img.jpg")
driver.quit()
```

脚本运行完成后打开 D 盘，就可以找到 baidu_img.jpg 图片文件了。

5.1.13 无头模式

在 Linux 系统中，一般都是一个命令行窗口，没有界面，所以使用 Selenium 时，它肯定不会像在 Windows 系统中一样会弹出一个浏览器窗口。那么在 Linux 系统中要如何进行 Selenium 程序的运行呢？

这时就要用到谷歌或火狐的无头浏览模式了。无头浏览，顾名思义，其实就是一个纯命令行的浏览器，它没有界面，但所包含的功能与有界面的相差无几。

使用无头浏览，只需要将前面的示例代码稍加改动，将多个实例化参数传进去，相关示例代码如下。

```
# 谷歌驱动示例：

from selenium import webdriver
from selenium.webdriver.chrome.options import Options

chrome_options = Options()
chrome_options.add_argument('--headless')
# 使用谷歌驱动
driver = webdriver.Chrome(chrome_options=chrome_options)
# 打开 URL
driver.get("https://www.baidu.com")

# 火狐驱动示例：

from selenium import webdriver
from selenium.webdriver.firefox.options import Options
```

```
firefox_options = Options()
firefox_options.add_argument('--headless')
# 使用火狐驱动
driver = webdriver.Firefox(firefox_options=firefox_options)
# 打开 URL
driver.get("https://www.baidu.com")
```

可以看到，在实例化时，只是多加了一个无头参数 "--headless" 便可以实现无头浏览，这时运行代码，就会发现不再弹出浏览器窗体。其他的都没变，一样地可以打开指定 URL 定位指定元素等。

5.2 Splash 的基本使用

前面学习了 Selenium，知道 Selenium 可以抓取动态渲染页面、操作浏览器等。下面再来介绍另外一款工具 Splash，Splash 是一个 JavaScript 渲染服务，是一个带有 HTTP API 的轻量级浏览器，同时它对接了 Python 中的 Twisted 和 QT 库。利用它可以实现动态渲染页面的抓取。

5.2.1 Splash 的功能介绍

利用 Splash，用户可以实现如下功能。
（1）异步方式处理多个网页渲染过程。
（2）获取渲染后的页面的源代码或截图。
（3）通过关闭图片渲染或使用 Adblock 规则来加快页面渲染速度。
（4）执行特定的 JavaScript 脚本。
（5）可通过 Lua 脚本来控制页面渲染过程。
（6）获取渲染的详细过程并通过 HAR（HTTP Archive）格式呈现。

5.2.2 Docker 的安装

Splash 的安装分为两部分。一部分是 Splash 服务的安装，具体是通过 Docker，安装之后，会启动一个 Splash 服务，可以通过它的接口来实现 JavaScript 页面的加载；另一部分是 Scrapy-Splash 的 Python 库的安装，安装之后即可在 Scrapy 中使用 Splash 服务。关于 Scrapy-Splash 将会在后面的第 10 章中讲到。

在安装 Splash 之前，需要先安装 Docker，Docker 的相关安装步骤如下。

1. Windows Docker 的安装

步骤❶：从 Docker 官网上下载 Windows 下的 Docker 进行安装，需要注意的是，系统要求是 **Windows 10 64 位 pro 及以上版本或教育版。

官网下载地址为 https://store.docker.com/editions/community/docker-ce-desktop-windows，如图 5-8 所示。

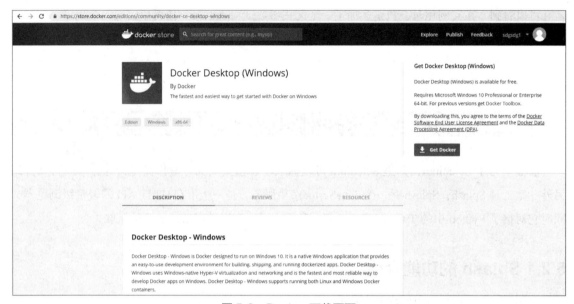

图 5-8　Docker 下载页面

安装包下载完成后右击，在弹出的快捷菜单中选择【以管理员身份运行】选项，如图 5-9 所示。

图 5-9　运行安装包

步骤❷：进行安装，选项保持默认。安装成功后，【开始】菜单左侧会出现 3 个图标，如图 5-10 所示。

图 5-10　查看已安装图标

步骤❸：单击【Docker Quickstart Terminal】图标启动 Docker Toolbox 终端，如图 5-11 所示。如果系统显示 User Account Control 窗口来运行 VirtualBox 修改用户的计算机，选择【Yes】选项。

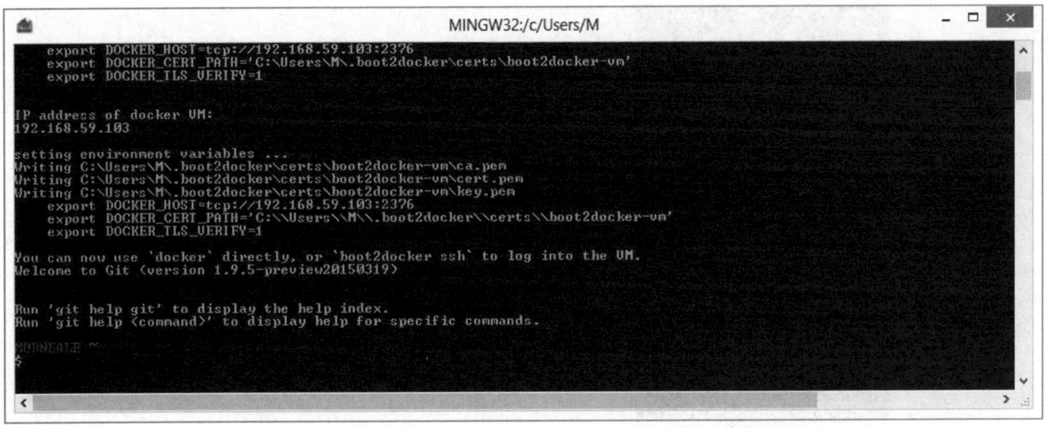

图 5-11　启动

在"$"符号处可以输入以下命令来执行。

```
$ docker run hello-world
Unable to find image 'hello-world:latest' locally
Pulling repository hello-world
91c95931e552: Download complete
a8219747be10: Download complete
```

117

```
Status: Downloaded newer image for hello-world:latest
Hello from Docker.
This message shows that your installation appears to be working correctly.

To generate this message, Docker took the following steps:
 1. The Docker Engine CLI client contacted the Docker Engine daemon.
 2. The Docker Engine daemon pulled the "hello-world" image from the Docker Hub.
    (Assuming it was not already locally available.)
 3. The Docker Engine daemon created a new container from that image which runs the
    executable that produces the output you are currently reading.
 4. The Docker Engine daemon streamed that output to the Docker Engine CLI client, which sent it
    to your terminal.

To try something more ambitious, you can run an Ubuntu container with:
 $ docker run -it ubuntu bash

For more examples and ideas, visit:
 https://docs.docker.com/userguide
```

对于 Windows 10 系统，现在 Docker 有专门的 Windows 10 专业版系统的安装包，但是需要开启 Hyper-V。开启 Hyper-V 的方法如下。

（1）右击【开始】按钮，弹出如图 5-12(a) 所示的菜单，选择【应用和功能】选项，在打开的页面中单击【程序和功能】链接，如图 5-12(b) 所示。

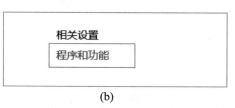

(a)　　　　　　　　　　　(b)

图 5-12　程序和功能

（2）在打开的页面中单击【启用或关闭 Windows 功能】链接，将会出现如图 5-13 所示的窗口，此时选中【Hyper-V】复选框即可开启 Hyper-V。

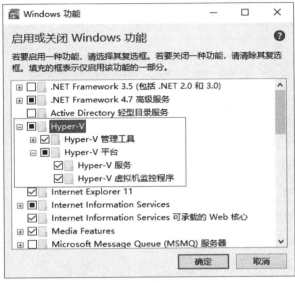

图 5-13　开启 Hyper-V

最新版 Toolbox 的下载地址为 https://www.docker.com/get-docker，下载 Windows 版本。

2. Ubuntu Docker 的安装

Docker 要求 Ubuntu 系统的内核版本高于 3.10，查看内核版本页面的前提条件来验证 Ubuntu 版本是否支持 Docker。

通过 uname -r 命令查看当前的内核版本，如图 5-14 所示。

图 5-14　查看内核版本

安装步骤如下。

步骤❶：获取最新版本的 Docker 安装包。

sudo wget -qO- https://get.docker.com | sh

安装完成后出现如下提示。

> If you would like to use Docker as a non-root user, you should now consider adding your user to the "docker" group with something like:
>
> sudo usermod -aG docker runoob
> Remember that you will have to log out and back in for this to take effect!

步骤❷：启动 Docker 后台服务。

sudo service docker start

步骤❸：测试运行 hello-world。

docker run hello-world

至此，Ubuntu 下的 Docker 安装完成。

3. MacOS Docker 的安装

MacOS 可以使用 Homebrew 来安装 Docker。Homebrew 的 Cask 已经支持 Docker for Mac，因此可以很方便地使用 Homebrew Cask 来进行安装。

```
$ brew cask install docker

==> Creating Caskroom at /usr/local/Caskroom
==> We'll set permissions properly so we won't need sudo in the future
Password:         # 输入 MacOS 密码
==> Satisfying dependencies
==> Downloading https://download.docker.com/mac/stable/21090/Docker.dmg
######################################################################## 100.0%
==> Verifying checksum for Cask docker
==> Installing Cask docker
==> Moving App 'Docker.app' to '/Applications/Docker.app'.
&#x1f37a; docker was successfully installed!
```

在载入 Docker App 后，单击【Next】按钮，可能会询问 MacOS 的登录密码，此时输入即可。之后会弹出一个 Docker 运行的提示窗口，状态栏上也有一个小鲸鱼的图标。

如果需要手动下载，请进入链接下载 Stable：https://download.docker.com/mac/static/stable 或 Edge：https://download.docker.com/mac/static/edge 版本的 Docker for Mac。

步骤❶：同 MacOS 其他软件一样，安装也非常简单，双击下载的 .dmg 文件，然后将鲸鱼图标拖曳到 Application 文件夹即可，如图 5-15 所示。

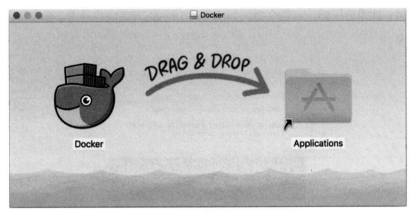

图 5-15 拖曳图标

步骤❷：从应用中找到 Docker 图标并单击运行，可能会询问 MacOS 的登录密码，输入即可，如图 5-16 所示。

图 5-16 查找 Docker 启动图标

步骤❸：单击顶部状态栏中的鲸鱼图标会弹出操作菜单，如图 5-17 所示。

图 5-17 操作菜单

步骤❹：第一次单击图标，可能会看到如图 5-18 所示的安装成功界面，单击【Got it!】按钮可以关闭这个界面。

图 5-18　安装成功界面

启动终端后，通过以下命令可以检查安装后的 Docker 版本。

```
$ docker --version
Docker version 17.09.1-ce, build 19e2cf6
```

5.2.3 Splash 的安装

Docker 安装完成后，启动 Docker，并且运行 Docker 启动 splash 命令，初次使用将安装 Splash。例如，这里使用一台云服务器 Ubuntu，进入 Docker 输入以下命令。

```
sudo docker run -p 8050:8050 scrapinghub/splash
```

输入命令后，此时需要等待一段时间，它会自动安装并启动，安装完成后将会出现如图 5-19 所示的内容，表示容器已经启动并监听了 8050 端口。

由于这里使用的是云服务器，因此需要打开防火墙端口允许 8050 端口远程访问。打开防火墙之后，在浏览器中输入 ip:8050 将会出现 Splash 的启动页面，如图 5-20 所示，即可安装完成。

图 5-19　Splash 启动

图 5-20　Splash 的启动页面

5.2.4　初次实例体验

下面通过 Splash 提供的 Web 页面来测试其渲染过程。例如，在云服务器 8050 端口上运行 Splash 服务，打开 http://123.207.93.154:8050（由于使用的是云服务器，因此这里使用远程 IP，如果是本机则为 127.0.0.1）即可看到其 Web 页面。

可以看到，上方有一个输入框，默认是 http://google.com，这里换成百度测试一下，将内容更改为 https://www.baidu.com，然后单击【Render!】按钮开始渲染，结果如图 5-21 所示，可以看到，网页的返回结果呈现了渲染截图、HAR 加载统计数据、网页的源代码。

图 5-21 访问百度

通过 HAR 的结果可以看到，Splash 执行了整个网页的渲染过程，包括 CSS、JavaScript 的加载等过程，呈现的页面和在浏览器中得到的结果完全一致。

那么，这个过程由什么来控制呢？重新返回首页，可以看到，实际上是有一段脚本，内容如下。

```
function main(splash, args)
  assert(splash:go(args.url))
  assert(splash:wait(0.5))
  return {
    html = splash:html(),
    png = splash:png(),
    har = splash:har(),
  }
End
```

这个脚本实际上是用 Lua 语言编写的脚本。从脚本的表面意思来看，大致可以了解到它首先调用 go() 方法去加载页面，然后调用 wait() 方法等待了一定时间，最后返回了页面的源码、截图和 HAR 信息。

到这里，已经大体了解了 Splash 是通过 Lua 脚本来控制页面的加载过程的，加载过程完全模拟浏览器，最后可返回各种格式的结果，如网页源码和截图等。

接下来，就来了解 Lua 脚本的写法及相关 API 的用法。

5.2.5 Splash Scripts

Splash 可以执行用 Lua 语言编写的自定义渲染脚本。这允许用户使用 Splash 作为类似于 PhantomJS、Chrome 的浏览器自动化工具。

例如：

```
function main(splash, args)
  splash:go("https://www.taobao.com")
  splash:wait(0.5)
  local title = splash:evaljs("document.title")
  return {title=title}
end
```

如果将这个脚本放入 Script 中单击【Render!】按钮执行，Splash 将转到淘宝网站，等待加载，在另外半秒之后，获取页面标题（通过评估页面上下文中的 JavaScript 代码段），最后将结果作为 JSON 编码对象返回，如图 5-22 所示。

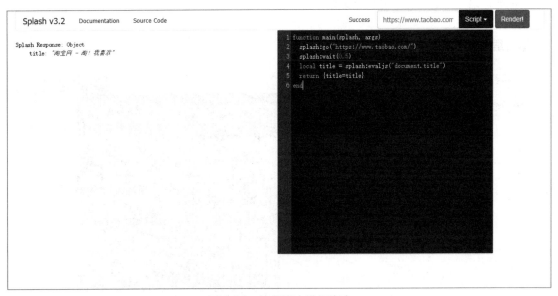

图 5-22　执行脚本访问淘宝

> 温馨提示：
> 需要注意的是，在这里定义的方法名称叫作 main()。这个名称必须是固定的，Splash 会默认调用这个方法。

该方法的返回值既可以是字典形式，也可以是字符串形式，最后都会转化为 Splash HTTP Response，例如，返回字典格式的数据。

```
function main(splash, args)
    return {title=" 淘宝首页 ",url="https://www.taobao.com"}
End
```

运行结果如图 5-23 所示。

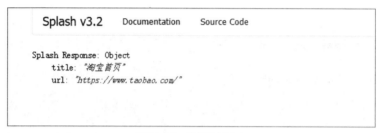

图 5-23　运行结果 1

再如，返回字符串格式的数据。

```
function main(splash, args)
    return " 这是我返回的字符串呀呀呀呀 "
end
```

运行结果如图 5-24 所示。

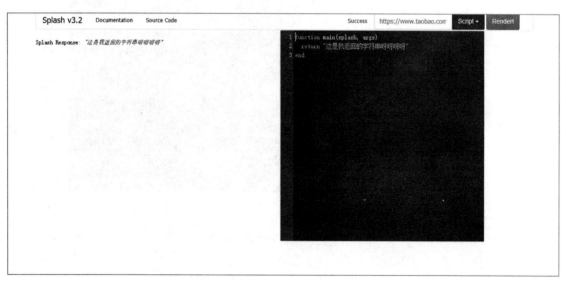

图 5-24　运行结果 2

5.3 新手实训

本章的基础知识讲解已经告一段落，接下来结合本章所学知识做一个实训练习，主要是为了使读者加深对 Selenium 基本使用的理解，达到举一反三的效果。

1. 模拟登录 CSDN 博客

前面已经学习了关于 Selenium 的一些基本知识，下面通过一个实训练习来加深巩固一下，使用 Selenium 模拟登录 CSDN 博客。

CSDN 登录地址为 https://passport.csdn.net/account/login，相关参考步骤如下。

步骤❶：用浏览器打开 CSDN 登录页面，分析页面结构，如图 5-25 所示，默认是扫码登录。

图 5-25　CSDN 登录页面

步骤❷：由于默认是扫码登录，因此这里需要单击右上角的【账号登录】，将登录方式切换为填写用户名和密码登录，如图 5-26 所示。

步骤❸：在页面中右击，在弹出的快捷菜单中选择【检查】选项或按【F12】键进入元素审查模式，找到用户名、密码和登录按钮元素的 id 和 class 名称，如图 5-27 所示。

步骤❹：分析好页面结构后，使用 Selenium 去模拟登录的过程，相关示例代码如下。

图 5-26　CSDN 账号密码登录

图 5-27　元素审查

```
import time
from selenium import webdriver

# 使用谷歌驱动
driver = webdriver.Chrome()
# 打开登录页面
driver.get("https://passport.csdn.net/account/login")
# 由于有可能存在网络加载慢等原因，因此这里加载时先暂停
```

```
# 10 秒（暂停时间根据实际情况设置）之后再去获取表单元素
time.sleep(10)
# 因为 CSDN 登录页面默认是扫码登录，所以打开登录页面之后需要模拟
# 先切换到账号密码登录，然后再使用 Selenium 自动填充账号密码登录
driver.find_element_by_class_name("login-user__active").click()
# 先暂停 3 秒，以防止页面为加载完成导致获取不到用户名、密码元素
time.sleep(3)
# ----- 自动填充用户密码 -----
# 通过 id 获取 username 元素，并向其中填入用户名
login_username = driver.find_element_by_id('username')
login_username.send_keys('18200157×××')
# 通过 id 获取 password 元素，并向其中填入密码
login_passwd = driver.find_element_by_id('password')
login_passwd.send_keys('1428936720×××')
# 获取登录按钮，模拟单击提交
driver.find_element_by_class_name("logging").click()
```

这里需要注意的是，从代码中可以发现，使用 Selenium 打开登录页面后，需要先暂停 10 秒，这是因为在打开网页时，可能会出现因为网络慢等原因导致页面需要加载很久才能加载完，就会造成在下面的步骤中通过 id 去定位元素时，获取不到，会报错。所以这里用 sleep 暂停了一下，然后再进行接下来的操作。至于等页面加载完后再执行的方法，在 5.1.8 小节介绍了两种方法，可根据实际情况选用。有兴趣的读者可以都去试一下。

运行这段代码即可登录到 CSDN，效果如图 5-28 和图 5-29 所示。

图 5-28　自动填充用户密码效果图

图 5-29　登录成功之后的效果图

2. 使用 Selenium 模拟百度搜索

接下来再看一个实例，通过模拟在百度首页搜索框中输入"Python"然后单击按钮提交，获取搜索结果，相关参考步骤如下。

步骤❶：打开百度首页，按【F12】键进入元素审查模式找到搜索框 input 的 id 和【百度一下】按钮的 id，如图 5-30 所示。

图 5-30　审查百度首页

步骤❷：审查完之后即可动手编写代码，相关示例代码如下。

```
import time
from selenium import webdriver
```

```
# 使用谷歌驱动
driver = webdriver.Chrome()
# 打开登录页面
driver.get("selenium")
# 由于有可能存在网络加载慢等原因，因此这里加载时先暂停
# 2 秒（暂停时间根据实际情况设置）之后再去获取表单元素
time.sleep(2)
# 定位到搜索框
Kw = driver.find_element_by_id("kw")
# 向定位到的 input 填入值
kw.send_keys("Python")
# 定位 su 提交按钮
su = driver.find_element_by_id("su")
# 模拟单击提交
su.click()
```

运行代码后，结果如图 5-31 所示。

图 5-31　代码运行结果

5.4 新手问答

学习完本章之后，读者可能会有以下疑问。

1. Selenium 真的可以爬取所有的网站吗？

答：使用 Selenium 模拟浏览器进行数据抓取无疑是当下最通用的数据采集方法，它"通吃"各种数据加载方式，能够绕过客户端 JS 加密，绕过爬虫检测，绕过签名机制。它的应用，使得许多网站的反采集策略形同虚设。由于 Selenium 不会在 HTTP 请求数据中留下指纹，因此无法被网站直接识别和拦截。

这是不是就意味着 Selenium 真的就无法被网站屏蔽了呢？非也。Selenium 在运行时会暴露出

一些预定义的 JavaScript 变量（特征字符串），如"window.navigator.webdriver"，在非 Selenium 环境下其值为 undefined，而在 Selenium 环境下，其值为 True。所以有些网站上的反爬会根据这个来进行判断屏蔽。

2. 测试用例再执行单击元素时失败，导致整个测试用例失败。如何提高单击元素的成功率？

答：Selenium 是在单击元素时是通过元素定位的方式找到元素的，要提高单击的成功率，必须保证找到元素的定位方式准确。但是在自动化工程的实施过程中，高质量的自动化测试不是只有测试人员保证的。需要开发人员规范开发习惯，如给页面元素加上唯一的 name、id 等，这样就能大大地提高元素定位的准确性。当然，如果开发人员开发不规范，那么在定位元素时尽量使用相对地址定位，这样能减少元素定位受页面变化的影响。只要元素定位准确，就能保证每一个操作符合预期。

3. 脚本太多，执行效率太低，如何提高测试用例执行效率？

答：Selenium 脚本的执行速度受多方面因素的影响，如网速、操作步骤的烦琐程度、页面的加载速度，以及在脚本中设置的等待时间、运行脚本的线程数等。所以不能单方面追求运行速度，要确保稳定性，能稳定地实现回归测试才是关键。

可以从以下几个方面来提高速度。

（1）减少操作步骤。如果经过三四步才能打开要测试的页面，那么就可以直接通过网址来打开，减少不必要的操作。

（2）中断页面加载。如果页面加载的内容过多，可以查看一下加载慢的原因，如果加载的内容不影响测试，就设置超时时间，中断页面加载。

（3）在设置等待时间时，可以 sleep 固定的时间，也可以检测某个元素出现后中断等待，这两种方法都能提高速度。

（4）配置 testNG 实现多线程。在编写测试用例时，一定要实现松耦合（减少耦合，增加可扩展性），然后在服务器允许的情况下，尽量设置多线程运行，提高执行速度。

本章小结

本章主要讲解了 Selenium 自动化工具的基本使用方法，通过它在写爬虫时，可以实现模拟浏览器的各种操作，如模拟单击、登录、拖动窗口等。所涉及的"坑"比较多的就是环境的搭建，特别是 Selenium 的环境搭建，对版本要求特别严格，所以希望读者在实际练习过程中要多注意。关于 Selenium 的更多用法，有兴趣的读者可以查阅 Selenium-Python 中文文档：https://selenium-python-zh.readthedocs.io/en/latest。

第 6 章
代理的设置与使用

在做爬虫的过程中经常会遇到这种情况：本来写的爬虫脚本一直在好好地运行，正常地抓取数据，但就在一盏茶的工夫错误"从天而降"，重启脚本也不行，如出错 403 Forbidden。这时网页上可能会出现"你的 IP 访问频率过高"这样的提示，或者是跳出一个验证码输入框让输入验证码验证，之后才能继续访问该网页，但一会又反复出现这种情况。

出现这种现象的原因是网站采取了一些反爬策略，如限制 IP 访问频率，如果在单位时间内某个 IP 请求以较快的速度请求，并超过了预先设置的阈值，那么服务器就会拒绝服务，返回一些错误信息或验证措施。这种情况可以称为封 IP，这样一来爬虫就自然而然会报错抓取不到信息了。

试想一下，既然服务器检测的是某个 IP 单位时间的请求次数，那么借助某种方法伪装 IP，让服务器无法识别请求的真实 IP，这样不就可以实现突破封 IP 的限制继续抓取数据了吗？

所以，这时代理 IP 就派上用场了。本章将会详细介绍代理的基本知识，包括设置代理、代理池构建、付费代理的使用、ADSL 拨号代理的搭建等，以帮助爬虫脱离封 IP 的"苦海"。

本章主要涉及的知识点

- 代理的设置
- 在爬虫中应用代理
- 代理池的维护

6.1 代理设置

前面的章节中介绍了很多的请求库，如 urllib、requests、Selenium 等。接下来将通过一些实战案例来了解如何设置它们的代理，为后面了解代理池、ADSL 拨号代理的使用打下基础。

6.1.1 urllib 代理设置

下面以最基础的 urllib 为例，来看一下代理的设置方法。假使通过某种途径获取到两个可用的代理 IP，通过请求 http://myip.kkcha.com 这个网站来测试，示例代码如下。

```
import urllib.request

url = "http://myip.kkcha.com"
# IP 地址：端口号
proxies = {
        'http' : 'http://171.214.214.185:8118',
        'https':'https://163.125.223.14:8118'
        }
proxy_support = urllib.request.ProxyHandler(proxies)
opener = urllib.request.build_opener(proxy_support)
urllib.request.install_opener(opener)
response = urllib.request.urlopen(url)
```

这里可以看到，需要借助 ProxyHandler 方法设置代理，参数是字典类型，键名是协议类型，键值是代理，此处代理前面需要加上协议，即 http 或 https。当请求的链接是 http 协议时，ProxyHandler 会调用 http 代理，当请求的链接是 https 协议时，ProxyHandler 会调用 https，此处生效的代理是 171.214.214.185:8118。

创建完 ProxyHandler 对象之后，继续利用 build_opener() 方法传入该对象来创建 Opener，这样就相当于此 Opener 已经设置好代理了。接下来直接调用 urllib.request.urlope() 方法，即可访问需要的链接。通过运行如图 6-1 所示的代码，可以看到，在返回的 HTML 中，IP 已经发生了改变，变成了所设置的代理 IP。

6.1.2 requests 代理设置

与 urllib 代理设置方法相比，在 requests 中设置代理就更简单了，示例代码如下。

```
import requests

url = "http://myip.kkcha.com"
# IP 地址：端口号
proxies = {'http' : '171.214.214.185:8118'}
```

```
response = requests.get(url=url, proxies=proxies)
print(response.text)
```

直接在 requests.get() 方法中添加一个 proxies 参数就完成了设置。运行代码得到的结果与 urllib 方法相同，如图 6-1 所示。

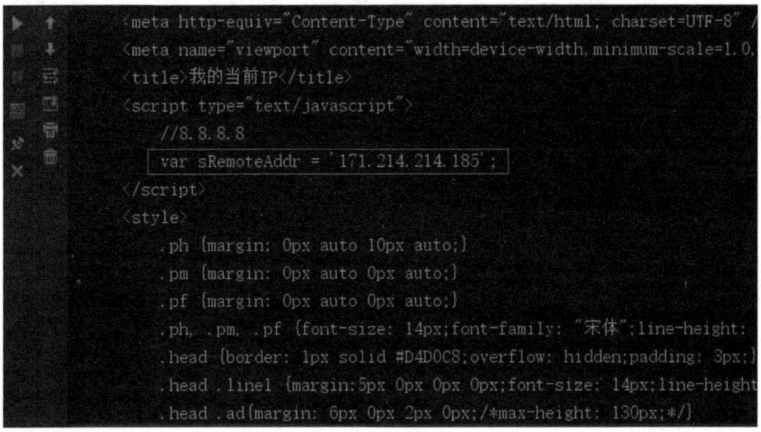

图 6-1 代理验证

6.1.3 Selenium 代理设置

对于如何在 selenium 中设置代理，这里以谷歌 WebDriver 为例，相关示例代码如下。

```
from selenium import webdriver

chromeOptions = webdriver.ChromeOptions()

# 设置代理
chromeOptions.add_argument("--proxy-server=http://171.214.214.185:1133")
browser = webdriver.Chrome(chrome_options=chromeOptions)

# 查看本机 IP，查看代理是否起作用
browser.get("http://myip.kkcha.com")
print(browser.page_source)
# 退出，清除浏览器缓存
browser.quit()
```

如代码中所示，通过 webdriver.ChromeOptions() 创建一个参数对象，再通过 add_argument() 方法添加参数 --proxy-server。这里需要注意的是，"="两边不能有空格，如果设置为 "--proxy-server= http://171.214.214.185:1133" 则会报错。运行结果如图 6-2 所示。

图 6-2　Selenium 代理运行测试

如果能多个 IP 随机切换,那么爬虫的强壮程度会更高。下面将简单介绍随机切换 IP,它是通用的,不限于 urllib、requests 或 Selenium,示例代码如下。

```
import random
# 把我们从 IP 代理网站上得到的 IP,用 IP 地址:端口号的格式存入 iplist 数组
iplist = ['XXX.XXX.XXX.XXX:XXXX', 'XXX.XXX.XXX.XXX:XXXX']
proxies = {'http': random.choice(iplist)}
```

将 n 个代理放在一个 list 列表中,然后每次请求时,随机从 list 中取出一个代理使用,这样就使得爬虫更具健壮性了。

6.2 代理池构建

所谓代理池,就是由 n 个代理 IP 组成的一个集合。做网络爬虫时,一般对代理 IP 的需求量比较大。这是因为在爬取网站信息的过程中,很多网站做了反爬虫策略,可能会对每个 IP 做频次控制。因此在爬取网站时就需要很多代理 IP,形成一个可用的 IP 代理池,每次在请求时,从代理池中取出一个代理使用。

那么构建这个代理池的 IP 从哪来呢?用户可以选择直接从网上购买一些代理 IP,它们稳定且价格也不贵,也可以选择从网上获取免费的代理 IP,例如,这里在百度上搜索后,以其中一个网站 http://www.xicidaili.com/nn 为例,如图 6-3 所示。

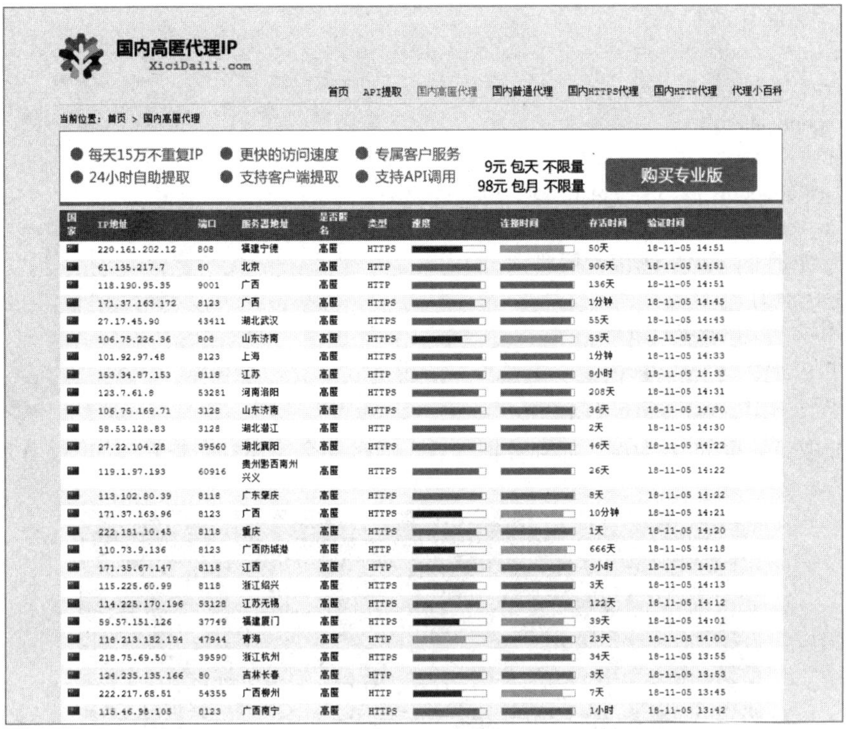

图 6-3 代理网站

可以看到，此网站提供了丰富的免费代理 IP，可以从这个网站上抓取一些代理 IP 来使用，它的网址结构是 'http://www.xicidaili.com/nn'+PageNumber，每页有 50 个代理 IP，可以很方便地用 for 循环来爬取所有代理 IP。查看网页源码，发现所有的 IP 和端口都在 <tr class=""> 下第二个和第三个 td 类下，结合 BeautifulSoup 可以很方便地抓取信息，下面来看看如何抓取 IP 构建代理池。

6.2.1 获取 IP

在分析了 http://www.xicidaili.com/nn 代理网站的网页结构后，下面将通过 Python 的 requests 来抓取它，并提取出来，示例代码如下：

```
import requests
from bs4 import BeautifulSoup

def get_ips(num):
    url = "http://www.xicidaili.com/nn/{}".format(str(num))
    header = {
        "User-Agent": "Mozilla/5.0 (Windows NT 10.0; WOW64) AppleWebKit/537.36 (KHTML, like Gecko) Chrome/69.0.3497.100 Safari/537.36",
    }
    res = requests.get(url,headers=header)
    bs = BeautifulSoup(res.text, 'html.parser')
```

```
    res_list = bs.find_all('tr')
    ip_list = []
    for x in res_list:
        tds = x.find_all('td')
        if tds:
            ip_list.append({"ip":tds[1].text,"port":tds[2].text})
    return ip_list
# 获取第一页的 IP，这个可以自己随便填
ip_list = get_ips(1)
# 循环打印看一下所获取到的 IP
for item in ip_list:
    print(item)
```

这里以抓取第一页的 IP 为例，抓到数据之后，通过一个循环打印查看，如图 6-4 所示。

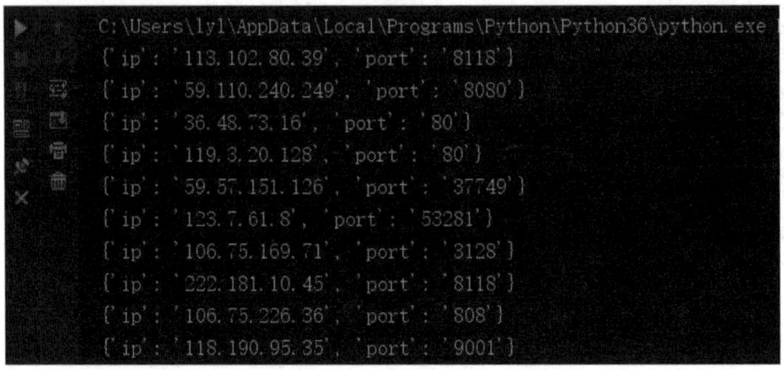

图 6-4　获取代理 IP

这样就爬取到了这个网站第一页的代理 IP 和端口。之后再进行下一步操作，验证代理 IP 是否可用。

6.2.2　验证代理是否可用

前面已经通过代码得到第一页的免费代理，当然了，免费也有免费的弊端，那就是并不是所有的代理 IP 都可以用，所以就需要检查一下哪些 IP 是可以使用的。要分辨该 IP 是否可用，主要通过检查连上代理后能不能在 2 秒内打开页面，如果可以，则认为 IP 可用，将其添加到一个 list 中供后面使用，反之如果出现异常，则认为 IP 不可用，实现代码如下。

```
import requests
from bs4 import BeautifulSoup
import socket

# 获取代理
def get_ips(num):
    url = "http://www.xicidaili.com/nn/{}".format(str(num))
    header = {
        "User-Agent": "Mozilla/5.0 (Windows NT 10.0; WOW64) AppleWebKit/537.36 (KHTML, like Gecko)
            Chrome/69.0.3497.100 Safari/537.36",
```

```
    }
    res = requests.get(url,headers=header)
    bs = BeautifulSoup(res.text, 'html.parser')
    res_list = bs.find_all('tr')
    ip_list = []
    for x in res_list:
        tds = x.find_all('td')
        if tds:
            ip_list.append({"ip":tds[1].text,"port":tds[2].text})
    return ip_list

# 验证代理是否可用
def ip_pool():
    socket.setdefaulttimeout(2)
    ip_list = get_ips(1)
    ip_pool_list = []
    for x in ip_list:
        proxy = x["ip"]+":"+x["port"]
        proxies = {'http': proxy}
        try:
            res = requests.get("http://www.baidu.com",proxies=proxies)
            ip_pool_list.append(proxy)
        except Exception as ex:
            continue
    return ip_pool_list

ip_pool()
```

这样就取得了一系列可用的代理 IP，配合之前的爬虫使用，就可以解决 IP 被封的问题了。但由于验证 IP 所需要的时间很长，所以可以采用多线程或多进程的方法进一步提高效率。

6.2.3 使用代理池

当通过爬取和验证得到一批可用的代理 IP 组成了一个代理池后，就可以在爬虫中使用它了，操作方法很简单，每次只需要从代理池中随机取一个代理 IP 使用就可以了，示例代码如下。

```
import random
# 把从 IP 代理网站上得到的可用 IP 列表，随机取出一个给爬虫使用
iplist = ip_pool()
proxies = {'http': random.choice(iplist)}
url = "http://myip.kkcha.com"
response = requests.get(url=url, proxies=proxies)
print(response.text)
```

> **温馨提示:**
>
> 在实际项目中可能会获取到大量的代理 IP,建议将通过验证可用的代理 IP 存储到数据库中,如 Redis 或其他数据库,这样每次在使用时,就可以到数据库中去取。这样做的好处是易于维护和方便代理池的 IP 供其他的爬虫使用。

6.3 付费代理的使用

相对免费代理来说,付费代理的稳定性会更高一些。付费代理分为两类:一类提供接口获取海量代理,按天或按量收费,如讯代理;另一类搭建了代理隧道,直接设置固定域名代理,如阿布云代理。

本节分别以两家具有代表性的代理网站为例,讲解这两类代理的使用方法。

6.3.1 讯代理的使用

讯代理的代理效率在各个代理网站中比较高,其官网为 http://www.xdaili.cn,如图 6-5 所示。

图 6-5 讯代理官网

在讯代理官网上可供选购的代理有多种类别,包括如下几种(参考官网介绍)。

(1)优质代理:适合对代理 IP 需求量非常大,但能接受较短代理有效时长(10~30 分钟)的小部分不稳定的客户。

(2)独享代理:适合对代理 IP 稳定性要求非常高且可以自主控制的客户,支持地区筛选。

（3）混拨代理：适合对代理 IP 需求量大，代理 IP 使用时效短（3 分钟）、切换快的客户。

（4）长效代理：适合对代理 IP 需求量大，代理 IP 使用时效长（大于 12 小时）的客户。

一般来说，用户选择优质代理即可满足需求。但这种代理的量比较大，稳定性不高，一些代理不可用。所以这种代理的使用就需要借助 6.2.3 小节所介绍的代理池，自己再做一次筛选，以确保代理可用。

读者可以购买一天时长来试试效果。购买之后，讯代理会提供一个 API 来提取代理，如图 6-6 所示。

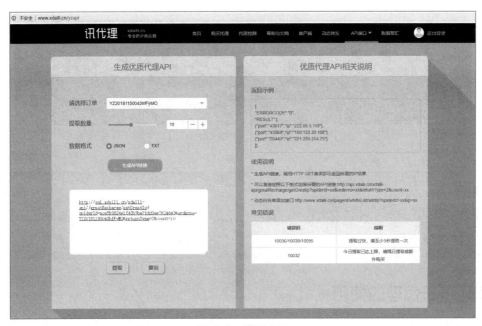

图 6-6　代理 API

例如，这里提取 API 为 http://api.xdaili.cn/xdaili-api//greatRecharge/getGreatIp?spiderId=ace5b9824e1f43b9be7fdd3ee7824643&orderno=YZ20181150043hfFyMO&returnType=2&count=10（可能已过期，在此仅做演示）。

在这里指定了提取数量为 10，提取格式为 JSON，直接访问链接即可提取代理，结果如图 6-7 所示。

图 6-7　API 访问结果

接下来要做的就是解析 JSON，然后将其放入代理池中。根据 API 获取代理的代码如下，运行结果如图 6-8 所示。

```
import requests

res = requests.get("http://api.xdaili.cn/xdaili-api//greatRecharge/getGreatIp?spiderId="
                   "ace5b9824e1f43b9be7fdd3ee7824643&orderno=YZ20181150043hfFyMO&return"
                   "Type=2&count=10")
ip_list = res.json()["RESULT"]
print(ip_list)
```

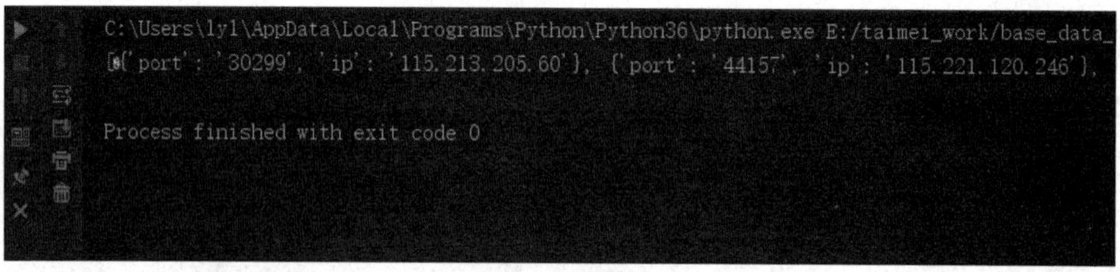

图 6-8 运行结果

> **温馨提示：**
> 如果信赖讯代理，也可以不做代理池筛选，直接使用代理。但一般来说，推荐使用代理池筛选，可以提高代理可用概率。

6.3.2 阿布云代理的使用

阿布云代理提供了代理隧道，代理速度快且非常稳定，其官网为 https://www.abuyun.com，如图 6-9 所示。

阿布云代理主要分为两种：专业版和动态版，另外，还有经典版（参考官网介绍）。

（1）动态版：每个请求锁定一个随机 IP、海量 IP 资源池需求、近 300 个区域全覆盖、IP 切换迅速、使用灵活，适用于爬虫类业务。

（2）专业版：多个请求锁定一个 IP、海量 IP 资源池需求、近 300 个区域全覆盖、IP 可连续使用 1 分钟，适用于请求 IP 连续型业务。

（3）经典版：多个请求锁定一个 IP、海量 IP 资源池需求、近 300 个区域全覆盖、IP 可连续使用 15 分钟，适用于请求 IP 连续型业务。

关于专业版和动态版的更多介绍可以查看官网 https://www.abuyun.com/http-proxy/dyn-intro.html。

对于爬虫来说，推荐使用动态版，购买之后可以在后台看到代理隧道的用户名和密码，如图 6-10 所示。

第 6 章 代理的设置与使用

图 6-9　阿布云代理官网

图 6-10　购买后台

整个代理的连接域名为 proxy.abuyun.com，端口为 9020，它们均是固定的，但是每次使用之后 IP 都会更改，该过程其实就是利用代理隧道实现的（参考官网介绍）。

（1）云代理通过代理隧道的形式提供高匿名代理服务，支持 HTTP/HTTPS。

（2）云代理在云端维护一个全局 IP 池供代理隧道使用，池中的 IP 会不间断更新，以保证同一时刻 IP 池中有几十到几百个可用代理 IP。

（3）代理 IP 池中部分 IP 可能会在当天重复出现多次。

（4）动态版 HTTP 代理隧道会为每个请求从 IP 池中挑选一个随机代理 IP。

（5）无须切换代理 IP，每一个请求分配一个随机代理 IP。

143

(6) HTTP 代理隧道有并发请求限制，默认每秒只允许 5 个请求。如果需要更多请求数，需额外购买。

使用教程的官网地址为 https://www.abuyun.com/http-proxy/dyn-manual-python.html。教程提供了 urllib、requests、Scrapy 的接入方式。

这里以 requests 为例，接入代码如下。

```python
import requests

url = 'http://httpbin.org/get'

# 代理服务器
proxy_host = 'proxy.abuyun.com'
proxy_port = '9020'

# 代理隧道验证信息
proxy_user = 'H306219X51T4OW8D'
proxy_pass = 'DA48BAABD708EF10'

proxy_meta = '{}:{}@{}:{}'.format(proxy_user,proxy_pass,proxy_host,proxy_port)
proxies = {
    'http': proxy_meta,
    'https': proxy_meta,
}
response = requests.get(url, proxies=proxies)
print(response.status_code)
print(response.text)
```

运行结果如图 6-11 所示。

图 6-11 运行结果

输出结果的 origin 即为代理 IP 的实际地址。这段代码如果多次运行测试，就能发现每次请求 origin 都会产生变化，这就是动态版代理的效果。

这种效果其实与之前的代理池的随机代理效果类似，都是随机取出一个当前可用代理。但是，与维护代理池相比，此服务的配置简单，使用更加方便，更省时省力。在价格可以接受的情况下，用户也可选择此种代理。

以上便是付费代理的相关使用方法，付费代理的稳定性比免费代理更高，用户可以自行选购合适的代理。

6.4 ADSL 拨号代理的搭建

代理池可以挑选出许多可用代理，但是稳定性不高、响应速度慢，而且这些代理通常是公共代理，可能许多人在同时使用，其 IP 被封的概率很大。另外，这些代理可能有效时间比较短，虽然代理池一直在筛选，但如果没有及时更新状态，也有可能获取到不可用的代理。

如果要追求更加稳定的代理，就需要购买专有代理或自己搭建代理服务器。但是服务器一般都是固定的 IP，搭建 100 个代理就需要 100 台服务器，这对于一般用户来说是难以实现的。

所以，ADSL 动态拨号主机就派上用场了。下面来了解一下 ADSL 拨号代理服务器的相关设置。

6.4.1 ADSL 简介

ADSL 的全称为 Asymmetric Digital Subscriber Line，中文意思为非对称数字用户环路，即它的上行和下行带宽不对称。它采用频分复用技术把普通的电话线分成了电话、上行和下行 3 个相对独立的信道，从而避免了相互之间的干扰。

这种主机称为动态拨号 VPS 主机，也就是 ADSL 拨号，在连接上网时是需要拨号的，只有拨号成功后才可以上网，每拨一次号，主机就会获取一个新的 IP，也就是说，它的 IP 并不是固定的，而且 IP 量特别大，几乎不会拨到相同的 IP，如果用它来搭建代理，既能保证高度可用，又可以自由控制拨号切换。经测试发现，这也是最稳定最有效的代理方式。

6.4.2 购买动态拨号 VPS 云主机

在开始之前，需要先购买一台动态拨号 VPS 主机，在百度搜索能发现不少提供动态拨号 VPS 主机的服务商，如选择云立方（http://www.yunlifang.cn/dynamicvps.asp）。配置可以根据实际需求自行选择，只要带宽满足需求即可。下面来看看如何购买和安装。

步骤 ❶：打开云立方官网 http://www.yunlifang.cn/dynamicvps.asp，如图 6-12 所示。

图6-12 云立方官网

可以看到,这里提供了很多区域的选项,如选择四川电信线路(推荐购买电信线路),这里为了演示,选择6元一天的,然后单击【立即购买】按钮,购买完成后,在后台控制面板就可以看到已购买的主机了,如图6-13所示。

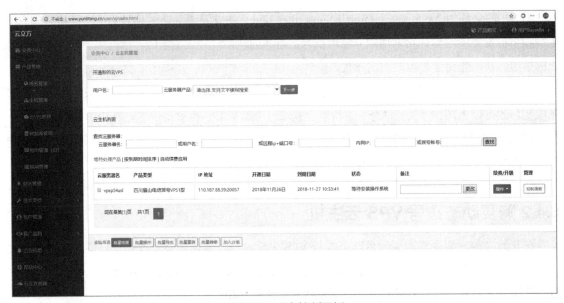

图6-13 后台控制面板

步骤❷:购买完成之后,接下来就需要安装操作系统了。进入拨号主机的后台,需要先预装一个操作系统,这里选择Ctentos 7.1版本,如图6-14所示。

第 6 章 代理的设置与使用

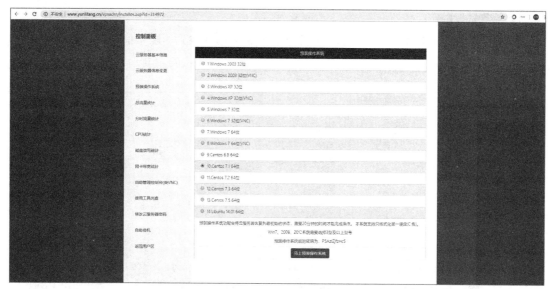

图 6-14　拨号主机的后台

选择好版本之后，单击【马上预装操作系统】按钮，这时网站会把相关的 ssh 连接账号和密码等信息发送给用户，如图 6-15 所示，记录下账号和密码，然后等待 5~6 分钟，就可以使用 xshell 等工具去连接了。

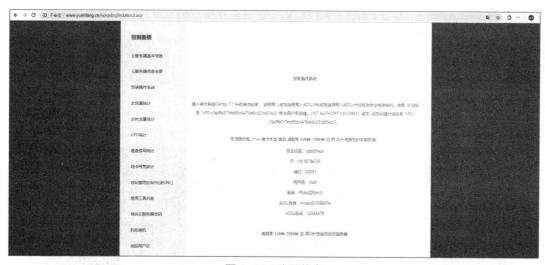

图 6-15　账号信息

如这里分配的 IP 和端口分别为 110.187.88.59 和 20057，用户名为 root（仅供演示所用，可能已过期）。

6.4.3 测试拨号

在成功购买一台主机和安装好操作系统后，接下来，需要使用远程工具 xshell 去连接，测试一

147

下它的拨号效果，操作步骤如下。

步骤❶：打开 xshell 连接工具，新建一个会话，输入已获取到的账号信息，如图 6-16 所示，xshell 工具可自行去网上下载。

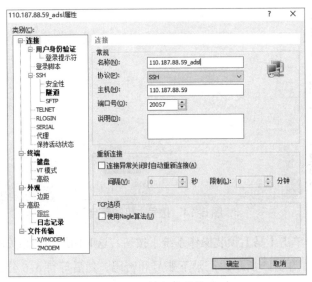

图 6-16　输入账号信息

步骤❷：输入完成后，单击【确定】按钮，然后输入管理密码，就可以连接上远程服务器了，如图 6-17 所示。

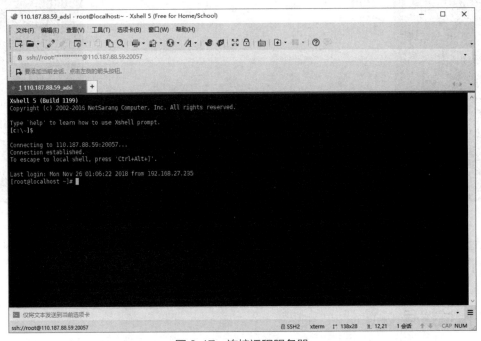

图 6-17　连接远程服务器

步骤❸：进入之后，发现已经默认把 ADSL 账号和密码初始化设置好了（账号和密码为购买时告知的账号和密码）。在拨号之前测试 ping 任何网站都是不通的，因为当前网络还没连通，如这里 ping 一下 www.baidu.com，不能连通，如图 6-18 所示。

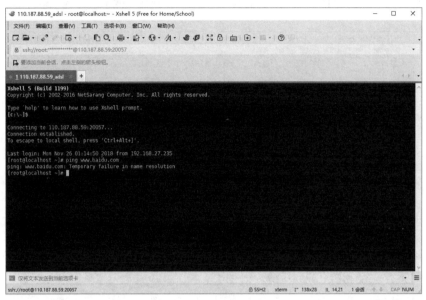

图 6-18　拨号失败

步骤❹：这时可以输入拨号命令 "adsl-start"，发现拨号命令成功运行，没有任何报错信息，证明拨号成功完成了，耗时约几秒钟。重新 ping 网站 www.baidu.com，如图 6-19 所示，可以看到 ping 百度成功并返回了信息。

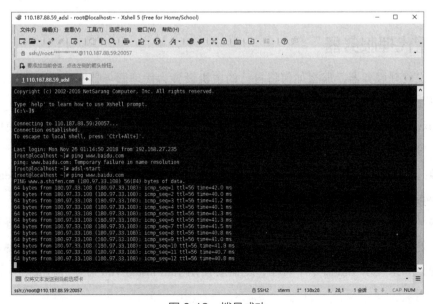

图 6-19　拨号成功

步骤❺：如果要停止拨号可以输入"adsl-stop"命令，停止之后，会发现又连不通网络了。所以只有拨号之后才可以建立网络连接。

断线重播的命令就是以上二者的组合，先执行 adsl-stop，再执行 adsl-start，每拨一次号，用 ifocnfig 命令观察一下主机的 IP，发现主机的 IP 一直是在变化的，网卡名称为 ppp0，如图 6-20 所示。

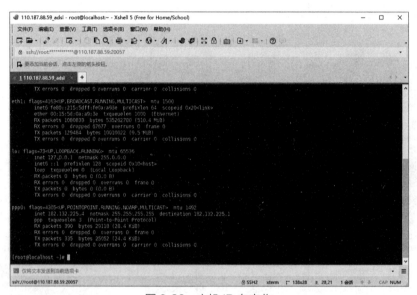

图 6-20　主机 IP 在变化

由此看来，如果将这台主机作为代理服务器，一直拨号换 IP，就不用担心 IP 被封了，即使某个 IP 被封了，重新拨一次号就好了。

接下来就需要将主机设置为代理服务器，以及实时获取拨号主机的 IP。

6.4.4 设置代理服务器

经常听说代理服务器，那么如何将自己的主机设置为代理服务器呢？接下来就来介绍搭建 HTTP 代理服务器的方法。

在 Linux 系统下搭建 HTTP 代理服务器，推荐 TinyProxy 和 Squid，配置都非常简单，这里以 TinyProxy 为例来介绍搭建代理服务器的方法。

步骤❶：安装 TinyProxy。依次执行以下命令：yum install -y epel-release、yum update -y、yum install -y tinyproxy。运行完成之后就完成 TinyProxy 的安装了。

步骤❷：配置 TinyProxy。安装完成之后还需要配置 TinyProxy 才可以将其用作代理服务器，需要编辑配置文件，它一般的路径是 /etc/tinyproxy/tinyproxy.conf。这里使用 vim 命令进入编辑界面（需要注意的是，如果提示 vim 命令不可用，则需要使用 yum install vim 命令进行安装），如图 6-21 所示。

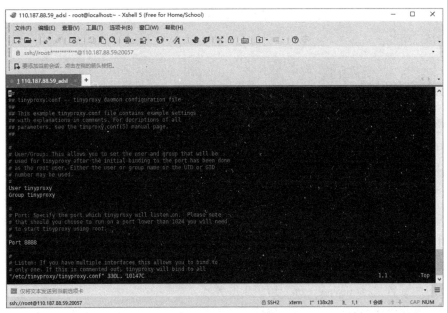

图 6-21　编辑界面

可以看到有一行"Port 8888"，在这里可以设置代理的端口，默认是 8888。然后继续向下找，有一行"Allow 127.0.0.1"，这是被允许连接的主机的 IP，如果想任何主机都可以连接，那么就直接将它注释即可，这里选择直接注释，将其修改为"#Allow 127.0.0.1"，然后退出保存。

步骤❸：重启 TinyProxy。设置完成之后，输入"service tinyproxy start"命令。

步骤❹：验证 TinyProxy。这样就成功搭建好代理服务器了，用 ifconfig 查看下当前主机的 IP，例如，当前主机拨号 IP 为 182.132.225.4，在其他的主机运行测试一下。例如，用 curl 命令设置代理请求 httpbin，检测代理是否生效。在 Windows 命令行中执行 curl -x 182.132.225.4:8888 httpbin.org/get 命令，结果如图 6-22 所示。

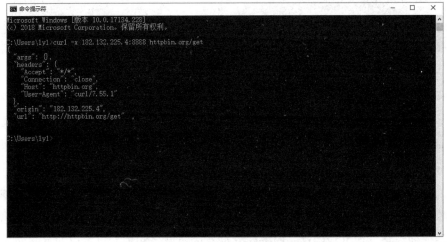

图 6-22　运行结果

如果有正常的结果输出并且 origin 的值为代理 IP 的地址，就证明 TinyProxy 配置成功了，说明这个代理是可以用的。

6.4.5 动态获取 IP

说到动态获取主机 IP，很多人可能首先会想到 DNS，也就是动态域名解析服务，它需要使用一个域名来解析，也就是虽然 IP 是变的，但域名解析的地址可以随着 IP 的变化而变化。它的原理其实是拨号主机向固定的服务器发出请求，服务器获取客户端的 IP，然后再将域名解析到这个 IP 上。

关于域名，网上有很多平台都提供注册，如阿里云、腾讯云等。用户只需要注册好域名将它解析到搭建的代理服务器就可以了，操作步骤如下。

步骤❶：这里以在腾讯云上注册的一个域名为例（具体注册和解析步骤请参考域名提供商官网），将注册的域名"ads.liuyanlin.cn"解析到服务器。

步骤❷：解析完成后通过 ping 命令测试，就能看出是否成功解析，如图 6-23 所示。

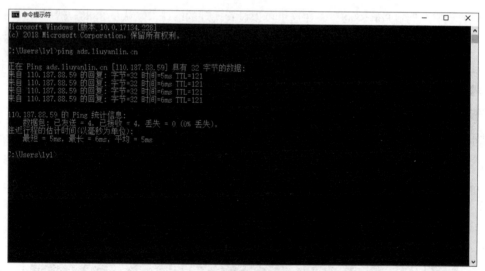

图 6-23　测试是否解析成功

接下来需要安装 nginx，并使用 nginx 做反向代理。安装 nginx 可以直接使用 yum 安装，命令为 yum install nginx，默认安装在 /etc 路径下。修改 nginx.conf 配置文件，如图 6-24 所示。

在 location 下加上一句"proxy_pass 127.0.0.1:8888"，表示反向到本机 8888 端口，然后保存并重新启动 nginx（执行 nginx -s reload 命令）。设置完成就能够通过域名动态获取 IP 了。

此外，这个域名解析也可使用花生壳（花生壳是一个动态域名解析软件），它提供了免费版的动态域名解析。当用户安装并注册花生壳动态域名解析软件后，无论用户在任何地点、任何时间、使用任何线路，均可利用这一服务建立拥有固定域名和最大自主权的互联网主机。

第 6 章 代理的设置与使用

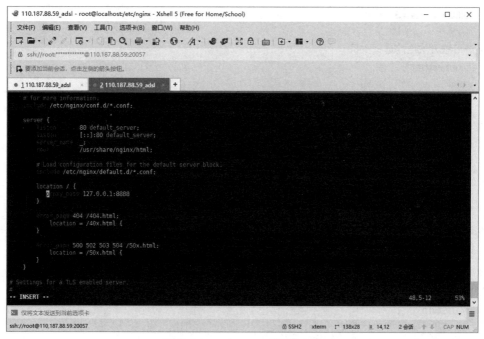

图 6-24　nginx.conf 配置文件

6.4.6 使用 Python 实现拨号

搭建好自己的代理服务器后，需要使用时，每次都手动使用 xshell 登录服务器去拨号是不现实的，所以就需要使用程序去自动拨号返回需要的 IP。下面以 Python 为例，去实现模拟登录 xshell 进行 ADSL 拨号，然后获取新的代理 IP 返回来供用户使用。首先使用 pip 命令安装好 paramiko 库，相关示例代码如下。

```
import paramiko
import time
import re

# 定义一个类，表示一台远端 Linux 主机
class Linux(object):
    # 通过 IP、用户名、密码、超时时间初始化一个远程 Linux 主机
    def __init__(self, ip, username, password, timeout=30):
        self.ip = ip
        self.username = username
        self.password = password
        self.timeout = timeout
        # transport 和 chanel
        self.t = ''
        self.chan = ''
        # 连接失败的重试次数
```

153

```python
        self.try_times = 3

    # 调用该方法连接远程主机
    def connect(self):
        while True:
            # 连接过程中可能会抛出异常，如网络不通、连接超时
            try:
                self.t = paramiko.Transport(sock=(self.ip, 22))
                self.t.connect(username=self.username, password=self.password)
                self.chan = self.t.open_session()
                self.chan.settimeout(self.timeout)
                self.chan.get_pty()
                self.chan.invoke_shell()
                # 如果没有抛出异常说明连接成功，直接返回
                print(u' 连接 %s 成功 ' % self.ip)
                # 接收到的网络数据解码为 str
                print(self.chan.recv(65535).decode('utf-8'))
                return
            # 这里不对可能的异常如 socket.error、socket.timeout 细化，直接一网打尽
            except Exception as ex:
                if self.try_times != 0:
                    print(u' 连接 %s 失败，进行重试 ' % self.ip)
                    self.try_times -= 1
                else:
                    print(u' 重试 3 次失败，结束程序 ')
                    exit(1)

    # 断开连接
    def close(self):
        self.chan.close()
        self.t.close()

    # 发送要执行的命令
    def send(self, cmd):
        cmd += '\r'
        result = ''
        # 发送要执行的命令
        self.chan.send(cmd)
        # 回显很长的命令可能执行较久，通过循环分批次取回回显，执行成功返回 True，失败返回 False
        while True:
            time.sleep(0.5)
            ret = self.chan.recv(65535)
            ret = ret.decode('utf-8')
            result += ret
            return result
```

```python
# 连接正常的情况
if __name__ == '__main__':
    host = Linux(' 改成自己的 IP',' 用户名 ',' 密码 ') # 传入 IP、用户名、密码
    host.connect()
    adsl = host.send('adsl-start')  # 发送一个拨号命令
    result = host.send('ifconfig')  # 发送一个查看 IP 的命令
    ip = re.findall(".*?inet.*?(\d+\.\d+\.\d+\.\d+).*?netmask",result)
    print(" 拨号后的 IP 是："+ip[0])
    host.close()
```

这里使用 Python 实现了一个模拟 xshell 的功能，用它就可以远程自动连接代理服务器，然后使用 send 方法发送执行命令，最后从返回的结果中用正则匹配出需要的 IP。得到这个 IP 后就可以运用到爬虫中了。

至此 ADSL 拨号代理服务器搭建完成了。

6.5 新手问答

学习完本章之后，读者可能会有以下疑问。

1. 如果代理没有使用成功，那么问题出在哪里？

答：如果在实际过程中，代理使用不成功，可以先排除代理是否可用，如通过 ping 命令去 ping 一下代理，看能否 ping 通，或者也可以换几个网站访问试试，也不排除所使用的代理是别人用过的。所以有问题要多分析、多观察。

2. 爬虫如何在工作中解决代理 IP 不足的问题？

答：在爬虫工作过程中，经常会被目标网站禁止访问，但又找不到原因，这是令人非常头疼的事情。一般来说，目标网站的反爬虫策略都是依靠 IP 来标识爬虫的，很多时候，我们访问网站的 IP 地址会被记录，当服务器认为这个 IP 是爬虫，那么就会限制或禁止此 IP 访问。被限制 IP 最常见的一个原因是抓取频率过快，超过了目标网站所设置的阈值，将会被服务器禁止访问。所以，很多爬虫工作者会选择使用代理 IP 来辅助爬虫工作的正常运行。

但有时不得不面对这样一个问题，代理 IP 不够用，即使去买，这里也有两个问题，一是成本问题，二是高效代理 IP 并不是到处都有。

通常，爬虫工程师会采取两个办法来解决问题。

（1）放慢抓取速度，减少 IP 或其他资源的消耗，但是这样会减少单位时间的抓取量，可能会影响到任务是否能按时完成。

（2）优化爬虫程序，减少一些不必要的程序，提高程序的工作效率，减少对 IP 或其他资源的消耗，这就需要资深爬虫工程师了。

如果说这两个办法都已经做到极致了，还是解决不了问题，那么只有加大投入继续购买高效的代理 IP 来保障爬虫工作高效、持续、稳定地进行。

3. 设置了代理，如 proxy_ip={'HTTP':'49.85.13.8:35909'}，但是没生效，到网上找了很多代理，但是始终显示的是自己的 IP，这是什么问题？

答：这个是代理格式的问题造成的，正确的格式为 {'http': 'http://proxy-ip:port'}。此外，也可能是该代理不可用。

本章小结

本章开始讲解了 Python 主要的网络请求库的代理设置，然后讲了代理池的构建、如何获取免费的代理和收费的代理，最后详细地讲解了如何去搭建自己的 ADSL 拨号服务器，并使用 Python 去远程拨号获取最新的 IP。

第 7 章
验证码的识别与破解

  目前，许多网站采取各种各样的措施来反爬虫，其中一个措施便是使用验证码。随着技术的发展，验证码的花样越来越多，验证码最初是几个数字组合的简单的图形验证码，后来是英文字母和数字混合，再后来，我们需要识别文字，单击与文字描述相符的图片，验证码完全正确，验证才能通过，现在这种交互式验证码越来越多，如极验滑动验证码需要滑动拼合滑块才能完成验证，点触验证码需要完全单击正确结果才能完成验证，另外，还有滑动宫格验证码、计算题验证码等。

  验证码变得越来越复杂，爬虫的工作也变得越发艰难，有时我们必须通过验证码的验证才可以访问页面，本章就专门针对验证码的识别做统一讲解。

  本章涉及的验证码有普通图形验证码、极验滑动验证码、极验滑动拼图验证码，这些验证码的识别方式和思路各有不同。了解这几种验证码的识别方式之后，可以举一反三，用类似的方法识别其他类型的验证码。

本章主要涉及的知识点

- 普通图形验证码的识别流程
- 极验滑动验证码的处理方法
- 极验滑动拼图验证码的处理方法

7.1 普通图形验证码的识别

下面先来认识一种最简单的验证码,即图形验证码,这种验证码最早出现,它由数字或字母混合组成,一般来说,长度都是 4 位,如图 7-1 所示。

图 7-1 图形验证码

7.1.1 使用 OCR 进行简单识别

接下来再来看看如何识别这种验证码。识别这种验证码相对比较简单,一般使用 OCR 识别就可以完成,以图 7-2 所示的验证码为例,来看一看它的识别步骤。

图 7-2 验证码

步骤❶:要使用 OCR 识别,需要用到库 PIL 和 pytesserac,这两个库可以直接使用 pip 命令进行安装。然后还需要一个库 tesseract-ocr,下载地址为 https://sourceforge.net/projects/tesseract-ocr-alt/files,进去后选择对应的版本下载,如这里下载 tesseract-ocr-setup-4.00.00dev.exe 版本。下载后将它放在一个目录中,然后设置环境变量,环境变量设置如图 7-3 所示。

步骤❷:新建 py 文件,输入以下代码。

```
import pytesseract
from PIL import Image

print(pytesseract.image_to_string(Image.open("code.png"),lang="eng",config="-psm 7"))
```

步骤❸:运行代码,运行结果如图 7-4 所示。

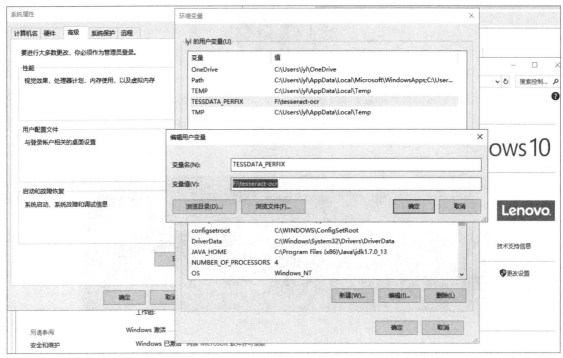

图 7-3　环境变量设置

图 7-4　运行结果

通过运行代码可以看到，这里成功地将图 7-2 所示的验证码识别出来了，说明 OCR 方法有一定的识别准确率。代码中，首先通过 Image.open() 打开需要识别的验证码图像，然后用 pytesseract.image_to_string() 方法将获取到的图像作为参数传进去，就完成了识别过程。由于这里的 pytesseract 库已经封装了验证码的识别过程，因此只需要写简简单单的一行代码就可以实现了。

7.1.2 对验证码进行预处理

为什么要对验证码进行预处理？这是因为在识别它之前，对其进行预处理，如去除噪点、去除干扰线等，再使用 OCR 识别能大大提高识别的正确率。下面以东方航空网的登录验证码为例，对这个验证码图片进行预处理。验证码图片如图 7-5 所示。

图 7-5 干扰线验证码

如需验证码图片，可以打开网址 https://passport.ceair.com/cesso/kaptcha.servlet?_0.5099094194467582 并将图片保存下来。这里为了对比它的效果，先直接使用 pytesseract 库去识别未处理的图片，运行结果如图 7-6 所示。

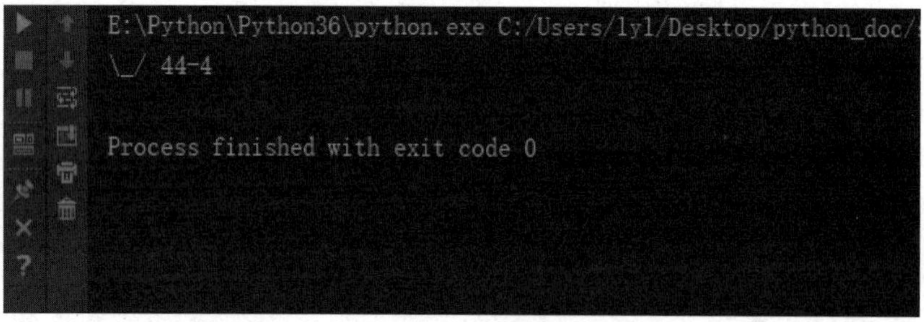

图 7-6 运行结果

可以看到，并没有准确地识别出我们想要的结果。

下面进行预处理，步骤如下。

步骤 ❶：将验证码图片二值化变色，并保存为一张新的以 .png 为扩展名的图片，代码如下。

```
from PIL import Image

def test(path):
    img = Image.open(path)
    w,h = img.size
    for x in range(w):
        for y in range(h):
            r,g,b = img.getpixel((x,y))
            if 190 <= r <= 255 and 170 <= g <= 255 and 0 <= b <= 140:
                img.putpixel((x,y),(0,0,0))
            if 0 <= r <= 90 and 210 <= g <= 255 and 0 <= b <= 90:
                img.putpixel((x,y),(0,0,0))
    img = img.convert('L').point([0]*150+[1]*(256-150),'1')
    return img


path = "kaptcha.jpg"
im = test(path)
path = path.replace('jpg','png')
im.save(path)
```

这里的方法为：将保存的图 7-5 kaptcha.jpg 图片传进去，进行二值化处理，处理完之后，保存为新的 kaptcha.png 图片。运行结果如图 7-7 所示，它在目录下生成了一张处理过的新的验证码图片。

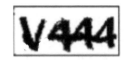

图 7-7　处理后的验证码

步骤 ❷：接下来进行降噪，也就是去除周围的那些"小点点"，降噪后将图片保存为 kaptcha.jpeg，代码如下。

```
from PIL import Image, ImageDraw

# 二值数组
t2val = {}

def twoValue(image, G):
    for y in range(0, image.size[1]):
        for x in range(0, image.size[0]):
            g = image.getpixel((x, y))
            if g > G:
                t2val[(x, y)] = 1
            else:
                t2val[(x, y)] = 0
```

根据一个点 A 的 RGB 值，与周围的 8 个点的 RGB 值比较，设定一个值 N（0<N<8），当 A 的 RGB 值与周围 8 个点的 RGB 值相等或小于 N 时，则此点为噪点，代码如下。

```
# G: Integer 图像二值化阈值
# N: Integer 降噪率 0<N<8
# Z: Integer 降噪次数
# 输出
# 0: 降噪成功
# 1: 降噪失败
def clearNoise(image, N, Z):
    for i in range(0, Z):
        t2val[(0, 0)] = 1
        t2val[(image.size[0] - 1, image.size[1] - 1)] = 1

        for x in range(1, image.size[0] - 1):
            for y in range(1, image.size[1] - 1):
                nearDots = 0
                L = t2val[(x, y)]
                if L == t2val[(x - 1, y - 1)]:
                    nearDots += 1
                if L == t2val[(x - 1, y)]:
                    nearDots += 1
                if L == t2val[(x - 1, y + 1)]:
                    nearDots += 1
                if L == t2val[(x, y - 1)]:
```

```
            nearDots += 1
          if L == t2val[(x, y + 1)]:
            nearDots += 1
          if L == t2val[(x + 1, y – 1)]:
            nearDots += 1
          if L == t2val[(x + 1, y)]:
            nearDots += 1
          if L == t2val[(x + 1, y + 1)]:
            nearDots += 1

          if nearDots < N:
            t2val[(x, y)] = 1

def saveImage(filename, size):
    image = Image.new("1", size)
    draw = ImageDraw.Draw(image)
    for x in range(0, size[0]):
        for y in range(0, size[1]):
            draw.point((x, y), t2val[(x, y)])
    image.save(filename)

path = "kaptcha.png"
image = Image.open(path).convert("L")
twoValue(image, 100)
clearNoise(image, 3, 2)
path1 = "kaptcha.jpeg"
saveImage(path1, image.size)
```

运行代码，生成的新图片，如图 7-8 所示。

图 7-8　处理后的验证码图片

步骤❸：使用 pytesseract 库对图 7-8 所示图片进行识别，代码如下，运行结果如图 7-9 所示。

```
from PIL import Image
import pytesseract

def recognize_captcha(img_path):
    im = Image.open(img_path)
    num = pytesseract.image_to_string(im)
    return num

if __name__ == '__main__':
    img_path = "kaptcha.jpg"
```

```
res = recognize_captcha(img_path)
strs = res.split("\n")
if len(strs) >= 1:
    print(strs[0])
```

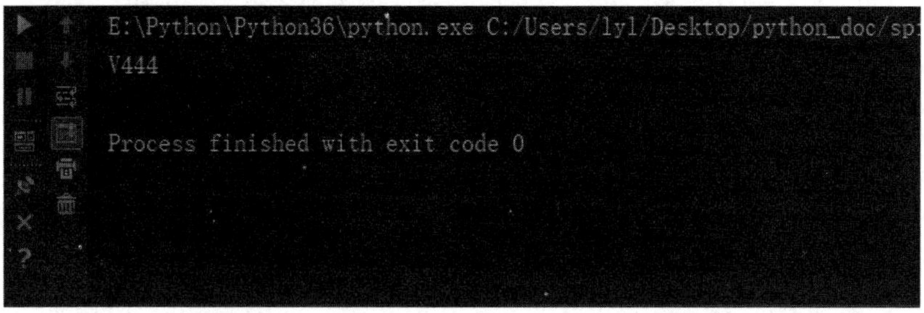

图 7-9 运行结果

从运行结果可以看出,已经识别完全正确了。在进行验证码识别时,如果有需要,先把图片预处理一下,效果会更好。但这也不是必需的,具体根据实际情况决定。

7.1.3 CNN 验证码识别

前面已经讲了使用 OCR 对一般的简单图形验证码进行识别,但是它只在验证码中的文字字体比较正规的情况下,识别率才会高。如果遇到图 7-10 所示的验证码,就行不通了,识别率将会大大降低。

图 7-10 验证码

图 7-10 所示的验证码中包括字母和数字,它们并不是一个正规的字体,就像是手写字体一样。这种验证码,也是有比较好的办法去应对的,如可以采用近两年比较潮流的 CNN 卷积神经网络去训练模型,通过模型特征来识别,它的准确率能达到 95% 以上。

对于 CNN 相关的知识这里不做讲解,仅为读者提供一种方向和思路。关于这个模型的训练和使用,GitHub 上有很多的开源代码,读者可以以此作为参考。这里推荐一个地址,初学者只要照着上面的步骤配置环境和训练模型稍微改一些参数,就可以使用了。Demo 代码地址为 https://github.com/JackonYang/captcha-tensorflow。这个地址中的代码是通过使用 TensorFlow 框架实现的 CNN 识别,由于其中的文档是英文版的,所以读者在看文档时,可以借助谷歌浏览器的翻译功能翻译成中文去看。

7.2 极验滑动验证码的破解

前面已经简单地讲解了普通数字或字母验证码的处理方法，但是往往我们在生活中所看到的验证码是五花八门的，目标网站为了防止爬虫爬取，设计出各种各样的验证码，要爬取它的数据非常困难。例如，淘宝的登录验证码与前面讲到的验证码并不一样，它是通过鼠标拖动滑块到指定位置进行验证的，如图 7-11 所示。

图 7-11 淘宝登录页面

可以看到，当进入淘宝网首页，选择账号登录方式时，输入用户名和密码，就会出现一个滑动验证的验证方式，需要用户使用鼠标拖动滑块到最右侧才能通过验证成功登录。

那么对于这种方式的验证码，可以使用第 5 章中的 Selenium 去模拟浏览器的行为模拟拖动，来实现登录。

7.2.1 分析思路

下面以实际操作讲解如何使用 Selenium 模拟拖动滑块验证码，实现登录。思路如下，这里将其分为 4 个步骤来完成。

（1）分析观察判断验证码在何时出现。

（2）确定滑块拖动的位置。

（3）用鼠标模拟拖动验证码。

（4）检验本次操作是否成功。

7.2.2 使用 Selenium 实现模拟淘宝登录的拖动验证

接着通过上述这 4 个步骤,一步一步地实现淘宝验证码的破解,相关步骤如下。

步骤❶:判断验证码在什么时候出现。通过反复测试,发现它是在输完用户名获取到输入密码的焦点之后就会出现。

步骤❷:确定滑块拖动的位置。通过在谷歌浏览器调试模式(按【F12】键)下,分析发现,滑块拖到最右侧的位置大概为 260px,如图 7-12 所示。

图 7-12 审查元素

观察发现,滑块拖满后,id="nc_1__bg" 的 div 元素宽将会变成 260px,id="nc_1_n1z" 的 span 元素 left 属性将会变成 260px,由此判断,只需要拖动到 260px 的位置就可以了。

步骤❸:动手使用代码模拟拖动,相关示例代码如下。这段代码的意思是,首先使用 driver 打开淘宝网首页进入登录页面,然后定位到用户名和密码元素并填充值。最后通过 ActionChains() 方法定义一个事件,并定位到需要拖动的 id='nc_1__scale_text' 元素,再通过 move_by_offset() 方法拖动到指定位置。

```
from selenium import webdriver
import time
from selenium.webdriver.common.action_chains import ActionChains

driver = webdriver.Chrome()
url = "https://login.taobao.com/member/login.jhtml"
driver.get(url)
action = ActionChains(driver)
time.sleep(5)
```

```
# 由于淘宝网默认是通过扫描登录的，因此就需要先定位到切换登录方式，然后模拟单击
driver.find_element_by_class_name("login-switch").click()
# 定位用户名 input 填充用户名
TPL_username_1 = driver.find_elements_by_id("TPL_username_1")[0]
TPL_username_1.send_keys("18283178×××")
# 定位密码 input 填充密码
TPL_password_1 = driver.find_elements_by_id("TPL_password_1")[0]
TPL_password_1.send_keys("14289×××")
# 暂停 2 秒之后获取要拖动的元素，然后向右拖动到 260px 的位置
time.sleep(2)
element = driver.find_element_by_xpath("//*[@id='nc_1__scale_text']/span") # 需要滑动的元素
action.click_and_hold(element).perform()  # 按住鼠标左键不放
action.move_by_offset(260, 0)  # 需要滑动的坐标
action.release().perform() # 释放鼠标
```

步骤❹：运行代码，检验模拟拖动是否验证成功。运行结果如图 7-13 所示。

图 7-13　运行结果

7.2.3 验证修改代码

通过运行，发现即使拖动成功了，仍然无法验证成功。这是淘宝的反爬机制在起作用，它通过机器学习等方法判断是否是程序在模拟拖动。所以需要完全模拟人的拖动习惯，人工拖动，一般都不是匀速的，一会快一会慢。这里由于前面代码中并没有进行速度控制，因此直接出错。接下来，通过修改代码，改成随机的速度拖动，由慢到快。代码如下，再次运行代码，运行结果如图 7-14 所示。

```
from selenium import webdriver
import time
from selenium.webdriver.common.action_chains import ActionChains
import random

driver = webdriver.Chrome()
```

```
url = "https://login.taobao.com/member/login.jhtml"
driver.get(url)
action = ActionChains(driver)
time.sleep(5)
# 由于淘宝网默认是通过扫描登录的，因此就需要先定位到切换登录方式，然后模拟单击
driver.find_element_by_class_name("login-switch").click()
# 定位用户名 input 填充用户名
TPL_username_1 = driver.find_elements_by_id("TPL_username_1")[0]
TPL_username_1.send_keys("18200000×××")
# 定位密码 input 填充密码
TPL_password_1 = driver.find_elements_by_id("TPL_password_1")[0]
TPL_password_1.send_keys("14289×××")
# 暂停 2 秒之后获取要拖动的元素，然后向右拖动到 260px 的位置
time.sleep(2)
element = driver.find_element_by_xpath("//*[@id='nc_1__scale_text']/span") # 需要滑动的元素
action.click_and_hold(element).perform() # 按住鼠标左键不放
distance = 260
while distance > 0:
    if distance > 10:
        span = random.randint(5, 8)
    else:
        span = random.randint(2, 3)
    action.move_by_offset(span, 0) # 需要滑动的坐标
    distance -= span
    time.sleep(random.randint(10, 50)/100)
action.move_by_offset(distance, 1).perform()
action.release().perform() # 释放鼠标
```

图 7-14　运行结果

修改代码后成功通过了验证，并重定向到了首页。希望读者通过这个思路可以举一反三，尝试着去破解其他网站的验证码。

7.3 极验滑动拼图验证码破解

下面再来看另外一种验证码，即如图 7-15 所示的极验滑动拼图验证码，这种验证码和前面的极验滑动验证码类似。不同的是，它在前面的基础上加了一个拼接图像缺口的特点，需要滑动方块去拼接填充缺口，在正确位置填充好之后，才会通过验证。

图 7-15　极验滑动拼图验证码

7.3.1 分析思路

对于这种验证码，通过浏览器下元素审查发现，它其实是由 3 张图片组成的，首先是一张完整的图片，其次是一张有缺口的图片，最后就是那张填充缺口部分的图片。识别该图片的思路如下。

（1）把这 3 张图片都保存下来，如图 7-16 所示。

（2）将两张残缺的图片拼接计算距离。

（3）实现模拟拖动到指定位置。

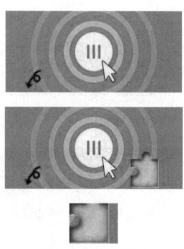

图 7-16　验证码图片

7.3.2 代码实现拖动拼接

接下来，以国家企业信用信息公示系统查询企业的验证码为例，实现拖动拼接，步骤如下。

步骤❶：打开网址 http://www.sgs.gov.cn/notice，在搜索框中输入一个企业名称，然后单击【查询】按钮，这时就会弹出验证码。以输入"阿百腾"为例，如图 7-17 所示，弹出了和图 7-15 一样的验证码。

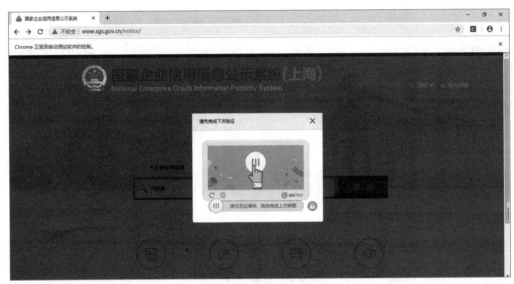

图 7-17　弹出验证码

步骤❷：按【F12】键进入开发工具调试模式进行元素审查，分析验证码图片和滑动按钮等元素信息，如图 7-18 所示。

图 7-18　审查验证码图片

步骤❸：动手编写代码，相关示例代码如下。

```python
import random
import time, re
from selenium import webdriver
from selenium.common.exceptions import TimeoutException
from selenium.webdriver.common.by import By
from selenium.webdriver.support.wait import WebDriverWait
from selenium.webdriver.support import expected_conditions as EC
from selenium.webdriver.common.action_chains import ActionChains
from PIL import Image
import requests
from io import BytesIO

class Vincent(object):
    def __init__(self):
        chrome_option = webdriver.ChromeOptions()

        self.driver = webdriver.Chrome(chrome_options=chrome_option)
        self.driver.set_window_size(1440, 900)
    # 模拟输入 "阿百腾" 为查询条件，然后单击弹出验证码
    def visit_index(self):
        self.driver.get("http://www.sgs.gov.cn/notice")

        self.driver.find_element_by_id("keyword").send_keys(' 阿百腾 ')
        WebDriverWait(self.driver, 10, 0.5).until(EC.element_to_be_clickable((By.ID, 'buttonSearch')))
        reg_element = self.driver.find_element_by_id("buttonSearch")
        reg_element.click()

        WebDriverWait(self.driver, 10, 0.5).until(
            EC.element_to_be_clickable((By.XPATH, '//div[@class="gt_slider_knob gt_show"]')))

        # 进入模拟拖动流程
        self.analog_drag()
    # 拖动
    def analog_drag(self):
        # 鼠标移动到拖动按钮，显示出拖动图片
        element = self.driver.find_element_by_xpath('//div[@class="gt_slider_knob gt_show"]')
        ActionChains(self.driver).move_to_element(element).perform()
        time.sleep(3)

        # 刷新一下极验图片
        element = self.driver.find_element_by_xpath('//a[@class="gt_refresh_button"]')
        element.click()
        time.sleep(1)
```

```python
# 获取图片地址和位置坐标列表
cut_image_url, cut_location = self.get_image_url('//div[@class="gt_cut_bg_slice"]')
full_image_url, full_location = self.get_image_url('//div[@class="gt_cut_fullbg_slice"]')

# 根据坐标拼接图片
cut_image = self.mosaic_image(cut_image_url, cut_location)
full_image = self.mosaic_image(full_image_url, full_location)

# 保存图片方便查看
cut_image.save("cut.jpg")
full_image.save("full.jpg")

# 根据两个图片计算距离
distance = self.get_offset_distance(cut_image, full_image)

# 开始移动
self.start_move(distance)

# 如果出现 error
try:
    WebDriverWait(self.driver, 5, 0.5).until(
        EC.element_to_be_clickable((By.XPATH, '//div[@class="gt_ajax_tip gt_error"]')))
    print(" 验证失败 ")
    return
except TimeoutException as e:
    pass

# 判断是否验证成功
s = self.driver.find_elements_by_xpath('//*[@id="wrap1"]/div[3]/div/div/p')
if len(s) == 0:
    print(" 滑动解锁失败, 继续尝试 ")
    self.analog_drag()
else:
    print(" 滑动解锁成功 ")
    time.sleep(1)
    ss = self.driver.find_element_by_xpath('//*[@id="wrap1"]/div[3]/div/'
                                           'div/div[2]').get_attribute("onclick")
    print(ss)
    ss = self.driver.find_element_by_xpath('//*[@id="wrap1"]/div[3]/div/div/div[2]').click()

# 获取图片和位置列表
def get_image_url(self, xpath):
    link = re.compile('background-image: url\("(.*?)"\); background-position: (.*?)px (.*?)px;')
    elements = self.driver.find_elements_by_xpath(xpath)
    image_url = None
    location = list()
```

```python
        for element in elements:
            style = element.get_attribute("style")
            groups = link.search(style)
            url = groups[1]
            x_pos = groups[2]
            y_pos = groups[3]
            location.append((int(x_pos), int(y_pos)))
            image_url = url
        return image_url, location

    # 拼接图片
    def mosaic_image(self, image_url, location):
        resq = requests.get(image_url)
        file = BytesIO(resq.content)
        img = Image.open(file)
        image_upper_lst = []
        image_down_lst = []
        for pos in location:
            if pos[1] == 0:
                # y 值 ==0 的图片属于上半部分，高度 58
                image_upper_lst.append(img.crop((abs(pos[0]), 0, abs(pos[0]) + 10, 58)))
            else:
                # y 值 ==58 的图片属于下半部分
                image_down_lst.append(img.crop((abs(pos[0]), 58, abs(pos[0]) + 10, img.height)))

        x_offset = 0
        # 创建一张画布，x_offset 主要为新画布使用
        new_img = Image.new("RGB", (260, img.height))
        for img in image_upper_lst:
            new_img.paste(img, (x_offset, 58))
            x_offset += img.width

        x_offset = 0
        for img in image_down_lst:
            new_img.paste(img, (x_offset, 0))
            x_offset += img.width

        return new_img

    # 判断颜色是否相近
    def is_similar_color(self, x_pixel, y_pixel):
        for i, pixel in enumerate(x_pixel):
            if abs(y_pixel[i] - pixel) > 50:
                return False
        return True
```

```python
# 计算距离
def get_offset_distance(self, cut_image, full_image):
    for x in range(cut_image.width):
        for y in range(cut_image.height):
            cpx = cut_image.getpixel((x, y))
            fpx = full_image.getpixel((x, y))
            if not self.is_similar_color(cpx, fpx):
                img = cut_image.crop((x, y, x + 50, y + 40))
                # 保存计算出来位置图片，看看是不是缺口部分
                img.save("1.jpg")
                return x

# 开始移动
def start_move(self, distance):
    element = self.driver.find_element_by_xpath('//div[@class="gt_slider_knob gt_show"]')

    # 这里就是根据移动进行调试，计算出来的位置，不是百分百正确的，加上一点偏移
    distance -= element.size.get('width')/2
    distance += 15

    # 按住鼠标左键
    ActionChains(self.driver).click_and_hold(element).perform()
    time.sleep(0.5)
    while distance > 0:
        if distance > 10:
            # 如果距离大于 10，就让移动快一点
            span = random.randint(5, 8)
        else:
            # 快到缺口了，就移动慢一点
            span = random.randint(2, 3)
        ActionChains(self.driver).move_by_offset(span, 0).perform()
        distance -= span
        time.sleep(random.randint(10, 50)/100)

    ActionChains(self.driver).move_by_offset(distance, 1).perform()
    ActionChains(self.driver).release(on_element=element).perform()

if __name__ == "__main__":
    h = Vincent()
    h.visit_index()
```

由于这里代码比较多，因此把它都封装到一个类中调用。

7.3.3 运行测试

运行代码测试，运行结果如图 7-19 所示。

图 7-19 运行结果

可以看到，已经成功通过了验证，进入输入的企业查询结果页面。

7.4 新手问答

学习完本章之后，读者可能会有以下疑问。

1. 可不可以绕过验证码实现登录？

答：是可以的，前面章节中也讲过，使用 requests 或 urrlib 库时，可以携带 headers，所以只需要在 headers 中带上 Cookie 就可以实现不用输入验证码和用户名登录。但是这样也存在一些缺陷，如安全问题及需要定期手动去更新 Cookie，所以一般不建议使用 Cookie。

2. 使用 pytesseract 识别验证码中遇到如下异常如何处理？

pytesseract.pytesseract.TesseractNotFoundError: tesseract is not installed or it's not in your path

答：出现这种问题一般是"Tesseract-OCR"版本或环境的问题，重新从网上找到相应的"Tesseract-OCR"下载安装（寻找对应版本），下载地址为 https://github.com/tesseract-ocr/tesseract/wiki。安装后的默认文件路径为(这里使用的是 Windows 版本)C:\Program Files (x86)\Tesseract-OCR\。然后将源码中的 tesseract_cmd = 'tesseract' 更改为 tesseract_cmd = r'C:\Program Files (x86)\Tesseract-OCR\tesseract.exe'，再次运行脚本即完成操作。

3. 在进行一般的图形验证码识别时，验证码图片一定需要预处理二值化吗？

答：不一定，要根据实际情况来确定，如果验证码图片比较简单，没有噪点、干扰线等，就可以不用处理，直接识别。

本章小结

本章挑选了目前市面上比较常见的几种验证码，讲解了如何去识别、破解的思路。例如，普通图形验证码的预处理、二值化识别，极验滑动验证码的模拟拖动登录淘宝、滑动拼图验证。即使本章涉及了多种常见的验证码，但市面上的验证码五花八门，这里不可能将所有的都讲到。所以本章对于验证码的处理仅提供思路和方向，希望读者能借鉴其中的解决问题的思路去破解其他类型的验证码，达到举一反三的目的。

第 8 章
App 数据抓取

前面讲的都是抓取 Web 页面的数据，随着移动互联网的发展，越来越多的企业都有了自己的移动应用程序 App，而且还把主要数据和服务都放在了 App 端。所以，在 Web 网页端并没有提供相关的服务和数据，这时如果想抓取它的数据，就只能分析抓取 App。现在的移动应用程序 App 几乎都与网络交互，在分析一个 App 时，如果可以抓取它发出的数据包，将对分析程序的流程和逻辑有极大的帮助。对于 HTTP 包来说，已经有很多种分析的方法了，但越来越多的应用已经使用 HTTPS 与服务器端交换数据了，这无疑给抓包分析增加了难度。

实际上，App 比 Web 更容易抓取，它的反爬能力没有 Web 端那么强。而且数据大多都是通过 JSON 形式进行传输的，解析更加简单。我们都知道，在 Web 端分析网络请求和接口时都是通过浏览器自带的开发者工具进行分析的，那么 App 分析时继续使用浏览器肯定是不可行的，所以这时就需要借助其他的工具，如 Fiddler、Charles、Appium 等来解决这个问题。

本章将介绍如何使用 Fiddler、Charles、Appium 等完成 App 数据的分析抓取。

本章主要涉及的知识点

- 使用 Fiddler 进行网络请求抓包分析
- Fiddler 代理设置和基本使用
- Charles 的基本使用
- Appium 抓取 App 数据

8.1 Fiddler 的基本使用

Fiddler 是位于客户端和服务器端的 HTTP 代理，也是目前最常用的 HTTP 抓包工具之一。它能够记录客户端和服务器之间的所有 HTTP 请求，可以针对特定的 HTTP 请求，分析请求数据、设置断点、调试 Web 应用、修改请求的数据，甚至可以修改服务器返回的数据，功能非常强大，是 Web 调试的利器。

既然是代理，也就是说，客户端的所有请求都要先经过 Fiddler，然后转发到相应的服务器，反之，服务器端的所有响应，也都会先经过 Fiddler 后再发送到客户端。基于这个原因，Fiddler 支持所有可以设置 HTTP 代理为 127.0.0.1:8888 的浏览器和应用程序。

要使用 Fiddler，需要先安装它，其官网下载地址为 https://www.telerik.com/download/fiddler。安装完成后，还需准备一台安卓或苹果手机，并确保手机和计算机在同一个局域网内。

8.1.1 Fiddler 设置

Fiddler 安装完成后，就可以用它来抓包了，在抓包之前，需要先设置它的"允许远程连接"和"默认端口"，具体操作步骤如下。

步骤❶：双击【Fiddler】图标将其打开，界面如图 8-1 所示。

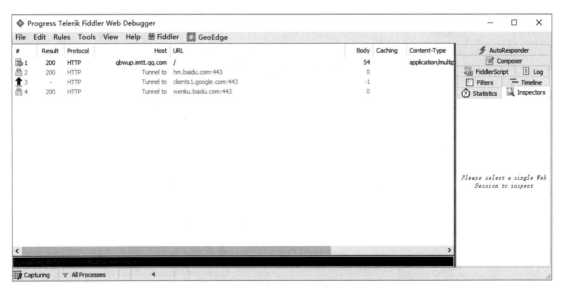

图 8-1　Fiddler 界面

步骤❷：选择【Tools】→【Options】选项，在打开的对话框中切换到【HTTPS】选项卡，选中【Capture HTTPS CONNECTs】和【Decrypt HTTPS traffic】复选框。由于通过 WiFi 远程连接，所以在下面的下拉列表框中选择【...from remote clients only】选项，如图 8-2 所示。

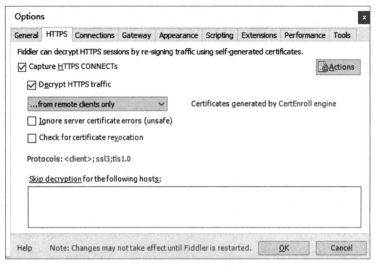

图 8-2　步骤 2 截图

步骤❸：如果要监听的程序访问的 HTTPS 站点使用的是不可信证书，那么就要选中【Ignore server certificate errors (unsafe)】复选框。监听端口默认 8888，也可以把它设置成任何想要的端口。

步骤❹：在图 8-2 所示对话框中切换到【Connections】选项卡，选中【Allow remote computers to connect】复选框。为了减少干扰，可以取消选中【Act as system proxy on startup】复选框，如图 8-3 所示。

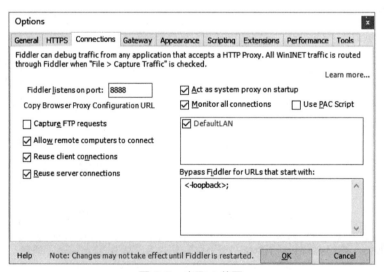

图 8-3　步骤 4 截图

8.1.2　手机设置

将 Fiddler 的基本设置完成后，还需要对手机进行设置，具体操作步骤如下。

步骤❶：查看计算机的 IP 地址，确保手机和计算机在同一个局域网内，打开 cmd 命令行窗口，并输入命令"ipconfig"查看，如图 8-4 所示。

图 8-4　查看计算机 IP 地址

步骤❷：将 Fiddler 代理服务器的证书导到手机上才能抓这些 App 的包。导入过程如下：在手机端打开浏览器，在地址栏中输入代理服务器的 IP 地址和端口，会看到一个 Fiddler 提供的页面，单击下载链接即可下载证书并安装，如图 8-5 所示。

图 8-5　手机浏览器证书导入截图

步骤❸：这里以 vivo x23 手机为例，找到设置并进入 WiFi 管理页面，选择已连接的 WiFi，单击 WiFi 名称，在打开的页面中，选择【手动代理】选项，点击【开启】按钮。将代理服务器主机名设置为 PC 端的 IP 地址，将代理服务器端口设置为 Fiddler 上配置的端口 8888，单击【保存】按钮，如图 8-6 所示。

图 8-6　WiFi 代理设置

苹果手机上的配置与 Android 手机基本一样，可能会有点细微的差别，但都是进入 WiFi 设置中，选择【手动代理】选项，并修改代理主机和端口，这里不再赘述。

8.1.3 抓取猎聘网 App 请求包

前面已经将 Fiddler 和手机设置好，下面以猎聘网 App 为例介绍如何使用 Fiddler 进行抓包，具体操作步骤如下。

步骤❶：启动猎聘网 App，首页界面如图 8-7 所示。

步骤❷：任意选择一条招聘信息单击进入详情页，然后观察 PC 端 Fiddler 界面的变化，这时会发现 Fiddler 中出现了很多的请求条目，与前面用的谷歌浏览器开发者工具看到的类似。然后单击这些请求名称，就能看到它的详细信息，如请求的 header、请求类型、参数、服务器响应的数据等。

第 8 章 App 数据抓取

图 8-7 猎聘网 App 首页

步骤❸：因为之前浏览过关于 Python 招聘的信息，所以启动 App 之后，这里推荐的都是关于 Python 的招聘信息，单击其中一条信息进入详细页面，然后从 Fiddler 中去分析找到这个请求，获取这条招聘信息的内容，如图 8-8 所示，从图 8-8 中可以看到，Fiddler 左侧出现了很多请求条目，

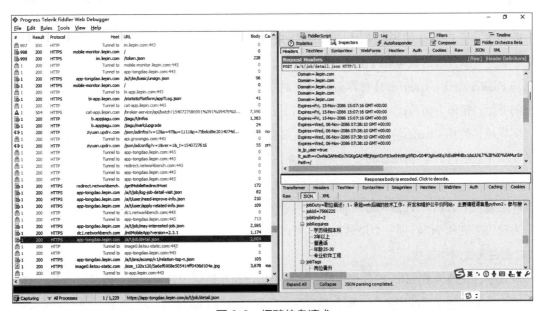

图 8-8 招聘信息请求

通过观察含有猎聘网域名的请求，然后一个个单击查看，最终找到选中的招聘信息详情的请求，单击它，右侧 JSON 面板便出现了它返回的数据，其中包含了当前招聘的详细信息，如图 8-9 所示。

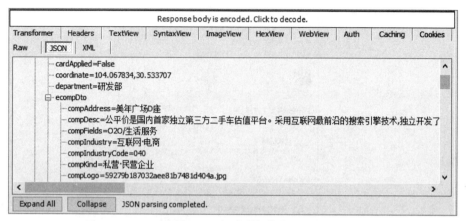

图 8-9　招聘详细信息

通过前面的步骤，即可成功分析到想要的请求接口，有了这些接口就可以使用 Python 的 requests、urllib 等网络请求库模拟 App 请求抓取数据了。这些就是 Fiddler 的基本使用，关于 Fiddler 的更多设置和用法，有兴趣的读者可以去 Fiddler 的官方网站查看相关的帮助文档。

8.2　Charles 的基本使用

前面学习了 Fiddler 的基本使用方法，接下来介绍 Charles 的基本使用方法，它的功能与 Fiddler 类似，也是一款优秀的抓包修改工具。

与 Fiddler 相比，Charles 具有界面简单直观、易于上手，数据请求控制容易、修改简单，抓取数据的开始、暂停方便等优势，下面详细介绍。

同样地，使用 Charles 前需要先安装，在安装之前需要先安装 Java，因为 Charles 需要 Java 环境的支持才能运行。至于 Java 的安装方法，网上有很多的图文教程，这里不做讲解。

Charles 要运行在自己的 PC 上，而且运行时会在 PC 的 8888 端口开启一个代理服务，这个服务实际上是一个 HTTP/HTTPS 的代理。

为确保手机和 PC 在同一个局域网内，可以使用手机模拟器通过虚拟网络连接，也可以将手机和 PC 通过无线网络连接。

设置手机代理为 Charles 的代理地址，这样手机访问互联网的数据包就会流经 Charles，Charles 转发这些数据包到真实的服务器，服务器返回的数据包再由 Charles 转发回手机。这里 Charles 起到中间人的作用，所有流量包都可以捕捉到，因此所有 HTTP 请求和响应都可以捕获到。同时，Charles 还有权对请求和响应进行修改。

8.2.1 Charles 安装

步骤❶：Charles 的官网下载地址为 https://www.charlesproxy.com/download，这里下载的是 Charles Proxy 4.1.2，如图 8-10 所示。

图 8-10　官网下载

下载后直接双击 Charles 图标进行安装，选项设置采用默认即可。

步骤❷：安装后先打开 Charles 一次（Windows 版可以忽略此步骤）。

步骤❸：由于 Charles 是收费的，如果不注册，每次使用 30 分钟就会自动关闭，建议读者如果要长期使用，可以去注册购买正版。

步骤❹：替换原文件夹的 charles.jar，路径为 C:\Program Files\Charles\lib\charles.jar。如果是 Mac，路径为 /Applications/Charles.app/Contents/Java/charles.jar。

步骤❺：安装完成后，双击 Charles 图标，进入其主界面，如图 8-11 所示。

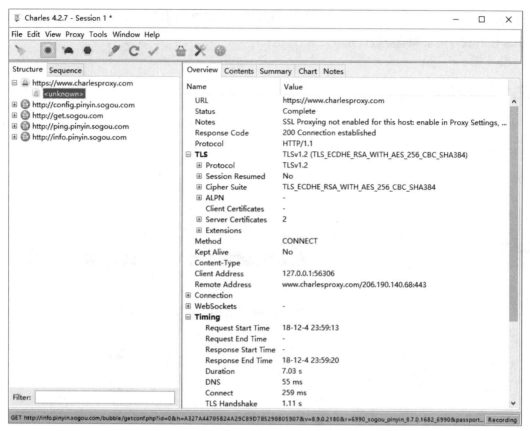

图 8-11 Charles 主界面

8.2.2 证书设置

现在很多页面都在向 HTTPS 方向发展，HTTPS 通信协议应用得越来越广泛。如果一个 App 通信应用了 HTTPS，那么它的通信数据都会被加密，常规的截包方法是无法识别请求内部数据的。

安装完成后，如果想要做 HTTPS 抓包，那么还需要配置相关的 SSL 证书。

Charles 是运行在 PC 端的，如果要抓取 App 的数据，那么就需要在 PC 端和手机端都安装证书。这里以 Windows 10 系统为例，具体操作步骤如下。

步骤❶：打开 Charles，选择【Help】→【SSL Proxying】→【Install Charles Root Certificate】选项，如图 8-12 所示。

步骤❷：此时会弹出一个证书的安装页面，如图 8-13 所示，单击【安装证书】按钮，打开【证书导入向导】页面，如图 8-14 所示。

第 8 章　App 数据抓取

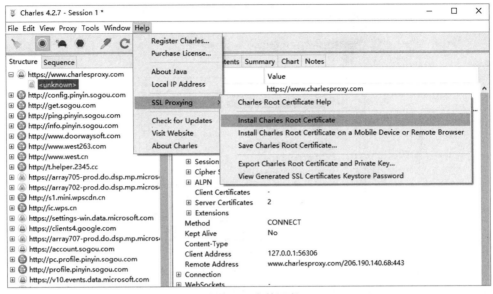

图 8-12　安装证书

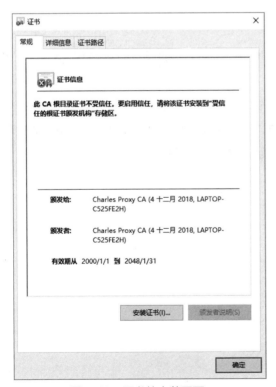

图 8-13　证书的安装页面

图 8-14　【证书导入向导】页面

步骤❸：直接单击【下一步】按钮，此时需要选择证书存储区域，选择【将所有的证书放入下列存储】选项，然后单击【浏览】按钮，在打开的页面列表框中选择【受信任的根证书颁发机构】选项，如图 8-15 所示。

185

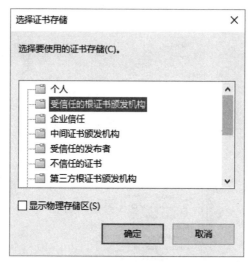

图 8-15　选择存储

步骤❹：最后单击【确定】按钮完成证书的配置和安装。

8.2.3 手机端配置

在手机系统中，同样需要设置代理为 Charles 的端口。下面以安卓手机 vivo x23 为例进行介绍，具体设置步骤如下。

步骤❶：在设置手机之前，先查看计算机的 Charles 代理是否开启，具体操作如下：打开 Charles，选择【Proxy】→【Proxy Settings】选项，进入代理设置页面，确保当前的 HTTP 代理是开启的，如图 8-16 所示。这里的代理服务器端口为 8888，也可以自行修改。

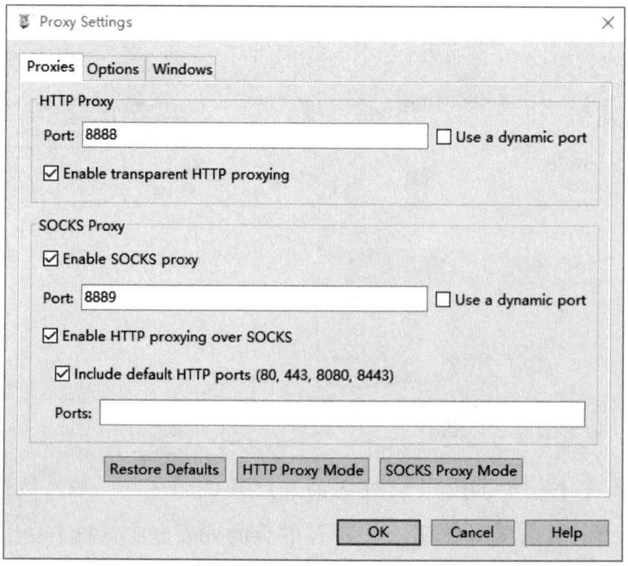

图 8-16　设置代理端口

步骤❷：将手机和计算机连接在同一个局域网内。例如，当前计算机的 IP 地址为 192.168.17.224，那么设置手机的代理服务器主机名为 192.168.17.224，代理服务器端口为 8888，如图 8-17 所示。设置完成后，计算机上会出现一个提示对话框，询问是否信任此设备，如图 8-18 所示。

图 8-17　手机设置端口

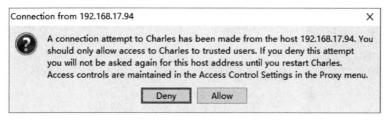

图 8-18　是否信任设备提示框

步骤❸：此时单击【Allow】按钮即可，这样手机就和 PC 在同一个局域网内了，而且设置了 header 的代理，即 Charles 可以抓取到流经 App 的数据包了。

步骤❹：接下来安装 Charles 的 HTTPS 证书，在计算机的 Charles 中选择【Help】→【SSL Proxying】→【Install Charles Root Certificate on a Mobile Device or Remote Browser】选项，如图 8-19 所示。此时，会出现如图 8-20 所示的提示对话框。

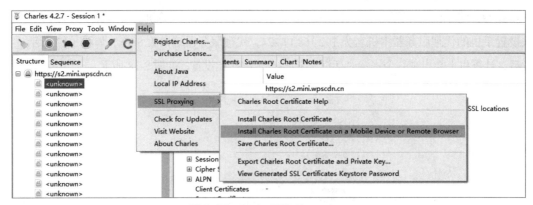

图 8-19　Help SSL Proxying

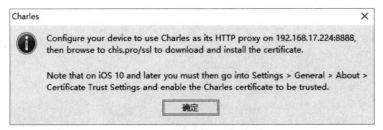

图 8-20　【Charles】提示框

步骤❺：它提示操作者在手机上设置好 Charles 的代理（刚才已经设置好了），然后在手机浏览器中打开 chls.pro/ssl 下载证书。在手机上打开 chls.pro/ssl 后，便会弹出证书的安装页面，如图 8-21 所示。

步骤❻：这里为证书添加一个名称，然后单击【确定】按钮，即可完成证书的安装。至此，Charles 的安装和配置就完成了。

8.2.4　抓包

在确保安装好 Charles 的情况下，下面通过一个案例来进行抓包练习，揭开它神秘的面纱，这里以淘宝和猎聘 App 为例进行请求抓取，具体操作步骤如下。

步骤❶：打开 Charles，初始状态下 Charles 的运行界面如图 8-22 所示，它会一直监听 PC 和手机发生的网络数据包，并将捕获到的数据包显示在左侧，随着捕获数据包的增多，左侧列表的内容也会越来越多。

图 8-21　证书的安装页面

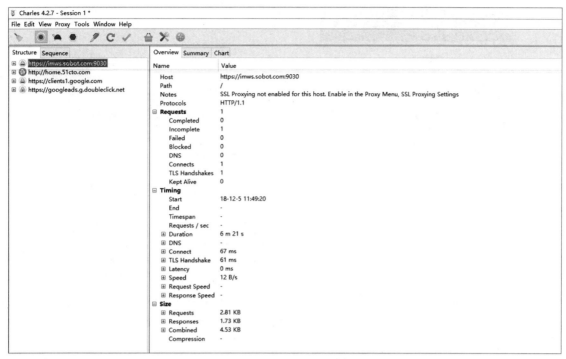

图 8-22　Charles 初始运行界面

步骤❷：这时刷新浏览器或手机 App，可以看到图 8-22 中显示的 Charles 抓取到的请求站点，单击任意一个条目便可以查看对应请求的详细信息，其中包括 Request、Response 等内容。

步骤❸：接下来单击左侧的【扫帚】按钮清空当前捕获到的所有请求，然后单击第二个监听按钮（确保监听按钮是打开的），这表示 Charles 正在监听 App 的网络数据流，如图 8-23 所示。

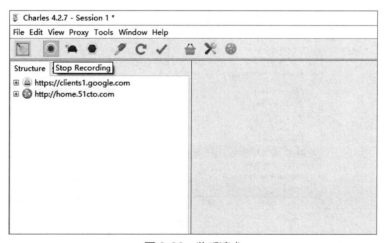

图 8-23　监听请求

步骤❹：这时打开手机淘宝 App（注意一定要提前设置好 Charles 的代理并配置好 CA 证书，否则没有效果），再打开任意一个商品，监听请求结果如图 8-24 所示。

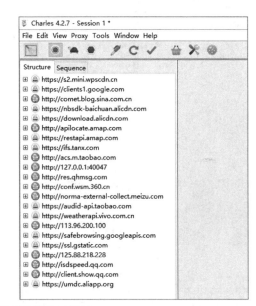

图 8-24　监听手机淘宝请求

步骤❺：这时会发现在 Charles 中获取不到 https 的数据，在这种情况下，就需要在 Charles 中进行如图 8-25 所示的设置。

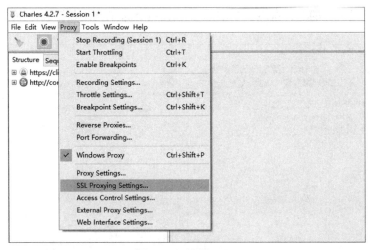

图 8-25　设置 SSL

步骤❻：在打开的界面中选中【Enable SSL Proxying】复选框，单击【Add】按钮，在弹出的对话框中，Host 表示要抓取的 IP 地址或链接，Port 填写 443 即可，设置完成后如图 8-26 所示。这里以猎聘 App 为例进行说明，打开猎聘 App，单击一条招聘信息，进入其详情页，如图 8-27 所示。

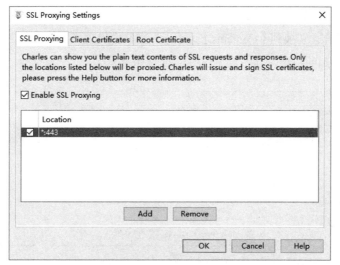

图 8-26　SSL 端口设置

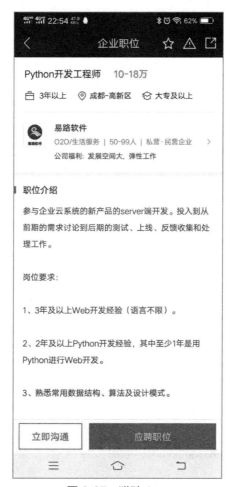

图 8-27　猎聘 App

步骤 ❼：再次查看 Charles，https 请求已经显示正常了。为了验证其正确性，这里单击其中一个条目查看其详细信息。切换到【Contents】选项卡，在其中发现一些 JSON 数据，核对一下结果，其内容与在 App 中看到的招聘内容一致，如图 8-28 所示。

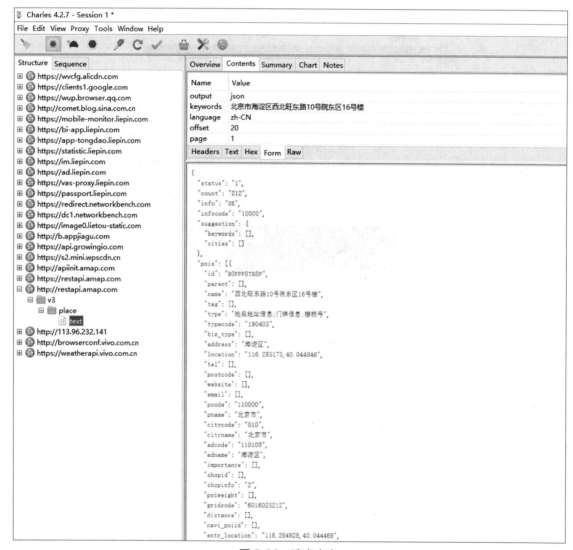

图 8-28　请求内容

8.2.5 分析

下面分析这个请求和响应的详细信息。返回【Overview】选项卡，这里显示了请求的接口 URL、响应状态 Status、请求方式 Method 等，如图 8-29 所示。

第 8 章 App 数据抓取

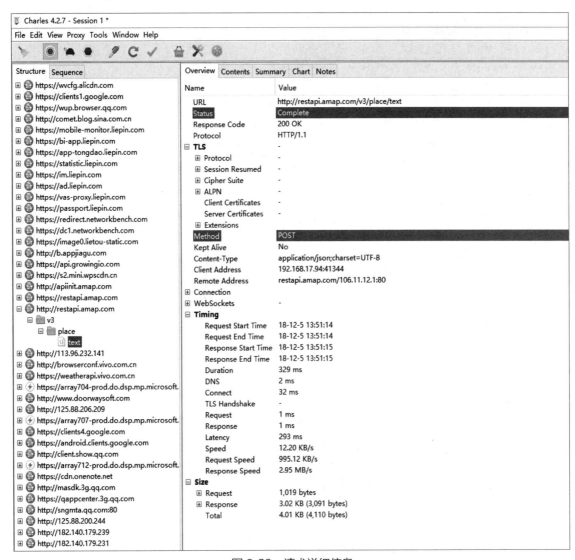

图 8-29　请求详细信息

这个结果与在 Web 端用浏览器开发者工具捕获到的结果形式类似，接下来选择【Contents】选项卡，查看该请求和响应的详细信息。

上半部分显示 Request 的信息，下半部分显示 Response 的信息。例如，针对 Reqeust，切换到【Headers】选项卡，即可看到该 Request 的 Headers 信息；针对 Response，切换到【Text】选项卡，即可看到该 Response 的 Body 信息，并且该内容已经被格式化，如图 8-30 所示。

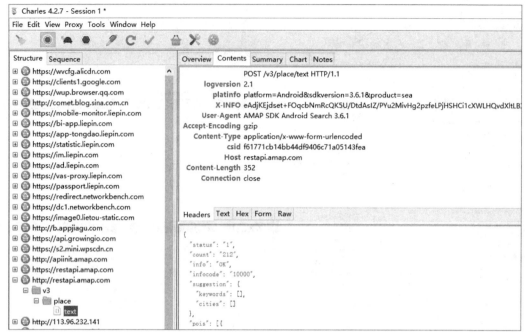

图 8-30 请求 Request

由于这是 POST 请求，因此还需要关心 POST 的表单信息，切换到【Form】选项卡即可查看，如图 8-31 所示。

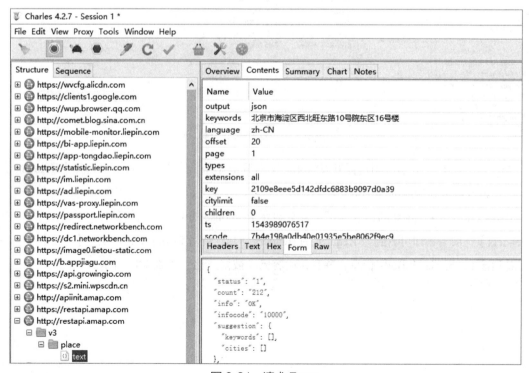

图 8-31 请求 Form

这样即可成功抓取 App 中接口的请求和响应，并且可以查看 Response 返回的 JSON 数据。至于其他 App，也可以使用同样的方式来分析。如果可以分析得到请求的 URL 和参数的规律，那么直接用程序模拟即可批量抓取。

8.2.6 重发

Charles 还有一个强大功能，它可以将捕获到的请求加以修改并发送修改后的请求。其中，修改的相关步骤如下。

步骤❶：单击上方的修改按钮，左侧列表中多了一个以编辑图标为开头的链接，这说明此链接对应的请求正在被修改，如图 8-32 所示。

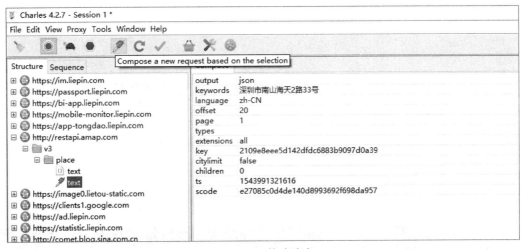

图 8-32　修改请求

步骤❷：可以将 Form 中的某个字段移除，这里将 citylimit 字段移除，然后单击【Remove】按钮。这时已经对原来请求携带的 Form Data 做了修改。

步骤❸：单击下方的【Execute】按钮，即可执行修改后的请求，如图 8-33 所示。这时就会重新发送请求。

有了这个功能，就可以方便地使用 Charles 来做调试，也可以通过修改参数、接口等来测试不同请求的响应状态，还可以知道哪些参数是必要的，哪些参数是不必要的，以及参数分别有什么规律，最后得到一个最简单的接口和参数形式，以供程序模拟调用。

关于 Charles 的基本使用就讲完了，如果对其他功能有兴趣，读者可以去 Charles 的官方网站查看相关的帮助文档。

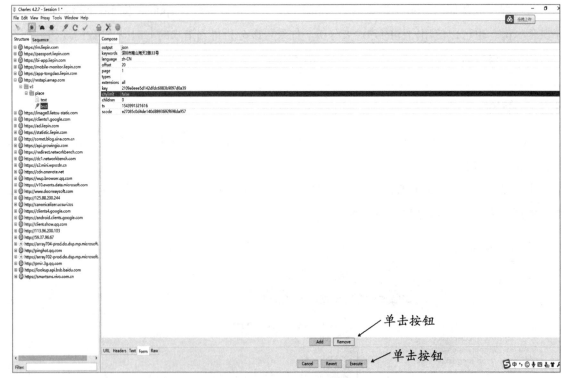

图 8-33　修改 Form Data

8.3 Appium 的基本使用

Appium 是移动端的自动化测试工具，与前面所讲的 Selenium 类似，利用它可以驱动 Android、iOS 设备完成自动化测试，如模拟点击、滑动、输入等，其官方网站为 http://appium.io。

8.3.1 安装 Appium

需要先安装 Appium，因为 Appium 负责驱动移动端来完成一系列操作。对于 iOS 设备来说，Appium 使用苹果的 UIAutomation 来实现驱动；对于 Android 设备来说，Appium 使用 UIAutomator 和 Selendroid 来实现驱动。

同时，Appium 相当于一个服务器，可以向它发送一些操作指令，它会根据不同的指令对移动设备进行驱动，以完成不同的动作。

安装 Appium 有两种方式：一种是直接下载安装包 Appium Desktop 来安装，另一种是通过 Node.js 来安装，下面进行详细介绍。

1. Appium Desktop

Appium Desktop 支持全平台的安装，直接从 GitHub 的 Releases 中下载安装即可，下载链接为 https://github.com/appium/appium-desktop/releases。目前 Appium 的最新版本是 1.9，其下载页面如图 8-34 所示。

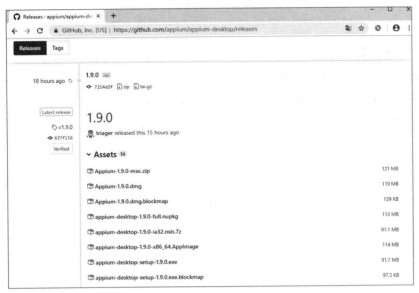

图 8-34　Appium 的下载页面

Windows 平台可以下载 exe 安装包，如 appium-desktop-setup-1.9.0.exe；Mac 平台可以下载 dmg 安装包，如 appium-desktop-1.9 0.dmg；Linux 平台可以选择下载源码，但更推荐用 Node.js 安装方式。

安装完成后桌面将会出现 Appium 图标，双击该图标运行，若出现图 8-35 所示的启动页面，则证明安装成功。

图 8-35　Appium 启动页面

2. Node.js

需要先安装 Node.js，关于 Node.js 的安装方法这里不再赘述，如果有不清楚的读者，可以参考菜鸟教程官网中的 Node.js 安装配置进行安装，安装完成后就可以使用 npm 命令了。接下来，使用 npm 命令进行全局安装 Appium 即可，这样就成功安装了 Appium。

```
npm install -g appium
```

3. Android 开发环境配置

如果使用 Android 设备做 App 抓取，还需要下载和配置 Android SDK，这里推荐直接安装 Android Studio，其下载地址为 http://www.android-studio.org/index.php。下载完成后单击安装包进行安装，安装时选项默认即可。安装完成后，其初始界面如图 8-36 所示。

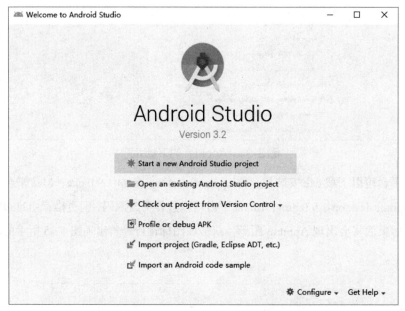

图 8-36　Android Studio 初始界面

选择【Start a new Android Studio project】选项创建一个新项目，依次单击【next】按钮完成创建。进入项目主界面，如图 8-37 所示。

这时还需要下载 Android SDK。选择【File】→【Settings】选项，在弹出的【Settings】对话框中的左则选择【Appearance & Behavior】→【System Settings】→【Android SDK】选项，在右侧设置页面中选中要安装的 SDK 版本，单击【OK】按钮，即可下载和安装选中的 SDK 版本，如图 8-38 所示。

另外，还需要配置环境变量，添加 ANDROID_HOME 为 Android SDK 所在路径，再添加 SDK 文件夹下的 tools 和 plaform-tools 文件夹到 PATH 中。更详细的配置可以参考 Android Studio 中文社区的文档。

第 8 章 App 数据抓取

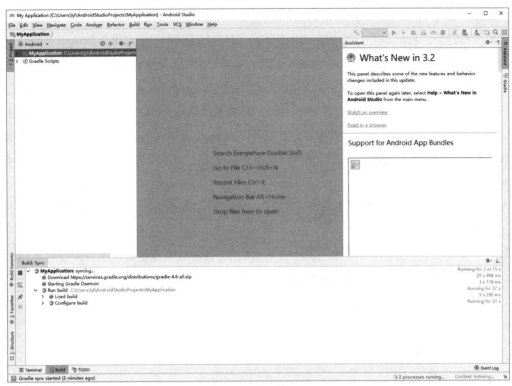

图 8-37 创建新项目

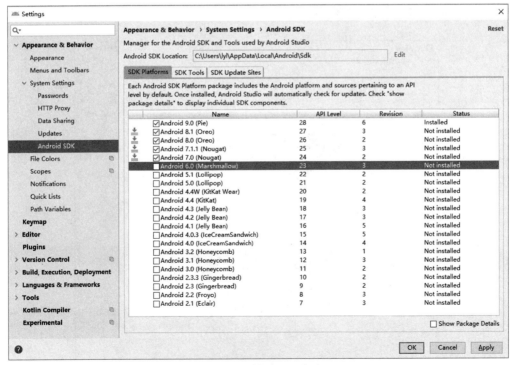

图 8-38 选择 SDK 版本

4. iOS 开发环境

需要声明的是，Appium 是一个做自动化测试的工具，用它来测试自己开发的 App 是完全没有问题的，因为它携带的是开发证书（Development Certificate）。但如果想拿 iOS 设备来做数据爬取，就是另外一回事了。一般情况下，做数据爬取都是使用现有的 App，在 iOS 设备上一般都是通过 App Store 下载的，它携带的是分发证书（Distribution Certificate），而携带这种证书的应用都是禁止被测试的，所以只有获取 ipa 安装包再重新签名之后才可以被 Appium 测试，具体方法这里不再展开阐述。

这里推荐直接使用 Android 来进行测试。如果可以完成上述重新签名操作，那么可以参考以下内容配置 iOS 开发环境。

Appium 驱动 iOS 设备必须在 Mac 下进行，Windows 和 Linux 平台是无法完成的，所以下面介绍一下 Mac 平台的相关配置。

Mac 平台需要的配置为：MacOS 10.12 及更高版本，Xcode 8 及更高版本。配置满足要求后，执行以下命令即可配置开发依赖的一些库和工具。

xcode-select -- install

8.3.2 启动 App

Appium 启动 App 的方式有两种：一种是用 Appium 内置的驱动器来打开 App，另一种是利用 Python 程序实现此操作，下面分别进行说明。

打开 Appium，其启动界面如图 8-39 所示。

图 8-39　Appium 启动界面

单击【Start Server v1.10.0】按钮，即可启动 Appium 服务，相当于开启了一个 Appium 服务器。这里通过 Appium 内置的驱动或 Python 代码向 Appium 服务器发送一系列操作指令，Appium 就会根据不同的指令对移动设备进行驱动，完成不同的动作，其运行界面如图 8-40 所示。

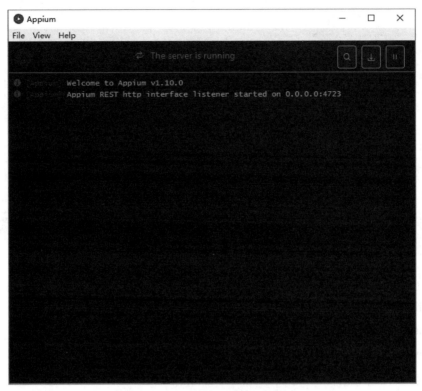

图 8-40　Appium 服务器运行界面

Appium 运行之后正在监听 4723 端口，可以向此端口对应的服务接口发送操作指令，此页面就会显示这个过程的操作日志。

将 Android 手机通过数据线与运行 Appium 的 PC 相连，同时打开 USB 调试功能，确保 PC 可以连接到手机。

接下来，用 Appium 内置的驱动来打开 App。单击 Appium 中的【Start Inspector Session】按钮，如图 8-41 所示。

图 8-41　Start Inspector Session

这时会出现一个配置页面，如图 8-42 所示。

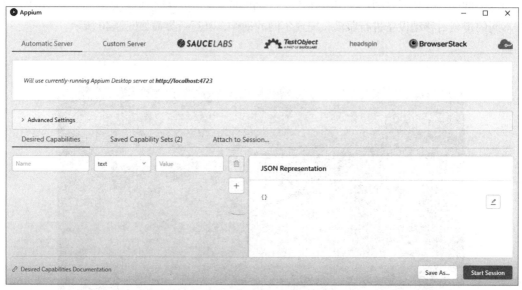

图 8-42　会话启动后的界面

需要配置启动 App 时的 Desired Capabilities 参数，它们分别为 platformName、deviceName、appPackage 和 appActivity，其说明如下。

（1）platformName：平台名称，需要区分 Android 或 iOS，此处填 Android。

（2）deviceName：设备名称，此处是手机的具体类型（如 vivo x23）。

（3）appPackage：App 程序包名（如大众点评 App 的包名为 com.dianping.v1）。

（4）appActivity：入口 Activity 名（如大众点评的入口 Activity 名为 com.dianping.main.guide.SplashScreenActivity）。

> **温馨提示：**
>
> 如果想了解更多的参数信息，有兴趣的读者可以到以下网址查看：http://github.com/appium/appium/blob/master/docs/en/writing-running-appium/caps.md。

为了能更形象化地讲解本节相关知识，下面以大众点评 App 为例，实现使用 Appium 控制手机启动大众点评实现模拟登录，具体操作步骤如下。

步骤 ❶：前面已经进入会话界面，现在需要添加参数，这里以大众点评为例，参数信息如下，效果如图 8-43 所示。

```
{
  "platformName": "Android",
  "deviceName": "vivo x23",
  "appPackage": "com.dianping.v1",
```

```
"appActivity": "com.dianping.main.guide.SplashScreenActivity"
}
```

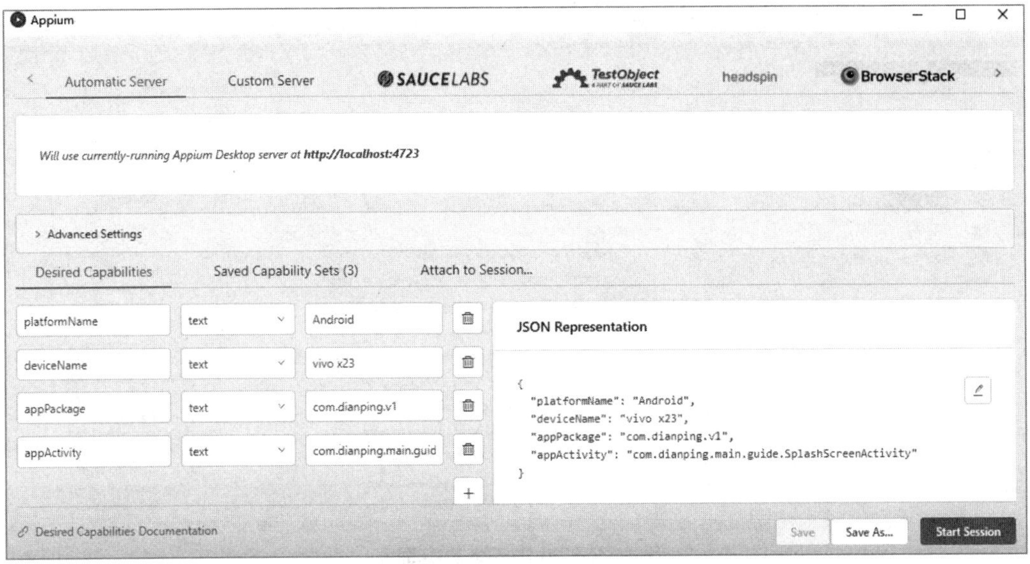

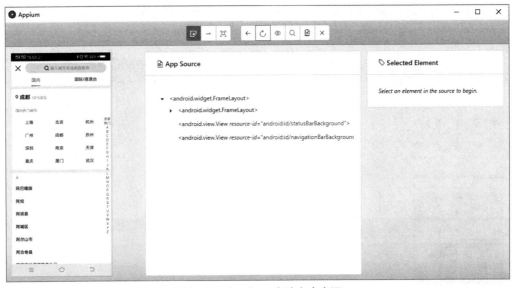

图 8-43 参数配置效果

步骤❷：参数设置完成后，单击右下角的【Start Session】按钮，即可启动 Android 手机上的大众点评 App 并进入启动页面。同时 PC 上会弹出一个调试窗口，从中可以预览当前手机页面，并查看页面的源码，如图 8-44 所示。

图 8-44 Appium 启动大众点评

步骤❸：单击界面左侧的某个元素，如选择【北京】选项，它就会高亮显示，这时界面中间显示当前选中元素对应的源代码，右侧则显示该元素的基本信息，如元素的 id、class、text 等，以及可以执行的操作，如 Tap、Send Keys、Clear 等，如图 8-45 所示。

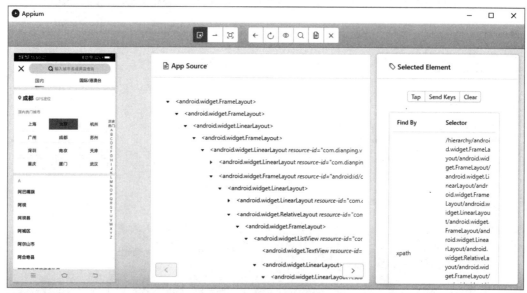

图 8-45　选择元素高亮显示

步骤❹：单击界面中间最上方的第三个录制按钮（就是那个有点像眼睛的图标，当鼠标指针移动到上面时会显示 Start Recording），Appium 开始录制，这时在窗口中操作 App 的行为都会被记录下来，Recorder 处可以自动生成对应语言的代码。例如，这里选择【成都】选项，使它高亮显示，然后单击右侧【Selected Element】面板中的【Tap】标签，即模拟了按钮单击功能，这时手机和窗口的 App 都会跳转到大众点评的首页主界面，同时界面中间会显示此动作对应的代码，如图 8-46 所示。

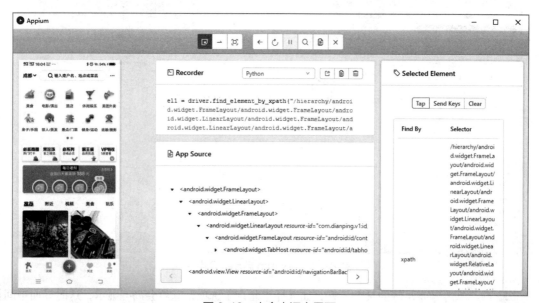

图 8-46　大众点评主界面

步骤❺：接下来选中底部的【我的】选项，高亮显示后，单击【Tap】标签完成页面跳转，如图 8-47 所示，在此页面单击不同的动作按钮，即可实现对 App 的控制，同时 Recorder 部分也可以生成对应的 Python 代码。

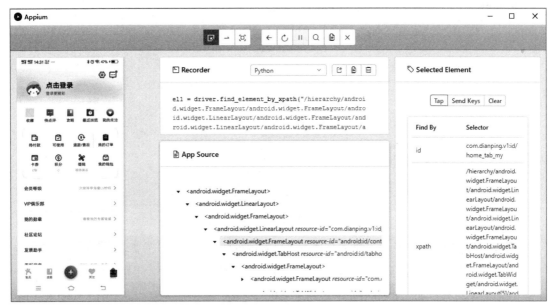

图 8-47　跳转到【我的】页面

步骤❻：单击页面上的【点击登录】按钮，然后单击【Tap】标签进行页面跳转，如图 8-48 所示。跳转之后将回到大众点评的登录页面，如图 8-49 所示。

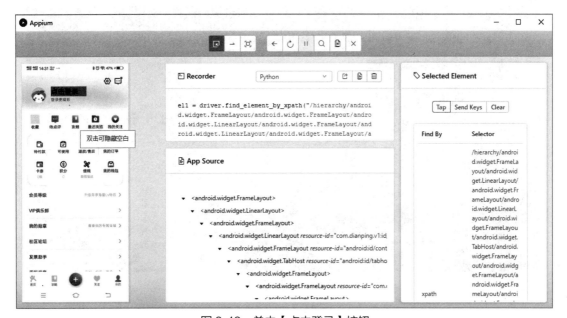

图 8-48　单击【点击登录】按钮

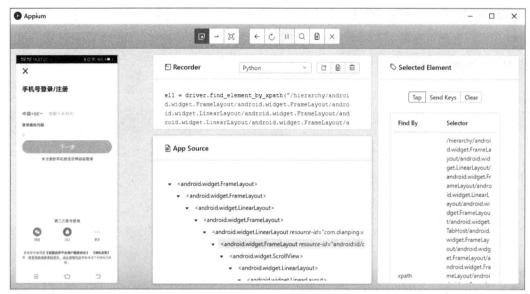

图 8-49　大众点评的登录页面

步骤 ❼：跳转到登录页面后，默认是通过手机号进行登录的，所以需要填入手机号，这里选中手机号的输入框使之高亮显示，然后单击【Send Keys】标签，弹出输入手机号的输入框，直接输入已经注册的手机号，如图 8-50 所示。填写完手机号之后，单击输入框右下角的【Send Keys】按钮进行填充操作。填充完成后，单击【下一步】按钮，然后单击【Tap】标签进行跳转，如图 8-51 所示。

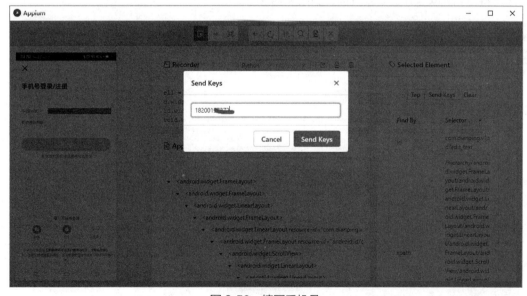

图 8-50　填写手机号

第 8 章　App 数据抓取

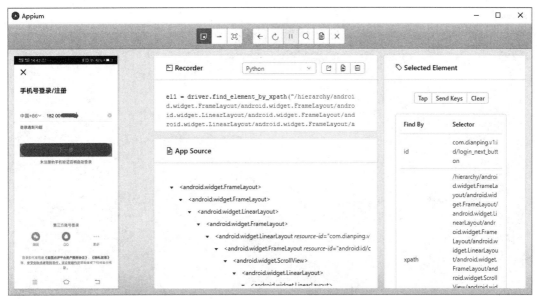

图 8-51　单击【下一步】按钮

步骤 ❽：跳转后界面如图 8-52 所示，这时发现登录有两种方式：一种是通过验证码登录，另一种是通过密码登录。这里选择密码登录，然后单击【Tap】标签进行跳转。

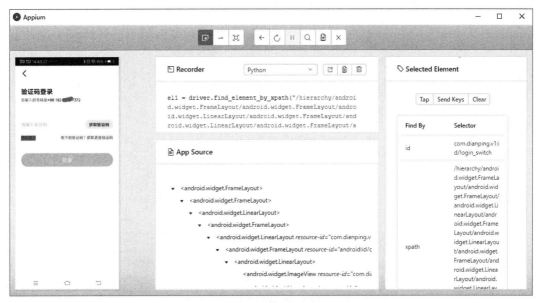

图 8-52　选择密码登录

步骤 ❾：进入密码填入模式后，由于安全保护原因，会隐藏页面元素，弹出输入密码的输入框，输入密码后单击【Send Keys】按钮完成填充，如图 8-53 所示。

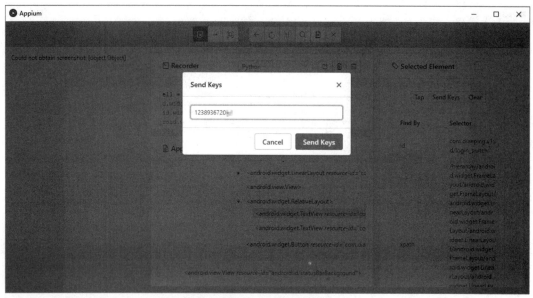

图 8-53　输入密码

步骤❿：这里填入密码之后，由于页面元素被隐藏了，因此需要到 App Source 下面的代码中去找，如图 8-54 中画线处所示，选中 id 为 logom_button 的元素，然后单击【Tap】标签进行登录页面跳转。跳转之后即成功登录了大众点评，如图 8-55 所示。

图 8-54　登录按钮选择

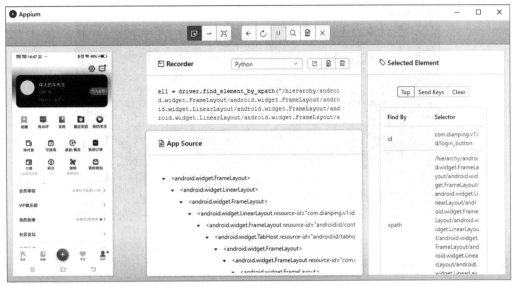

图 8-55　登录成功后的页面

8.3.3　appPackage 和 appActivity 参数的获取方法

前面使用 Appium 连接并启动大众点评 App 进行了模拟登录，其中有两个特别重要的参数，即 appPackage 和 appActivity。下面分别讲解这两个参数的获取方法。

1. appPackage

appPackage 可以通过 GT 工具来获取，GT 的界面中自带获取 appPackage 的功能。使用手机从应用宝上下载 GT，安装并打开 GT 后，选择一个被调试的应用即可，如选择大众点评，如图 8-56 所示。

从图 8-56 中可以看到，大众点评图标右侧的 com.dianping.v1 就是它的 appPackage。

2. appActivity

关于 appActivity 的获取方法，需要通过运行日志去分析，具体的操作步骤如下。

步骤❶：确保配置好 Android 的开发环境后，打开 cmd 命令行窗口，如图 8-57 所示。

图 8-56　获取 appPackage

图 8-57　cmd 命令行窗口

步骤❷：在命令行窗口中输入"adb logcat>D:/log.log"，如图 8-58 所示。

图 8-58　生成 log

步骤❸：运行手机上的 App，获取 App 应用程序，如在手机上打开大众点评，如图 8-59 所示。

图 8-59　打开大众点评

步骤❹：按【Ctrl+C】组合键停止运行，获取手机上的 log 文件，这时会在指定的路径下生成一个 log 文件，如图 8-60 所示。

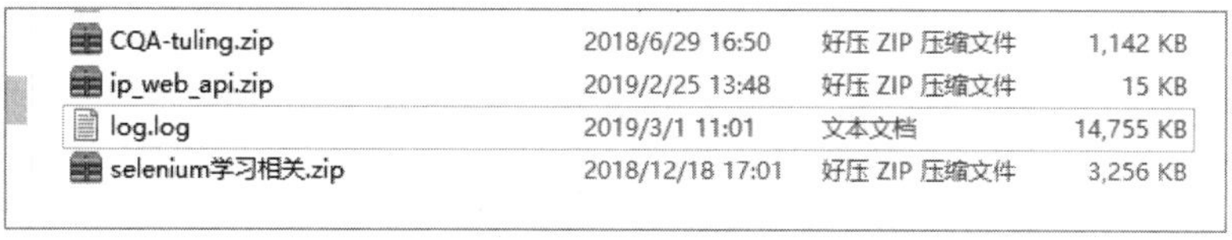

图 8-60 获取 log 文件

步骤❺：通过抓取到的 log 日志，找到相应 activity 的应用程序，然后通过筛选、分析便可得到：com.dianping.main.guide.SplashScreenActivity，如图 8-61 所示。

图 8-61 找到 appActivity

8.3.4 Python 代码驱动 App

下面介绍如何使用 Python 代码驱动 App。在代码中指定 Appium Server，Server 在打开 Appium 时就已经开启了，是在 4723 端口上运行的，配置如下。

```
server = "http: //localhost: 4723/wd/hub"
```

用字典来配置 Desired Capabilities 参数，代码如下。

```
desired_caps = {
    'platformName': 'Android',
    'deviceName': 'vivo x23',
    'appPackage': 'com.dianping.v1',
```

```
        'appActivity': 'com.dianping.main.guide.SplashScreenActivity'
    }
```

新建一个Session,这与单击Appium内置驱动的Start Session按钮的功能类似,代码如下。

```
from appium import webdriver
from selenium.webdriver.support.ui import WebDriverWait

driver = webdriver.Remote(server, desired_caps)
```

配置完成后,就可以启动大众点评App,但现在还没有任何动作。然后用代码来模拟前面所演示的动作登录大众点评。

在前面的Appium启动演示中,启用了Appium内置驱动器的Record功能,自动生成了Python代码,可以直接将这些代码复制过来。

```
from appium import webdriver
import time

server = "http://localhost:4723/wd/hub"
desired_caps = {
        'platformName': 'Android',
        'deviceName': 'vivo x23',
        'appPackage': 'com.dianping.v1',
        'appActivity': 'com.dianping.main.guide.SplashScreenActivity'
    }

driver = webdriver.Remote(server, desired_caps)
time.sleep(5)
# 单击城市地址
el1 = driver.find_element_by_xpath(
    "/hierarchy/android.widget.FrameLayout/android.widget.FrameLayout/"
    "android.widget.LinearLayout/android.widget.FrameLayout/android.widget."
    "LinearLayout/android.widget.FrameLayout/android.widget.LinearLayout/android."
    "widget.RelativeLayout/android.widget.FrameLayout/android.widget.ListView/"
    "android.widget.LinearLayout/android.widget.LinearLayout/android.widget."
    "LinearLayout/android.widget.LinearLayout[2]/android.widget.TextView[2]")
el1.click()
# 选择【我的】选项
time.sleep(random.randint(6,8))
el2 = driver.find_element_by_id("com.dianping.v1:id/home_tab_my")
el2.click()
# 单击【点击登录】按钮
el3 = driver.find_element_by_xpath(""
    "/hierarchy/android.widget.FrameLayout/"
    "android.widget.LinearLayout/android.widget."
    "FrameLayout/android.widget.LinearLayout/android."
    "widget.FrameLayout/android.widget.TabHost/android."
```

```
"widget.FrameLayout/android.widget.FrameLayout/android."
"widget.FrameLayout/android.widget.FrameLayout/android."
"widget.FrameLayout[2]/android.widget.FrameLayout/android."
"support.v7.widget.RecyclerView/android.view.ViewGroup[1]/"
"android.widget.FrameLayout/android.widget.FrameLayout[1]"
"/android.widget.TextView[1]")
el3.click()
time.sleep(random.randint(6,8))
# 手机号登录
el6 = driver.find_element_by_id("com.dianping.v1:id/edit_text")
el6.send_keys("18200157×××")
time.sleep(random.randint(6,8))
el7 = driver.find_element_by_id("com.dianping.v1:id/login_next_button")
el7.click()
time.sleep(random.randint(6,8))

el8 = driver.find_element_by_id("com.dianping.v1:id/login_switch")
el8.click()
time.sleep(random.randint(6,8))
el9 = driver.find_element_by_id("com.dianping.v1:id/login_switch")
el9.send_keys("1428936720×××")
time.sleep(random.randint(6,8))
el10 = driver.find_element_by_id("com.dianping.v1:id/login_button")
el10.click()
```

运行以上代码，如果报错，提示未找到 appium 模块，则可使用 pip install Appium-Python-Client 命令进行安装，安装完成后再次运行以上代码即可。

> **温馨提示：**
> 这里需要注意的是，一定要重新连接手机后再运行此代码，运行后即可观察到手机上首先弹出了大众点评主页面，然后模拟【点击登录】按钮、输入手机号，操作完成后便成功使用 Python 代码实现了 App 的操作。

8.3.5 常用 API 方法

下面介绍如何使用代码操作 App、总结相关 API 的用法，这里使用的 Python 库为 AppiumPythonClient，其 GitHub 地址为 https://github.com/appium/python-client，此库继承自 Selenium，使用方法与 Selenium 有很多共同之处。

1. 初始化

需要配置 Desired Capabilities 参数，完整的配置说明可以参考 https://github.com/appium/appium/

blob/master/docs/en/writing-running-appium/caps.md。一般来说，配置几个基本参数即可，代码如下。

```
from appium import webdriver

server = 'http://localhost:4723/wd/hub'

desired_caps = {
  'platformName': 'Android',
  'deviceName': 'vivo x23',
  'appPackage': 'com.tencent.mm',
  'appActivity': '.ui.LauncherUI'
}

driver = webdriver.Remote(server, desired_caps)
```

这里配置了启动微信 App 的 Desired Capabilities 参数，这样 Appnium 就会自动查找手机上的包名和入口类，然后将其启动。包名和入口类的名称可以在安装包的 AndroidManifest.xml 文件中获取。

如果要打开的 App 没有事先在手机上安装，可以直接指定 App 参数为安装包所在路径，这样程序启动时就会自动在手机中安装并启动 App，代码如下。

```
from appium import webdriver

server = 'http://localhost:4723/wd/hub'
desired_caps = {
  'platformName':'Android',
  'deviceName':'vivo x23',
  'app' . '. /weixin. apk'
}
driver = webdriver. Remote(server, desired_ caps)
```

程序启动时就会寻找 PC 当前路径下的 APK 安装包，然后将其安装到手机中并启动。

2. 查找元素

可以使用 Selenium 中通用的查找方法来实现元素的查找，代码如下。

```
el = driver.find_element_by_id ('com.tencent.mm:id/cjk')
```

在 Selenium 中，其他查找元素的方法同样适用，这里不再赘述。

在 Android 平台上，还可以使用 UIAutomator 进行元素选择，代码如下。

```
el = self.driver.find_element_by_android_uiautomator('new UiSelector() . description ("Animation")')
els = self.driver.find_elements_by_android uiautomator('new UiSelector() .clickable(true)')
```

在 iOS 平台上，可以使用 UIAutomation 进行元素选择，代码如下。

```
el = self .driver. ind element_by _ios _uiautomation('.elements() [O] ')
els = self.driver.find_elements_by_ios_u iautomation(' .elements()')
```

还可以使用 iOS Predicate 进行元素选择，代码如下。

```
el = self. driver. find _element_by_ios _predicate('wdName=="Buttons"')
```

```
els = seH.driver.find_elements_by_ios_predicate('wdValue=="SearchBar" AND isWDDivisible==1')
```

也可以使用 iOS Class Chain 进行元素选择，代码如下。

```
el = self.driver.find_element_by_ios_class_chain XCUIElementTypeWindow/XCUIElementTypeButton[3]')
els = self.driver.find_elements_by_ios_class_chain('XCUIElementTypeWindow/XCUIElementTypeButton')
```

但是，此种方法只适用于 XCUITest 驱动，具体可以参考 https://github.com/appium/appium-xcuitest-driver。

3. 点击

点击可以使用 tap() 方法，该方法可以模拟手指点击（最多 5 个手指），可设置按时长短（毫秒），代码如下。

```
tap(self, positions, duration=None)
```

其中，后两个参数说明如下。

（1）positions：点击的位置组成的列表。

（2）duration：点击持续时间。

示例代码如下。

```
driver.tap([(100, 20), (100, 60), (100, 100),500)
```

这样就可以模拟点击屏幕的某几个点。

对于某个元素（如按钮）来说，可以直接调用 click() 方法实现模拟点击，示例代码如下。

```
button = find_element_by_id ('com.tencent.mm:id/btn')
button.click()
```

4. 屏幕拖动

可以使用 scroll() 方法模拟屏幕滚动，代码如下。

```
scroll(self, origin_el, destination_el)
```

可以实现从元素 origin_el 滚动至元素 destination_el，它的后两个参数说明如下。

（1）origin_el：被操作的元素。

（2）destination_el：目标元素。

示例代码如下。

```
driver.scroll (el1, el2)
```

可以使用 swipe() 模拟从 A 点滑动到 B 点，代码如下。

```
swipe(self, start_x, start_y, end_x, end_y, duration=None)
```

其中，后几个参数说明如下。

（1）start_x：开始位置的横坐标。

（2）start_y：开始位置的纵坐标。

（3）end_x：终止位置的横坐标。

（4）end_y：终止位置的纵坐标。

（5）duration：持续时间，单位是毫秒。

示例代码如下。

```
driver. swipe (100, 100, 100, 400, 5000)
```

这样就可以实现在 5s 时间内，由 (100, 100) 滑动到 (100, 400)，也可以使用 flick() 方法模拟从 A 点快速滑动到 B 点，代码如下。

```
flick(self, start_x, start_y, end_x, end_y)
```

其中，后几个参数说明如下。

（1）start_x：开始位置的横坐标。

（2）start_y：开始位置的纵坐标。

（3）end_x：终止位置的横坐标。

（4）end_y：终止位置的纵坐标。

示例代码如下。

```
driver.flick(100, 100, 100, 400)
```

5. 拖曳

可以使用 drag_and_drop() 将某个元素拖动到另一个目标元素上，代码如下。

```
drag_and_drop(self, origin_el, destination_el)
```

可以实现将元素 origin_el 拖曳至元素 destination_el。

其中，后两个参数说明如下。

（1）origin_el：被拖曳的元素。

（2）destination_el：目标元素。

示例代码如下。

```
driver.drag_and_drop(el1, el2)
```

6. 文本输入

可以使用 set_text() 方法实现文本输入，代码如下。

```
el = find_element_by_id ('com.tencent.mm:id/cjk')
el.set_ text(' 哈喽！你好 ')
```

7. 动作链

与 Selenium 中的 ActionChains 类似，Appium 中的 TouchAction 可支持的方法有 tap()、press()、long_press()、release()、move_to()、wait()、cancel() 等，示例代码如下。

```
el = self.driver.find_element_by_accessibility_id ('Animation')
action = TouchAction(self.driver)
action.tap(el).per arm()
```

首先选中一个元素，然后利用 TouchAction 实现点击操作。如果想要实现拖动操作，可以用如下代码。

```
els = self.driver.find_elements_by_class_name(' listview')
a1 = TouchAction()
a1. press (els [0]). move_ to(x=10, y=0).move_ to(x=10, y=–75).move_ to(x=10, y=–600).release()
a2 = TouchAction ()
a2.press (els [1]). move_ to(x=10, y=10).move_ to(x=10, y=–300). move_ to(x=10, y=–600).release()
```

8.4 新手问答

学习完本章之后，读者可能会有以下疑问。

1. 在使用 Fiddler 抓包时，发现只能抓取到 http 接口的数据，而抓不到 https 请求的数据，是什么原因？

答：这是因为 https 需要证书验证，所以 Fiddler 和手机需要配置 CA 证书。

2. 在使用 Charles 时需要注意哪些事项？

答：在使用 Charles 进行接口抓包分析时，如果是手机端，则手机和计算机需要处于同一局域网内，对于 Fiddler 来说，也是同样的。

3. 使用 Appium 时，appPackage 包名是怎样得到的？

答：可以去手机中找 appPackage 安装包，或者通过其官方平台上的版本，在详情信息中查找。

本章小结

本章主要讲解了使用 Fidder 和 Charles 进行抓取的基本使用方法，抓取 http 和 https 接口并进行接口分析。接着了解了 Appium 的安装、App 的基本用法，以及常用 API 的用法。

第 9 章
数据存储

在实际工作中，使用爬虫获取数据之后，要想办法把数据存储起来，以便日后对数据进行各种操作，这也是网络爬虫的最后一步。本章将着重介绍的 4 种文件存储和 4 种数据库存储方式，基本上涵盖了常用的数据存储方式。

本章主要涉及的知识点

- 文件存储、数据库存储方法
- 数据存储的基本操作方法
- 如何分析对数据存储的使用
- 编写爬虫获取数据存储到文件及数据库

9.1 文件存储

文件存储的方式有很多，下面着重讲解 4 种文件存储方式：TEXT 文本存储、JSON 文件存储、CSV 文件存储和 Excel 文件存储。

9.1.1 TEXT 文件存储

TEXT 文本存储是最常见的存储方式，在计算机中新建的文本文件大多是 TEXT 文件，其示例如下。

```
file = open('filename','a',encoding='utf-8')
file.write(' 需要写入的字符串 ')
file.close()
```

以上示例代码为标准的文件存储方式，即打开文件、写入数据、关闭文件。Open() 方法用于打开一个文件，并返回文件对象，在对文件进行处理的过程中都需要使用到这个函数，若该文件无法打开，则会抛出 OSError。使用 open() 方法一定要保证关闭文件对象，即调用 close() 函数。open() 函数常用形式是接收两个参数：文件名（file）和模式（mode）。write() 方法用于向文件中写入指定字符串。以下代码中的写法，会随着 with 语句的结束自动关闭，不需要调用 close() 函数。

```
with open('filename','a',encoding='utf-8) as file:
        file.write('...')
```

文件操作常见的模式如表 9-1 所示。

表9-1 文件操作常见的模式

模式	描述
r	以只读方式打开文件，文件的指针将放在文件的开头。这是默认模式
rb	以二进制格式打开一个文件用于只读，文件指针将放在文件的开头。这是默认模式，一般用于非文本文件，如图片等
r+	打开一个文件用于读写，文件指针将放在文件的开头
rb+	以二进制格式打开一个文件用于读写，文件指针将放在文件的开头。一般用于非文本文件，如图片等
w	打开一个文件用于写入。若该文件已存在则打开文件，并从文件开头开始编辑，即原有内容会被删除；若该文件不存在，则创建新文件
wb	以二进制格式打开一个文件用于写入。若该文件已存在则打开文件，并从文件开头开始编辑，即原有内容会被删除；若该文件不存在，则创建新文件。一般用于非文本文件，如图片等
W+	打开一个文件用于读写。若该文件已存在则打开文件，并从文件开头开始编辑，即原有内容会被删除；若该文件不存在，则创建新文件

续表

模式	描述
Wb+	以二进制格式打开一个文件用于读写。若该文件已存在则打开文件，并从文件开头开始编辑，即原有内容会被删除；若该文件不存在，则创建新文件。一般用于非文本文件，如图片等
a	打开一个文件用于追加。若该文件已存在，则文件指针将放在文件的结尾，即新的内容将被写入已有内容之后；若该文件不存在，则创建新文件进行写入
ab	以二进制格式打开一个文件用于追加。若该文件已存在，则文件指针将放在文件的结尾，即新的内容将被写入已有内容之后；若该文件不存在，则创建新文件进行写入
a+	打开一个文件用于读写。若该文件已存在，则文件指针将放在文件的结尾，文件打开时会是追加模式；若该文件不存在，则创建新文件用于读写
ab+	以二进制格式打开一个文件用于追加。若该文件已存在，则文件指针将放在文件的结尾；若该文件不存在，则创建新文件用于读写

9.1.2 JSON 文件存储

JSON（JavaScript Object Notation）是一种轻量级的数据交换格式，它是基于 ECMAScript 的一个子集。JSON 采用完全独立于语言的文本格式，但也使用了类似 C 语言家族的习惯（包括 C、C++、Java、JavaScript、Perl、Python 等）。这些特性使 JSON 成为理想的数据交换语言，易于人们阅读和编写，同时也易于机器解析和生成（一般用于提升网络传输速率）。JSON 在 Python 中分别由 list 和 dict 组成。json 模块提供了 4 个功能：dumps、dump、loads 和 load。

（1）dumps：把数据类型转换为字符串。

（2）dump：把数据类型转换为字符串并存储在文件中。

（3）loads：把字符串转换为数据类型。

（4）load：把文件打开，并把字符串转换为数据类型。

1. 使用 json.dumps() 将 Python 中的字典转换为字符串

了解了 Python 中 json 库的基本方法，下面使用 dumps 将 Python 中的字典转换为字符串，相关示例代码如下。

```
import json

test_dict = {'bigberg': [7600, {1: [['iPhone', 6300], ['Bike', 800], ['shirt', 300]]}]}
print(test_dict)
print(type(test_dict))
json_str = json.dumps(test_dict)
print(json_str)
print(type(json_str))
```

运行后控制台会输出：

{'bigberg': [7600, {1: [['iPhone', 6300], ['Bike', 800], ['shirt', 300]]}]}
<class 'dict'>
{"bigberg": [7600, {"1": [["iPhone", 6300], ["Bike", 800], ["shirt", 300]]}]}
<class 'str'>

2. 使用 json.loads() 将字符串转换为字典

示例代码如下。

new_dict = json.loads(json_str)
print(new_dict)
print(type(new_dict))

运行后控制台会输出：

{'bigberg': [7600, {1: [['iPhone', 6300], ['Bike', 800], ['shirt', 300]]}]}
<class 'dict'>
{'bigberg': [7600, {'1': [['iPhone', 6300], ['Bike', 800], ['shirt', 300]]}]}
<class 'dict'>

3. 将数据写入 JSON 文件中

要将数据写入 JSON 文件中，还需要用到 open() 方法，只是在写入前，需要使用 json.dump() 方法将数据处理后再写入，示例代码如下。

```
import json

new_dict = {"name":"zk","age":20,"gender":"m"}
with open("record.json","w",encoding="utf-8") as f:
    json.dump(new_dict,f)
    print(" 加载入文件完成 ...")
```

运行以上代码后，将会在当前路径下生成一个 record.json 的文件，在该文件中已经写入了 new_dict 的内容，如图 9-1 所示。

图 9-1 生成的 JSON 文件

9.1.3 CSV 文件存储

CSV（Comma-Separated Values，逗号分隔值）是存储表格数据的常用文件格式，即每条记录中值与值之间是用分号分隔的。Python 中的 csv 库可以非常简单地修改 CSV 文件，甚至从零开始创建一个 CSV 文件，示例代码如下。

```
import csv

c = open("test.csv","w")
writer = csv.writer(c)
writer.writerow(['name','address','city','state'])
```

以上代码实现 CSV 文件的打开及写入一行数据，首先是导入 csv 模块（如果没有安装 csv 模块，可以使用 pip 或 easy_install 安装）；然后使用 CSV 的 open 函数以 w（写入）方式打开，若该 CSV 文件不存在，则会在相应目录中创建一个 CSV 文件；之后实例化一个写入对象 writer；最后使用 writerow 函数写入一条记录。上面示例是写入 CSV 文件，下面介绍读取 CSV 文件的方法，示例代码如下。

```
import csv

c = open("test.csv", "rb")
read = csv.reader(c)
for line in read:
    print(line[0], line[1])
c.close()
```

for 语句实现了遍历 csv.reader 读取的数据，然后通过 print 输出。这里的 line 代表读取的一行数据，line[0] 表示该行数据的第一个属性列对应的值。

9.1.4 Excel 文件存储

实现对 Excel 文件的操作，需要引入三方模块。其中，xlwt 模块能实现对 Excel 文件的写入，xlrd 模块能实现对 Excel 文件内容的读取。通过 xlwt 模块写入 Excel 文件的示例代码如下。

```
import xlwt

def set_style(name, height, bold=False):
    style = xlwt.XFStyle()
    font = xlwt.Font()
    font.name = name
    font.bold = bold
    font.color_index = 4
    font.height = height
    style.font = font
    return style

def write_excel(path):
    workbook = xlwt.Workbook(encoding='utf-8')
    data_sheet = workbook.add_sheet('demo')
    row0 = [u'字段名称', u'大致时段', 'CRNTI', 'CELL-ID']
    row1 = [u'测试', '15:50:33-15:52:14', 22706, 4190202]
    for i in range(len(row0)):
```

```
        data_sheet.write(0, i, row0[i], set_style('Times New Roman', 220, True))
        data_sheet.write(1, i, row1[i], set_style('Times New Roman', 220, True))

    workbook.save(path)

if __name__ == '__main__':
    path = 'demo.xls'
    write_excel(path)
    print(u' 创建 demo.xls 文件成功 ')
```

运行代码后生成了一个 Excel 文件，内容如图 9-2 所示。

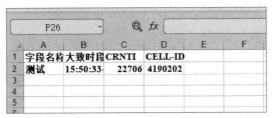

图 9-2　生成的 Excel 文件

```
workbook = xlwt.Workbook(encoding='utf-8')      # 表示实例化 Workbook
data_sheet = workbook.add_sheet('demo')         # 表示创建 sheet
workbook.save('demo.xls')                       # 表示保存文件
data_sheet.write( 行 , 列 ,value)                # 表示写操作
```

使用 xlrd 模块对 Excel 文件进行读取操作，示例代码如下。

```
import xlrd

Workbook = xlrd.open_workbook('demo.xls')

sheet_names = Workbook.sheet_names()
sheet1 = Workbook.sheet_by_name('demo')
sheet1 = Workbook.sheet_by_index(0)
rows = sheet1.row_values(1)
cols10 = sheet1.col_values(1)
print('rows',rows)
print('cols10',cols10)
```

参数说明如下。

（1）xlrd.open_workbook()：表示打开 Excel 文件。

（2）Workbook.sheet_names()：表示获取所有 sheet 表名称。

（3）Workbook.sheet_by_name('demo')：表示获取所在 sheet 表数据。

（4）Workbook.sheet_by_index(0)：表示获取第一张 sheet 表名称，根据索引来取值，从 0 开始。

（5）sheet1.row_values(1)：表示获取 sheet1 中第 2 行数据。

（6）sheet1.col_values(1)：表示获取 sheet1 中第 2 列数据。

9.2 数据库存储

当数据量大并且需要使用数据进行后期操作，如更新、删除、修改等复杂操作时，数据存储在文件中已经不能满足用户的需求了，所以需要将数据存储到数据库中。下面讲解如何使用 Python 将数据存储在几种常用的数据库中。

9.2.1 MySQL 存储

MySQL 是一个关系型数据库管理系统，由瑞典 MySQL AB 公司开发，目前属于 Oracle 旗下产品。MySQL 是最流行的关系型数据库管理系统之一，在 Web 应用方面，它是 RDBMS（Relational Database Management System，关系数据库管理系统）应用软件。

在开始存储操作之前，需要确保已安装好 MySQL 数据库。关于 MySQL 的安装方法，可参见 MySQL 的官方文档（https://dev.mysql.com/downloads/mysql），根据自己的系统下载对应的版本进行安装，这里不再赘述。

mysql-connector 是 MySQL 官方提供的驱动器，使用它可以连接 MySQL。用户可以使用以下 pip 命令来安装 mysql-connector。

```
python -m pip install mysql-connector
```

运行以下代码测试 mysql-connector 是否安装成功，如果没有产生错误，则表示安装成功。

```
import mysql.connector
```

在安装好 mysql-connector 之后，将举例讲解如何使用 mysql-connector 连接 MySQL 数据库，常用的操作有插入数据、查询数据、更新数据等。

1. 创建数据库连接

要操作数据库，需要先获取数据库的连接。使用 mysql-connector 获取到 MySQL 的数据库连接，示例代码如下：

```
import mysql.connector

mydb = mysql.connector.connect(
    host="localhost",           # 数据库主机地址
    user="yourusername",        # 数据库用户名
    passwd="yourpassword"       # 数据库密码
)
```

```
print(mydb)
```

从以上代码中可以看出,首先将 mysql.connector 引入,然后通过调用 mysql.connector.connect() 方法传入数据库主机地址、数据库用户名、数据库密码等参数,即可与数据库建立连接。

2. 插入数据

通过前面的示例,成功获取到数据库的连接。下面通过这个连接操作数据库,如下面的插入数据。这里假设数据库中已经存在了一张名为 "test_01" 的表,并且有 id、name 和 age 3 个字段,在其中插入一条测试数据。

```
import mysql.connector

mydb = mysql.connector.connect(
    host="localhost",
    user="root",
    passwd="123456",
    database="test_db"
)
mycursor = mydb.cursor()

sql = "INSERT INTO test_01 (id,name, age) VALUES (%s, %s,%s) "
val = (1, " 张三 ",23)
mycursor.execute(sql, val)
mydb.commit()   # 数据表内容有更新,必须使用到该语句
print(mycursor.rowcount, " 记录插入成功。")
```

这里主要用到了 execute() 方法,该方法主要传入了两个参数,插入数据的 sql 和 sql 中需要的值。该方法的作用是执行 sql 语句,最后调用 commit() 方法提交事务。运行代码后,通过数据库客户端连接工具观察数据库中的 "test_01" 表,发现数据已经插入,如图 9-3 所示。

图 9-3　插入的数据

3. 批量插入

在实际开发中,往往爬虫每次获取到的数据都是几十条或上百条,所以这时如果向数据库中插入数据就会涉及批量插入的问题。所谓批量插入,即只连接数据库一次,然后循环执行,直至完成所有的插入语句后再调用 commit() 方法提交。这样做可以节省数据库的开销和提升插入速度,其示例代码如下。

```
import mysql.connector

mydb = mysql.connector.connect(
  host="127.0.0.1",
  user="root",
  passwd="123456",
  database="test_db"
)
mycursor = mydb.cursor()

sql = "INSERT INTO test_01 (id, name,age) VALUES (%s, %s,%s) "
val = [
  (2,' 张三 ', 12),
  (3, ' 李四 ', 13),
  (4, ' 王五 ', 23),
  (5, ' 麻子 ',35)
]

mycursor.executemany(sql, val)
mydb.commit() # 数据表内容有更新，必须使用到该语句

print(mycursor.rowcount, " 记录插入成功。")
```

运行以上代码后，就会发现数据库中已经成功地插入了 4 条记录，如图 9-4 所示。

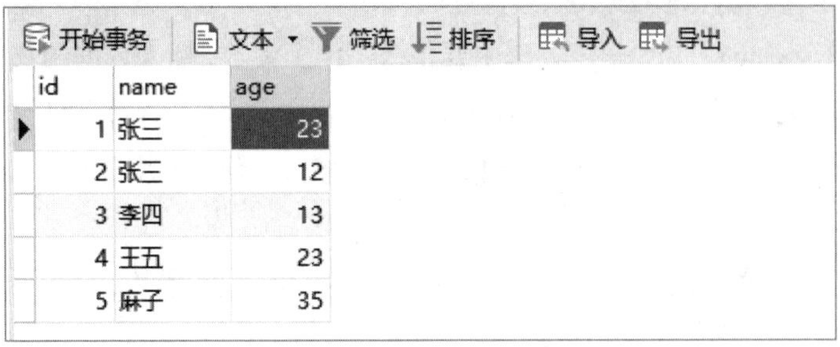

id	name	age
1	张三	23
2	张三	12
3	李四	13
4	王五	23
5	麻子	35

图 9-4　批量插入结果

4. 查询数据

下面介绍是用得特别频繁的查询。在以下查询示例中，执行完 sql 语句后，调用 fetchall() 方法来获取所有返回结果。

```
import mysql.connector

mydb = mysql.connector.connect(
  host="127.0.0.1",
  user="root",
  passwd="123456",
  database="test_db"
```

```
)
mycursor = mydb.cursor()
mycursor.execute("SELECT * FROM test_01")
myresult = mycursor.fetchall() # fetchall() 获取所有记录

for x in myresult:
  print(x)
```

运行后控制台会输出：

```
(1, ' 张三 ', 23)
(2, ' 张三 ', 12)
(3, ' 李四 ', 13)
(4, ' 王五 ', 23)
(5, ' 麻子 ', 35)
```

5. 更新数据

调用更新数据与插入数据的方法是一样的，只是 sql 语句不同而已。例如，下面的示例更新“test_01”表中 id 为 1 的数据。

```
import mysql.connector

mydb = mysql.connector.connect(
  host="127.0.0.1",
  user="root",
  passwd="123456",
  database="test_db"
)
mycursor = mydb.cursor()

sql = "UPDATE test_01 SET name = ' 测试 ' WHERE id = 1"
mycursor.execute(sql)
mydb.commit()

print(mycursor.rowcount, " 条记录被修改 ")
```

运行以上代码后，在数据库的表中，已经成功地将 id 为 1 的记录做了修改，如图 9-5 所示。

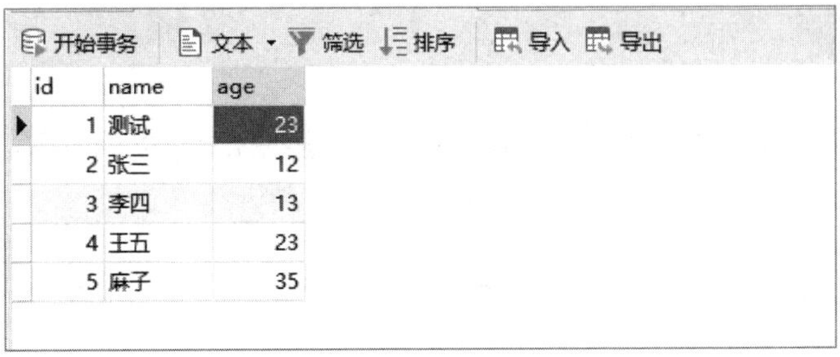

id	name	age
1	测试	23
2	张三	12
3	李四	13
4	王五	23
5	麻子	35

图 9-5　更新结果

除了使用 mysql-connector 连接 MySQL 数据库的常用操作方法外，还有其他方法，有兴趣的读者可以查看官方文档进行学习。

> **温馨提示：**
> 除了使用mysql-connector库连接操作MySQL数据库外，还可以使用PyMySQL库。该库的使用方法与mysql-connector类似，同样也是通过pip命令安装，命令为 pip3 install PyMySQL。

9.2.2 MongoDB

MongoDB 是由 C++ 语言编写的，它是一个基于分布式文件存储的开源数据库系统。在高负载的情况下，添加更多的节点，可以保证服务器性能，MongoDB 旨在为 Web 应用提供可扩展的高性能数据存储解决方案。MongoDB 将数据存储为一个文档，数据结构由键值 (key => value) 对组成。MongoDB 文档类似 JSON 对象。字段值可以包含其他文档、数组及文档数组。

基于这些优势，所以经常在爬虫中涉及将数据保存到 MongoDB 中，以便数据清洗。要确保在已经安装好 MongoDB 的前提下开始下面的学习。

Python 要连接 MongoDB，就需要 MongoDB 驱动，这里使用 PyMongo 驱动来连接。用户可以使用 pip 命令进行安装。

```
python3 -m pip3 install pymongo
```

安装完成后可以创建一个测试文件 demo_test_mongodb.py，代码如下。执行代码文件，如果没有出现错误，则表示安装成功。

```
import pymongo
```

1. 创建数据库

创建数据库需要使用 MongoClient 对象，并且指定连接的 URL 地址和要创建的数据库名称。在以下示例中，创建数据库 test_db。

```
import pymongo

myclient = pymongo.MongoClient("mongodb://localhost:27017")
mydb = myclient["test_db"]
```

2. 创建集合

MongoDB 中的集合类似 SQL 的表。MongoDB 使用数据库对象来创建集合，示例代码如下。

```
import pymongo

myclient = pymongo.MongoClient("mongodb://localhost:27017")
mydb = myclient["test_db"]

mycol = mydb["sites"]
```

> **温馨提示：**
> 在 MongoDB 中，集合只有在内容插入后才会创建。也就是说，创建集合（数据表）后要再插入一个文档（记录），集合才会真正创建。

3. 插入文档

MongoDB 中的一个文档类似 SQL 表中的一条记录。在集合中插入文档使用 insert_one() 方法，该方法的第一参数是字典 name => value 对。以下示例向 sites 集合中插入文档。

```
import pymongo

myclient = pymongo.MongoClient("mongodb://localhost:27017")
mydb = myclient["test_db"]
mycol = mydb["sites"]

mydict = {"name": " 张三 ", "age": "23", "gender": " 男 "}

x = mycol.insert_one(mydict)
print(x)
print(x)
```

运行后控制台会输出：

```
<pymongo.results.InsertOneResult object at 0x10a34b288>
```

4. 插入多个文档

在集合中插入多个文档使用 insert_many() 方法，该方法的第一参数是字典列表，示例代码如下。

```
import pymongo

myclient = pymongo.MongoClient("mongodb://localhost:27017")
mydb = myclient["test_db"]
mycol = mydb["sites"]

mylist = [
  {"name": " 张三 ", "age": "23", "gender": " 男 "},
  {"name": " 李四 ", "age": "23", "gender": " 男 "},
  {"name": " 王五 ", "age": "23", "gender": " 男 "},
  {"name": " 麻子 ", "age": "23", "gender": " 男 "}
]

x = mycol.insert_many(mylist)

# 输出插入的所有文档对应的 _id 值
print(x.inserted_ids)
```

运行后控制台会输出：

```
[ObjectId('5b236aa9c315325f5236bbb6'), ObjectId('5b236aa9c315325f5236bbb7'),
ObjectId('5b236aa9c315325f5236bbb8'), ObjectId('5b236aa9c315325f5236bbb9')]
```

5. 查询文档

MongoDB 中使用了 find 和 find_one 方法来查询集合中的数据,它类似 SQL 中的 SELECT 语句。用户可以使用 find_one() 方法来查询集合中的一条数据,下面查询 sites 文档中的第一条数据,代码如下。

```python
import pymongo

myclient = pymongo.MongoClient("mongodb://localhost:27017")
mydb = myclient["test_db"]
mycol = mydb["sites"]

x = mycol.find_one()

print(x)
```

运行后控制台会输出:

```
{'_id': ObjectId('5b23696ac315325f269f28d1'),"name":" 张三 ","age":"23","gender":" 男 "}
```

6. 查询集合中的所有数据

find() 方法可以查询集合中的所有数据,类似 SQL 中的 SELECT * 操作。以下示例代码为查找 sites 集合中的所有数据。

```python
import pymongo

myclient = pymongo.MongoClient("mongodb://localhost:27017")
mydb = myclient["test_db"]
mycol = mydb["sites"]

for x in mycol.find():
    print(x)
```

运行以上代码,运行结果如图 9-6 所示。

图 9-6　运行结果

7. 修改数据

用户可以在 MongoDB 中使用 update_one() 方法修改文档中的记录。该方法第一个参数为查询的条件，第二个参数为要修改的字段。如果查找到的匹配数据多于一条，则只会修改第一条。在以下示例中，将 name 等于张三的 age 属性改为 20。

```
import pymongo

myclient = pymongo.MongoClient("mongodb://localhost:27017")
mydb = myclient["test_db"]
mycol = mydb["sites"]

myquery = {"name": " 张三 "}
newvalues = {"$set": {"age": "20"}}

mycol.update_one(myquery, newvalues)

for x in mycol.find():
    print(x)
```

在爬虫应用中，使用 MongoDB 最频繁的操作就是以上内容，如果实际开发中需要使用更多复杂的方法，可以参考官方中文文档。

9.2.3 Redis 存储

Redis 是一个开源的使用 ANSI C 语言编写、遵守 BSD 协议、支持网络，以及可基于内存也可持久化的日志型、Key-Value 数据库，并提供多种语言的 API。它通常被称为数据结构服务器，因为值（value）可以是字符串（String）、哈希（Hash）、列表（list）、集合（set）和有序集合（sorted set）等类型。

在 Python 爬虫系统中，经常会使用 Redis 数据库进行 URL 去重。下面讲解几个在爬虫中比较常用的方法。在开始学习之前需要确保已经安装好 Redis，关于 Redis 的安装可以参考网上的一些安装教程，这里不做具体讲解。

在 Python 中如果要操作 Redis，需要安装 redis 库，可以使用 pip 命令来安装，代码如下。

```
pip3 install redis
```

安装好之后，新建一个 test_redis.py 文件并输入以下代码，运行后如果没有报错，则表示已经安装成功。

```
import redis
```

在爬虫中应用 Redis 最多的是 Redis 的列表（list）和集合（set），所以下面主要以这两个为例进行讲解。

1. 列表

Redis 列表是简单的字符串列表，按照插入顺序排序。用户可以添加一个元素到列表的头部（左侧）或尾部（右侧），一个列表最多可以包含 $2^{32}-1$ 个元素（4294967295，每个列表超过 40 亿个元素）。下面的示例中，使用了 lpush 方法将 3 个值插入了名为 test_list 的列表中。

```
import redis

conn = redis.StrictRedis(host="192.168.16.8",port=6739)
conn.lpush("test_list",1)
conn.lpush("test_list",2)
conn.lpush("test_list",3)
```

与列表相关的基本命令如表 9-2 所示。

表9-2　与列表相关的基本命令

序号	命令	描述
1	BLPOP key1 [key2] timeout	移出并获取列表的第一个元素，如果列表没有元素，就会阻塞列表直到等待超时或发现可弹出元素为止
2	BRPOP key1 [key2] timeout	移出并获取列表的最后一个元素，如果列表没有元素就会阻塞列表直到等待超时或发现可弹出元素为止
3	BRPOPLPUSH source destination timeout	从列表中弹出一个值，将弹出的元素插入另外一个列表中并返回；如果列表没有元素，就会阻塞列表直到等待超时或发现可弹出元素为止
4	LINDEX key index	通过索引获取列表中的元素
5	LINSERT key BEFORE|AFTER pivot value	在列表的元素前或后插入元素
6	LLEN key	获取列表长度
7	LPOP key	移出并获取列表的第一个元素
8	LPUSH key value1 [value2]	将一个或多个值插入列表头部
9	LPUSHX key value	将一个值插入已存在的列表头部
10	LRANGE key start stop	获取列表指定范围内的元素
11	LREM key count value	移除列表元素
12	LSET key index value	通过索引设置列表元素的值
13	LTRIM key start stop	对一个列表进行修剪，即让列表只保留指定区间内的元素，不在指定区间内的元素都将被删除
14	RPOP key	移除列表的最后一个元素，返回值为移除的元素
15	RPOPLPUSH source destination	移除列表的最后一个元素，并将该元素添加到另一个列表并返回
16	RPUSH key value1 [value2]	在列表中添加一个或多个值
17	RPUSHX key value	为已存在的列表添加值

2. 集合

Redis 的 set 是 String 类型的无序集合。集合成员是唯一的，这就意味着集合中不能出现重复的数据。Redis 中的集合是通过哈希表实现的，所以添加、删除、查找的复杂度都是 $O(1)$。集合中最大的成员数为 $2^{32}-1$ (4294967295，每个集合可存储超过 40 亿个成员)。在下面的示例中，使用了 sadd 方法将 3 个值插入了名为 test_list 的列表中。

```
import redis

conn = redis.StrictRedis(host="192.168.16.8",port=6739)
conn.sadd("test_list",1)
conn.sadd("test_list",2)
conn.sadd("test_list",3)
```

表 9-3 列出了 Redis 集合的基本命令。

表9-3　Redis集合的基本命令

序号	命令	描述
1	SADD key member1 [member2]	向集合添加一个或多个成员
2	SCARD key	获取集合的成员数
3	SDIFF key1 [key2]	返回给定所有集合的差集
4	SDIFFSTORE destination key1 [key2]	返回给定所有集合的差集并存储在 destination 中
5	SINTER key1 [key2]	返回给定所有集合的交集
6	SINTERSTORE destination key1 [key2]	返回给定所有集合的交集并存储在 destination 中
7	SISMEMBER key member	判断 member 元素是否是集合 key 的成员
8	SMEMBERS key	返回集合中的所有成员
9	SMOVE source destination member	将 member 元素从 source 集合移动到 destination 集合
10	SPOP key	移除并返回集合中的一个随机元素
11	SRANDMEMBER key [count]	返回集合中的一个或多个随机数
12	SREM key member1 [member2]	移除集合中的一个或多个成员
13	SUNION key1 [key2]	返回所有给定集合的并集
14	SUNIONSTORE destination key1 [key2]	所有给定集合的并集存储在 destination 集合中
15	SSCAN key cursor [MATCH pattern] [COUNT count]	迭代集合中的元素

9.2.4 PostgreSQL

Psycopg 是 Python 编程语言中最流行的 PostgreSQL 数据库适配器，其主要功能是完整实现

Python DB API 2.0 规范和线程安全（多个线程可以共享相同的连接）。它专为大量多线程应用程序而设计，可以创建和销毁大量游标，并创建大量并发"INSERT"或"UPDATE"。

Psycopg 2 主要在 C 语言中作为 libpq 包装器实现，既高效又安全，它具有客户端和服务器端游标，异步通信和通知，"复制到/复制"支持。许多 Python 类型都支持开箱即用，适用于匹配 PostgreSQL 数据类型，通过灵活的物体适应系统，可以扩展和定制适应性。Psycopg 2 兼容 Unicode 和 Python 3。

在学习之前先安装 Psycopg 2 库，可以使用以下 pip 命令进行安装。

```
pip install psycopg2
```

在确保已经有一个可以连接的 PostgreSQL 数据的情况下，进行接下来的学习和操作。下面看一个获取 pg 数据库连接的示例。

```
import psycopg2

# 创建连接对象
conn = psycopg2.connect(
        database="postgres",
        user="postgres",
        password="123456",
        host="localhost",
        port="5432"
        )
cur = conn.cursor() # 创建指针对象
```

通过 connect() 方法得到了 conn 连接对象，然后通过 conn 连接对象的 cursor() 方法拿到指针对象，有了这个就可以用它执行 sql 语句，这与前面所讲的 MySQL 操作类似。

1. 插入数据

插入数据时，只需用户将插入的 sql 语句写好，然后使用 cur 执行对象的 execute() 方法即可完成 sql 的执行，示例代码如下。

```
import psycopg2

# 创建连接对象
conn = psycopg2.connect(
  database="postgres",
  user="postgres",
  password="123456",
  host="localhost",
  port="5432")
cur = conn.cursor()  # 创建指针对象

# 创建表
cur.execute("CREATE TABLE student(id integer,name varchar,sex varchar); ")
```

```
# 插入数据
cur.execute("INSERT INTO student(id,name,sex)VALUES(%s,%s,%s) ", (1, 'Aspirin', 'M'))
cur.execute("INSERT INTO student(id,name,sex)VALUES(%s,%s,%s) ", (2, 'Taxol', 'F'))
cur.execute("INSERT INTO student(id,name,sex)VALUES(%s,%s,%s) ", (3, 'Dixheral', 'M'))

# 关闭连接
conn.commit()
cur.close()
conn.close()
```

这里往数据库中创建了一张名为 student 的表，然后向表中插入了 4 条数据。可以看到，执行完 sql 语句后，同样需要提交事务和关闭相应的连接。

2. 查询数据

查询数据时，可以在执行完 sql 语句后，调用 cur 的 fetchall() 方法获取结果。以下示例代码为查询所有学生信息。

```
# 获取结果
cur.execute('SELECT * FROM student')
results = cur.fetchall()
```

3. 修改和删除数据

修改和删除数据与插入数据类似，唯一不同的就是 sql 语句，示例代码如下。

```
import psycopg2

# 创建连接对象
conn = psycopg2.connect(
    database="postgres",
    user="postgres",
    password="123456",
    host="localhost",
    port="5432"
)
cur = conn.cursor()  # 创建指针对象

# 修改数据
cur.execute("update  student set age=36,sex='m' where id=2; ")
# 删除数据
cur.execute("delete from student where sex='m'; ")

# 关闭连接
conn.commit()
cur.close()
conn.close()
```

9.3 新手实训

到这里本章所讲内容已经结束,下面做两个实训练习以加深印象,希望读者能够认真操作。

1. 爬取云代理 IP 并保存到 Redis 数据库中

假设现在有这样的需求:由于爬虫需要大量代理 IP,因此采用爬取免费代理的方案。下面以云代理 http://www.ip3366.net/free/?stype=1&page=1 为例,编写爬虫爬取其国内高匿代理、国内普通代理、国外高匿代理、国外普通代理,并保存到 Redis 数据库中。通过爬虫得到的 IP 数据格式如图 9-7 所示,相关参考步骤如下。

```
C:\Users\lyl\AppData\Local\Programs\Python\Python36\python.exe
{'ip' : '123.120.161.216', 'port' : '8060', 'http_type' : 'http'}
{'ip' : '182.148.241.103', 'port' : '8118', 'http_type' : 'http'}
{'ip' : '27.203.242.223', 'port' : '8060', 'http_type' : 'http'}
{'ip' : '27.208.87.210', 'port' : '8118', 'http_type' : 'http'}
{'ip' : '111.195.65.151', 'port' : '8080', 'http_type' : 'http'}
{'ip' : '170.83.172.144', 'port' : '60581', 'http_type' : 'https'}
{'ip' : '119.28.14.97', 'port' : '6666', 'http_type' : 'https'}
```

图 9-7 IP 数据格式

步骤❶:分析网页结构,选取需要爬取的前几页地址。

步骤❷:使用 requests 库抓取网页源码。

步骤❸:使用 re 正则表达式或其他方法提取 IP 地址数据。

步骤❹:将提取得到的 IP 地址保存到 Redis 数据库中。

参考示例代码如下。

```python
import requests
import re
import redis

url_list = [
    "http://www.ip3366.net/free/?stype=1&page=1",
    "http://www.ip3366.net/free/?stype=2&page=1",
    "http://www.ip3366.net/free/?stype=3&page=1",
    "http://www.ip3366.net/free/?stype=4&page=1"
]
# 获取 ip
def get_ip(url):
    res = requests.get(url)
    res.encoding = "gb2312"
    p = "<tr>\s+<td>([\s\S+]*?)</td>\s+<td>([\s\S+]*?)</td>\s+" \
        "<td>\S+</td>\s+<td>([\s\S+]*?)</td>\s+"
    ip_list = []
    for x in re.findall(p, res.text):
```

```
    ip_list.append({"ip":x[0], "port":x[1], "http_type":x[2].lower()})
  return ip_list
ip_list = []
for url in url_list:
    ip_list += get_ip(url)
conn = redis.StrictRedis(host="192.168.16.8",port=6739)
# 循环将得到的代理 IP 存入 Redis 数据库中
for x in ip_list:
    print(x)
    conn.lpush("ip_list",x)
```

2. 爬取简书文章列表数据保存到 MySQL 数据库中

爬取简书首页文章列表的标题、简介、发布人数据，并保存到 MySQL 数据库中，简书地址为 https://www.jianshu.com，其首页界面如图 9-8 所示。

图 9-8　简书首页

这里提供一个思路，爬取简书需要使用到 Selenium 进行爬虫，相关参考步骤如下。

步骤❶：分析页面结构和规律。

步骤❷：使用 Selenium 模拟打开简书首页。

步骤❸：模拟鼠标向下滑动，直到出现【阅读更多】按钮则开始获取网页源码。

步骤❹：指定要循单击多少次加载更多。

步骤❺：将数据保存到数据库中。

参考示例代码如下。

```python
from selenium import webdriver
import time
from lxml import etree
import pymysql

driver = webdriver.Chrome()
driver.get('https://www.jianshu.com')

# 加载更多
def load_mord(num):
    # 通过观察发现，打开页面需要鼠标滑动 5 次左右才能出现【阅读更多】按钮
    for x in range(5):
        js = "var q=document.documentElement.scrollTop=100000"
        driver.execute_script(js)
        time.sleep(2)
    if num == 0:
        time.sleep(2)
        # 定位并单击【阅读更多】按钮
        load_more = driver.find_element_by_class_name("load-more")
        load_more.click()
# 获取内容源码
def get_html():
    note_list = driver.find_element_by_class_name("note-list")
    html = note_list.get_attribute('innerHTML')
    return html

# 传入内容网页源码，使用 XPath 提取信息标题、简介、发布昵称
def extract_data(content_html):
    html = etree.HTML(content_html)
    title_list = html.xpath('//li//a[@class="title"]/text()')
    abstract_list = html.xpath('//li//p[@class="abstract"]/text()')
    nickname_list = html.xpath('//li//a[@class="nickname"]/text()')
    data_list = []
    for index,x in enumerate(title_list):
        item = {}
        item["title"] = title_list[index]
        item["abstract"] = abstract_list[index]
        item["nickname"] = nickname_list[index]
        data_list.append(item)
    return data_list

# 保存到 MySQL 数据库中
def insert_data(sql):
    db = pymysql.connect("127.0.0.1", "root", "123456lyl", "xs_db", charset="utf-8")
    try:
        cursor = db.cursor()
```

```
        return cursor.execute(sql)
    except Exception as ex:
        print(ex)
    finally:
        db.commit()
        db.close()

# 模拟单击 10 次【阅读更多】按钮
for x in range(2):
    print(" 模拟单击加载更多第 {} 次 ".format(str(x)))
    load_mord(x)
    time.sleep(1)

resuts = extract_data(get_html())
for item in resuts:
    print(item)
    sql = "insert into tb_test(title,abstract,nickname) values('%s', '%s', '%s') "\
        """%(item["title"],item["abstract"],item["nickname"])
    insert_data(sql)
```

9.4 新手问答

学习本章之后，读者可能会有以下疑问。

1. Python 插入数据到 MySQL 中出现乱码该怎么办？

答：如果出现这种问题，可以试试以下几种解决方案，逐步排查测试。

（1）Python 文件设置编码 utf-8（文件前面加上 #encoding=utf-8）。

（2）将 MySQL 数据库的编码设置为 charset=utf-8。

（3）Python 连接 MySQL 时加上参数 charset=utf-8。

（4）设置 Python 的默认编码为 utf-8［sys.setdefaultencoding(utf-8)］。

2. 在 Python 3 中，将 list[list[ ]] 信息写入 CSV 中时，每隔一行会出现空白行问题，如下面的代码，运行代码之后，打开生成的 CSV 文件，发现每隔一行会出现空白行，这时应该如何解决？

```
def save(result):
    csvFile = open("test.csv", "w")
    wr = csv.writer(csvFile)
    wr.writerows(result)
```

答：遇到这种问题，可以尝试在调用 open 方法时加上 newline="" 参数。修改之后的代码如下。

```
def save(result):
    csvFile = open("test.csv", "w", newline="")
```

```
    wr = csv.writer(csvFile)
    wr.writerows(result)
```

3. 怎样实现向指定的 Excel 文件中追加数据？

答：可以参考以下示例代码，复制一份 Excel 文件后追加数据，最后将其保存并覆盖原来的文件。

```
import xlrd
from xlwt import *
import os

file_name = "E:\\test_file\\test.xls"
# 打开指定路径 Excel
bk = xlrd.open_workbook(file_name)
# 复制一份
wb = copy(bk)
# 获取 sheet1
sheet = wb.get_sheet(0)
# 向 sheet 中写入测试数据
sheet.write(0,1, "test")
# 删除旧文件
os.remove(file_name)
# 保存添加数据后的文件
wb.save(file_name)
```

本章小结

本章主要讲解了 4 种文件存储数据的方式和 4 种数据库存储数据的方式，基本满足了工作中的日常需要，但要根据实际的工作场景选择合适的存储方式。

第 2 篇

技能进阶篇

第 1 篇主要讲解了爬虫开发的基础知识。相信读者通过前面知识的学习，已经能够进行常用爬虫编写，完成各种各样的爬虫需求。本篇将对爬虫的知识做进一步的讲解，主要包括常用爬虫框架的使用、爬虫的部署方法、数据的分析等。学完本篇内容后，足以满足大多数公司爬虫岗位的技能要求。

第 10 章
常用爬虫框架

通过前面章节的学习,相信读者已经能够直接使用 requests 库 + XPath 或 urllib 库等实现用一个爬虫爬取网页,甚至是使用 Selenium 解决 JS 的异步加载问题。但如果有一些代码重复出现,那么就应该把这些代码提取出来封装成一个方法。随着时间的积累就有了一批方法,然后把它们整合成工具类。工具类如果形成规模,就可以整合成类库,类库更系统、功能更全。

框架也是一样。框架是为了我们不必总写相同代码而诞生的,也是为了让我们专注于业务逻辑而诞生的。框架把程序设计中不变的部分抽取出来,让我们专注于与业务有关的代码。

那么,在 Python 爬虫中,同样也存在许多的爬虫框架,有了这些框架,在写爬虫时,就无须再写很多重复性的代码,能够极大地减少工作量。本章将会对 Python 中比较常用的 PySpider 和 Scrapy 框架进行详细讲解。

本章主要涉及的知识点

- PySpider 的安装
- PySpider 的基本使用
- 使用 PySpider 爬取目标网站
- Scrapy 的安装
- Scrapy 的基本使用
- Scrapy 的高级用法
- 使用 Scrapy 爬取目标网站

10.1 PySpider 框架

PySpider 是由国人编写的强大的网络爬虫系统并带有强大的 Web UI。它采用 Python 语言编写，具有分布式架构，并支持多种数据库后端，强大的 Web UI 支持脚本编辑器、任务监视器、项目管理器及结果查看器，使用起来非常方便。官方文档为 http://docs.pyspider.org。

10.1.1 安装 PySpider

PySpider 的安装非常简单，只需使用 pip 命令就可以安装了。这里需要注意的是，目前 PySpider 只支持 32 位系统，这是因为安装 PySpider 前需要先安装一个依赖库 pycurl，而 pycurl 只支持 32 位系统。虽然有些经重新编译过的 pycurl 能够在 64 位安装，但并不能保证其完美，可能会无法进行调试。

> **温馨提示：**
> 如果是32位系统，就这样安装：pip install pycurl，pip install pyspider。
> 如果是64位系统，可先下载重新编译过的pycurl，然后这样安装：pip install pyspider。

10.1.2 PySpider 的基本功能

PySpider 的基本功能主要有以下几点。

（1）提供了方便易用的 Web UI 系统，可以通过网页进行可视化的编写和调试爬虫。
（2）提供爬取进度监控、爬取结果查看、爬虫项目管理等功能。
（3）支持多种后端数据库存储数据，如 MySQL、PostgreSQL、MongoDB、Redis 等。
（4）支持多种消息队列，如 RabbitMQ、Beanstalk、Redis、Kombu 等。
（5）支持单机和分布式部署，同时也支持 Docker 部署。

PySpider 非常适合爬虫新手入门学习，它简单易上手，如果读者想要快速方便地实现一个页面的抓取，使用 PySpider 不失为一个好的选择。

10.1.3 PySpider 架构

前面了解了什么是 PySpider 框架，下面来介绍它的架构。PySpider 的架构主要分为 Scheduler（调度器）、Fetcher（抓取器）和 Processor（处理器）三部分，整个爬虫受到 Monitor（监控器）的监控，抓取的结果被 Result Worker（结果处理器）处理，如图 10-1 所示。

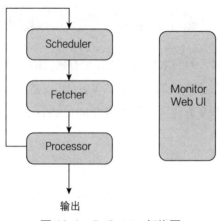

图 10-1　PySpider 架构图

Scheduler 发起任务调度，Fetcher 负责抓取网页内容，Processor 负责解析网页内容，然后将生成的 Request 发给 Scheduler 进行调度，并将生成的结果提取、输出、保存。PySpider 的任务执行流程逻辑很清晰，具体过程如下。

（1）每个 PySpider 的项目对应一个 Python 脚本，该脚本中定义了一个 Handler 类，爬取时首先调用 on_start() 方法生成最初的抓取任务，然后发送给 Scheduler 进行调度。

（2）Scheduler 将抓取任务分发给 Fetcher 进行抓取，Fetcher 执行并得到响应，随后将响应发送给 Processor 处理。

（3）Processor 处理响应并提取出新的 URL 生成新的抓取任务，然后通过消息队列的方式通知 Scheduler 当前抓取任务的执行情况，并将新生成的抓取任务发送给 Scheduler。若生成了新的提取结果，则将其发送到结果队列等待 Result Worker 进行处理。

（4）Scheduler 接收到新的抓取任务，然后查询数据库，判断其如果是最新的抓取任务或者是需要重试的任务就继续进行调度，然后将其发送回 Fetcher 进行抓取。

（5）不断重复以上工作，直到所有的任务都执行完毕，抓取结束。

（6）抓取结束后，程序会回调 on_finished() 方法，这里可以定义后处理过程。

10.1.4　第一个 PySpider 爬虫

在对 PySpider 大致了解后，接下来开始进行第一个 PySpider 爬虫的创建编写，具体步骤如下。

步骤 ❶：打开 cmd 命令行窗口，输入"pyspider"或"pyspider all"命令，然后打开浏览器，在地址栏中输入网址：http://localhost:5000，即可进入 PySpider 的后台，需要注意的是，cmd 命令行窗口不要关闭，如图 10-2 所示。

第 10 章 常用爬虫框架

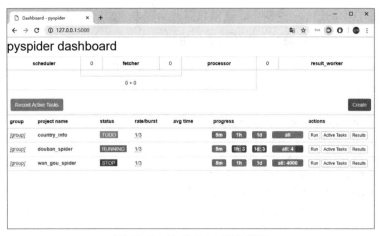

图 10-2　PySpider 启动首页

步骤❷：单击【Create】按钮，在打开的对话框中输入任意名称（有意义即可）。这里输入玩够网的名称，如图 10-3 所示。

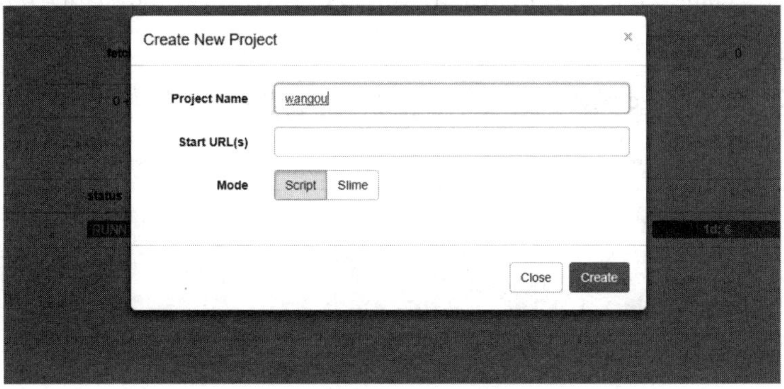

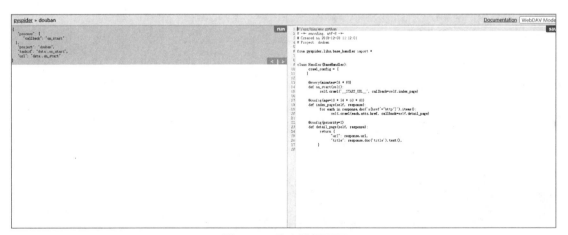

图 10-3　创建对话框

步骤❸：单击【Create】按钮，进入脚本编辑页面，如图 10-4 所示。

图 10-4　脚本编辑页面

245

创建项目时也自动创建了一个脚本，这里只需改动脚本。如果要爬玩够网的机场信息，那么可以选择 on_start() 方法设置起始地址，即从这里开始爬。

步骤❹：改动 on_start 和新增一个 __init__ 方法，代码如下。

```
def __init__(self):
    self.urls = [
        "www.wego.cn/airports/airport-name/a",
        "www.wego.cn/airports/airport-name/b",
        "www.wego.cn/airports/airport-name/c",
        "www.wego.cn/airports/airport-name/d",
        "www.wego.cn/airports/airport-name/e",
    ]

@every(minutes=24 * 60)
def on_start(self):
    for url in self.urls:
        self.crawl(url, callback=self.index_page,validate_cert=False)
```

这里新增一个 __init__ 方法，表示初始化一个起始 URL 列表，on_start() 方法中的 callback 就是调用下一个函数开始于起始网页。

步骤❺：改动 index_page 函数。通过浏览器打开起始地址，查询页面如图 10-5 所示。

图 10-5　玩够网机场查询页面

从图 10-5 中可以看到,这里的总页数是 A~Z 页,有选择性地选取 A~E 页的 URL 作为起始地址爬取,修改 index_page 方法,代码如下。

```
@config(age=10 * 24 * 60 * 60)
def index_page(self, response):
    url_list = re.findall('<li\sclass="extra-item\sis-hidden">
                          \s+<a\shref="([\s\S+]*?)">\s+\S+',response.text)
    for item in url_list:
        url = "http://www.wego.cn"+item
        self.crawl(url, callback=self.detail_page,validate_cert=False)
```

这里是从 response.text 通过正则表达式选择需要匹配的元素,也就是匹配出当前页所有机场名称的详情 URL。正则表达式在第 3 章已有相关介绍,也可以根据实际情况替换成其他的选择器,如 XPath 或 CSS 选择器等。

步骤❻:单击任意机场的名称,进入其详情页,如图 10-6 所示。

图 10-6 机场详情页

在该详情页面中可爬取机场全名、IATA 代码、纬度、经度的信息。首先分析页面,按【F12】键或在页面中右击,在弹出的快捷菜单中选择【检查】选项进入元素审查模式,依次审查出机场全名、IATA 代码、纬度、经度的特点,然后再编写正则表达式,如图 10-7 所示。

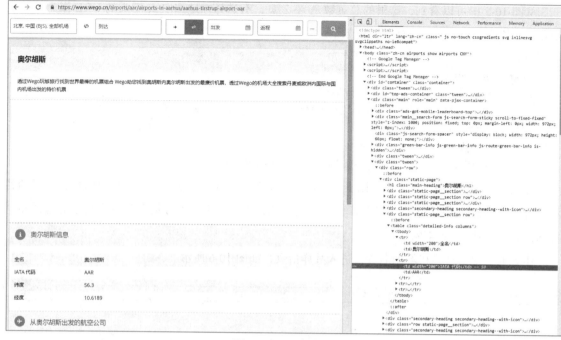

图 10-7　元素审查

然后修改 detail_page 方法，代码如下。

```
@config(priority=2)
def detail_page(self, response):
    print("---------- 进入匹配 --------------")
    AirportName = re.findall('<tr>\s+<td\swidth="200"> 全名 </td>'
                             '\s+<td>([\s\S+]*?)</td>\s+</tr>',response.text)
    IATA = re.findall('<tr>\s+<td\swidth="200">IATA\s 代码 </td>\s+'
                      '<td>([\s\S+]*?)</td>\s+</tr>',response.text)
    Latitude = re.findall('<tr>\s+<td\swidth="200"> 纬度 </td>\s+'
                          '<td>([\s\S+]*?)</td>\s+</tr>',response.text)
    Longitude = re.findall('<tr>\s+<td width="200"> 经度 </td>\s+'
                           '<td>([\s\S+]*?)</td>\s+</tr>',response.text)
    return {
        "url": response.url,
        "AirportName":AirportName[0] if AirportName else " 无 ",
        "IATA":IATA[0] if IATA else " 无 ",
        "Latitude":Latitude[0] if Latitude else " 无 ",
        "Longitude":Longitude[0] if Longitude else " 无 "
    }
```

步骤❼：单击【save】按钮，返回 dashboard，把爬虫的状态改成 Running 或 debug，然后单击右侧的【run】按钮，爬虫即可成功启动。

步骤❽：查看爬取结果，在 dashboard 页面单击【Results】按钮，将进入爬取结果列表，如图 10-8 所示。这里会将结果以表格的形式展现给用户，单击右上角的按钮可以导出为 JSON 和

CSV 等格式。

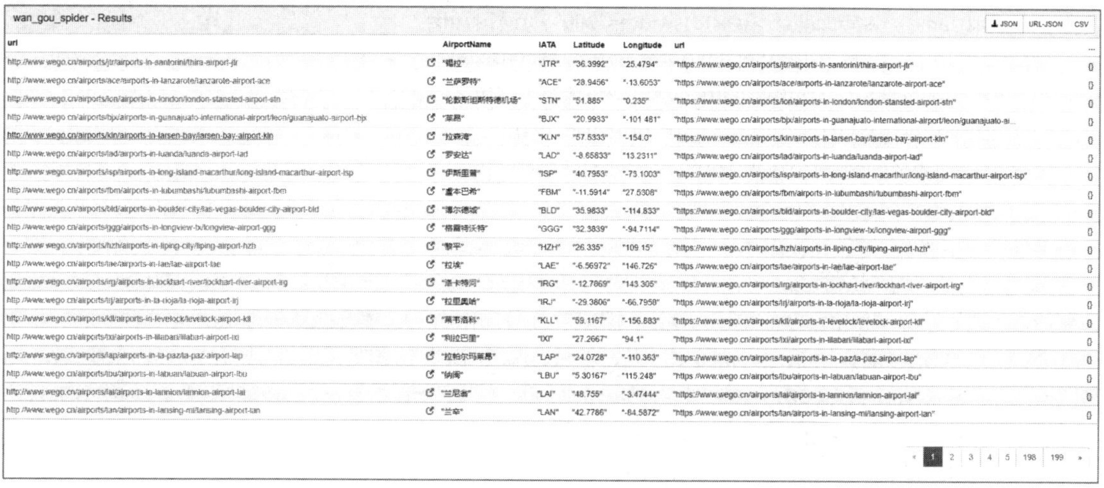

图 10-8 爬取结果列表

通过上述步骤，一个简单的 PySpider 爬虫脚本就完成了，完整的代码如下。

```
from pyspider.libs.base_handler import *
import re

class Handler(BaseHandler):
    crawl_config = {
    }

    def __init__(self):
        self.urls = [
            "www.wego.cn/airports/airport-name/a",
            "www.wego.cn/airports/airport-name/b",
            "www.wego.cn/airports/airport-name/c",
            "www.wego.cn/airports/airport-name/d",
            "www.wego.cn/airports/airport-name/e",
        ]
    @every(minutes=24 * 60)
    def on_start(self):
        for url in self.urls:
            self.crawl(url, callback=self.index_page,validate_cert=False)
    @config(age=10 * 24 * 60 * 60)
    def index_page(self, response):
        url_list = re.findall('<li\sclass="extra-item\sis-hidden">
               \s+<a\shref="([\s\S+]*?)">\s+\S+',response.text)
        for item in url_list:
            url = "http://www.wego.cn"+item
            self.crawl(url, callback=self.detail_page,validate_cert=False)
    @config(priority=2)
```

249

```python
def detail_page(self, response):
    print("---------- 进入匹配 -------------")
    AirportName = re.findall('<tr>\s+<td\swidth="200"> 全名 </td>'
                '\s+<td>([\s\S+]*?)</td>\s+</tr>',response.text)
    IATA = re.findall('<tr>\s+<td\swidth="200">IATA\s 代码 </td>'
            '\s+<td>([\s\S+]*?)</td>\s+</tr>',response.text)
    Latitude = re.findall('<tr>\s+<td\swidth="200"> 纬度 </td>'
                '\s+<td>([\s\S+]*?)</td>\s+</tr>',response.text)
    Longitude = re.findall('<tr>\s+<td width="200"> 经度 </td>\s+'
                '<td>([\s\S+]*?)</td>\s+</tr>',response.text)
    return {
        "url": response.url,
        "AirportName":AirportName[0] if AirportName else " 无 ",
        "IATA":IATA[0] if IATA else " 无 ",
        "Latitude":Latitude[0] if Latitude else " 无 ",
        "Longitude":Longitude[0] if Longitude else " 无 "
    }
```

10.1.5 保存数据到 MySQL 数据库

在爬取数据的过程中，一旦数据量大了，就需要将数据保存到数据库中，确保本机安装了 MySQL 数据库，下面将以 MySQL 为例，介绍如何将爬取下来的数据保存到数据库中，具体步骤如下。

步骤❶：修改 10.1.4 小节中所写的爬取玩够网的脚本，在脚本头部加入以下代码。

```
from pyspider.database.mysql.mysqldb import SQL
```

步骤❷：重写 on_result 方法。PySpider 底层默认帮用户封装了很多数据库保存的方法。这里选择重写保存方法，在脚本中加入以下代码。

```python
def on_result(self,result):
    if not result:
        return
    sql = SQL()
    sql.insert('t_dream_xm_project',**result)
```

这段代码的意义为：根据传进来的爬取结果，判断数据是否为空，只有数据不为空，才能将爬取数据插入"t_dream_xm_project"表中。

步骤❸：新建一个 py 文件，编写数据脚本，代码如下。

```python
from six import itervalues
import pymysql

class SQL():
    # 数据库初始化
    def __init__(self):
        # 数据库连接相关信息
```

```python
        hosts = ' 数据库地址 '
        username = ' 数据库用户名 '
        password = ' 数据库密码 '
        database = ' 数据库名 '
        charsets = 'utf-8'

        self.connection = False
        try:
            self.conn = pymysql.connect(host=hosts,user=username,
                passwd = password,db=database,charset=charsets)
            self.cursor = self.conn.cursor()
            self.cursor.execute("set names"+charsets)
            self.connection = True
        except Exception as ex:
            print("Cannot Connect To Mysql!/n",ex)

    def escape(self,string):
        return '%s' % string
    # 插入数据到数据库
    def insert(self,tablename=None,**values):

        if self.connection:
            tablename = self.escape(tablename)
            if values:
                _keys = ",".join(self.escape(k) for k in values)
                _values = ",".join(['%s',]*len(values))
                sql_query = "insert into %s (%s) values (%s)" % (tablename,_keys,_values)
            else:
                sql_query = "replace into %s default values" % tablename
            try:
                if values:
                    self.cursor.execute(sql_query,list(itervalues(values)))
                else:
                    self.cursor.execute(sql_query)
                self.conn.commit()
                return True
            except Exception as ex:
                return False
```

如果出现 import pymysql 报错，是因为没有安装 PyMySQL 库，只需使用 pip install pymysql 命令就可以安装。

步骤❹：将新编写的数据库脚本放入 Python 安装目录的 site-packages/pyspider/database/mysql 下。

步骤❺：新建数据库及对应的表，表的字段名称和 PySpider 脚本 detail_page 方法中 return 返回的字段名称对应。完成此步骤就可以启动服务器进行测试。

要保存到其他数据库，原理是一样的，要重写这个方法。

关于 pyspider 的更多使用方法和示例，有兴趣的读者可以到如下网址中去查看：http://docs.pyspider.org/en/latest/#sample-code。

10.2 Scrapy 框架

前面学习了 PySpider 框架，它虽然非常适合入门学习，而且强大的 Web UI 管理端能够满足日常爬虫的大部分需要。但是，它的可定制化程度比较低，在某些情况下不能满足用户实际开发的需求。因此，下面介绍另一个框架——Scrapy 的使用。

Scrapy 是 Python 开发的一个快速、高层次的屏幕抓取和 Web 抓取框架，用于抓取 Web 站点并从页面中提取结构化的数据。Scrapy 用途十分广泛，可用于数据挖掘、监测和自动化测试，而且它仅是一个框架，任何人都可以根据需求进行修改。它也提供了多种类型爬虫的基类，如 BaseSpider、sitemap 爬虫等，最新版本又提供了 Web 2.0 爬虫的支持。

图 10-9 中展现了 Scrapy 的架构，包括组件及在系统中发生的数据流的概览（箭头所示）。下面对每个组件进行简单介绍，并给出详细内容的链接。

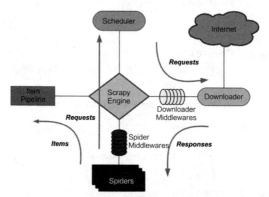

图 10-9　Scrapy 的架构图

（1）Scrapy 引擎（Scrapy Engine）：负责控制数据流在系统的所有组件中流动，并在相应动作发生时触发事件。详细内容查看下面的数据流（Data Flow）部分。

（2）调度器（Scheduler）：从引擎接受 requests 并将其入队，以便之后请求它们时提供给引擎。

（3）下载器（Downloader）：负责获取页面数据并提供给引擎，然后提供给 Spider。

（4）Spiders：指 Scrapy 用户编写用于分析 response 并提取 Item（即获取到的 Item）或额外跟进的 URL 的类。每个 Spider 负责处理一个特定（或一些）网站。

（5）Item Pipeline：负责处理被 Spider 提取出来的 Item。典型的处理有清理、验证及持久化（如存取到数据库中）。

（6）下载器中间件（Downloader Middlewares）：指在引擎及下载器之间的特定钩子（Specific Hook），处理 Downloader 传递给引擎的 response。它提供了一个简便的机制，通过插入自定义代码来扩展 Scrapy 功能。

（7）Spider 中间件（Spider Middlewares）：指在引擎及 Spider 之间的特定钩子（Specific Hook），处理 Spider 的输入（response）和输出（Items 及 requests）。它提供了一个简便的机制，通过插入自定义代码来扩展 Scrapy 功能。

10.2.1 安装 Scrapy

安装 Scrapy 之前，需要确保已经安装了 lxml、OpenSSL 等库。安装 Scrapy 的方法非常简单，使用 pip 命令就可以完成。

不管是在 Windows 操作系统，还是在 Linux 操作系统，直接运行 pip install Scrapy 命令即可进行安装。

10.2.2 创建项目

在开始爬取之前，用户必须创建一个新的 Scrapy 项目。进入打算存储代码的目录中，运行下列命令。

```
scrapy startproject tutorial
```

该命令将创建包含下列内容的 tutorial 目录。

```
tutorial/
    scrapy.cfg
    tutorial/
        __init__.py
        items.py
        pipelines.py
        settings.py
        spiders/
            __init__.py
            ...
```

这些文件分别如下。

（1）scrapy.cfg：项目的配置文件。

（2）tutorial/：该项目的 Python 模块，将在此加入代码。

（3）tutorial/items.py：项目中的 item 文件。

（4）tutorial/pipelines.py：项目中的 pipelines 文件。

（5）tutorial/settings.py：项目的设置文件。

（6）tutorial/spiders：放置 spider 代码的目录。

10.2.3 定义 Item

Item 是保存爬取到的数据的容器，其使用方法与 Python 字典类似，并且提供了额外保护机制来避免拼写错误导致的未定义字段错误。

就像在 ORM 中一样，用户可以通过创建一个 scrapy.Item 类，并且定义类型为 scrapy.Field 的类属性来定义一个 Item（此步骤非常简单，即使还不了解 ORM 也能完成）。

根据需要从 dmoz.org 中获取到数据对 Item 进行建模。用户需要从 dmoz 中获取名称、URL 及网站的描述。因此，在 Item 中定义相应的字段，编辑 tutorial 目录中的 items.py 文件，示例代码如下。

```python
import scrapy

class DmozItem(scrapy.Item):
    title = scrapy.Field()
    link = scrapy.Field()
    desc = scrapy.Field()
```

刚开始看起来有点复杂，但是通过定义 Item，用户就可以很方便地使用 Scrapy 的其他方法。而这些方法需要知道用户的 Item 定义。

10.2.4 编写第一个爬虫（Spider）

Spider 是用户编写的用于从单个网站（或一些网站）爬取数据的类，其中包含了一个用于下载网页初始 URL 和跟进网页中的链接，以及如何分析页面中的内容、提取生成 Item 的方法等。为了创建一个 Spider，用户必须继承 scrapy.Spider 类，且定义以下 3 个属性。

（1）name：用于区别 Spider。该名称必须是唯一的，不能为不同的 Spider 设定相同的名称。

（2）start_urls：包含了 Spider 在启动时进行爬取的 URL 列表。因此，第一个被获取到的页面将是其中之一，后续的 URL 则从初始获取到的 URL 数据中提取。

（3）parse()：Spider 的一个方法。被调用时，每个初始 URL 完成下载后生成的 Response 对象将作为唯一的参数传递给该函数。该方法负责解析返回的数据（response data）、提取数据（生成 Item），以及生成需要进一步处理的 URL 的 Request 对象。以下是第一个 Spider 代码，保存在 tutorial/spiders 目录下的 dmoz_spider.py 文件中。

```python
import scrapy

class DmozSpider(scrapy.Spider):
    name = "dmoz"
    allowed_domains = ["runoob.com"]
    start_urls = [
        "http://www.runoob.com/xpath/xpath-examples.html",
        "http://www.runoob.com/bootstrap/bootstrap-tutorial.html"
    ]
```

```
def parse(self, response):
    filename = response.url.split("/")[-2]
    with open(filename, 'wb') as f:
        f.write(response.body)
```

10.2.5 运行爬取

进入项目的根目录，执行下列命令启动 spider。

scrapy crawl dmoz

crawl dmoz 启动用于爬取 dmoz.org 的 Spider，得到类似的输出，如图 10-10 所示。

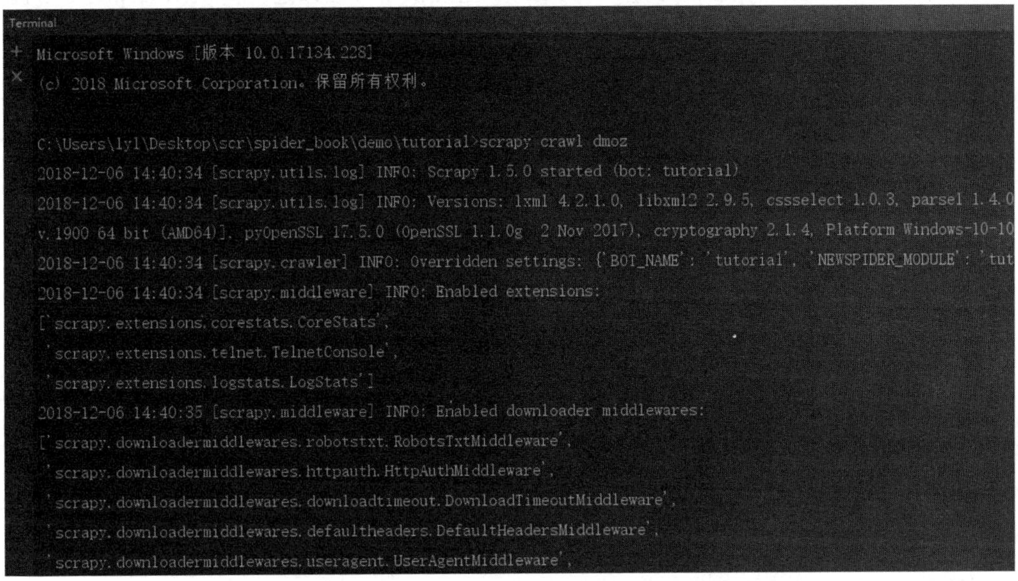

图 10-10　运行第一个 Scrapy 爬虫

查看包含 [dmoz] 的输出，可以看到输出的 log 中包含定义在 start_urls 的初始 URL，并且与 Spider 中的一一对应。在 log 中可以看到其没有指向其他页面 [(referer:None)]。

此外，就像 parse 方法指定的那样，有两个包含 URL 所对应内容的文件被创建了：xpath，bootstrap。

Scrapy 为 Spider 的 start_urls 属性中的每个 URL 创建了 scrapy.Request 对象，并将 parse 方法作为回调函数（callback）赋值给了 Request。Request 对象经过调度，执行生成 scrapy.http.Response 对象并返回 spider parse() 方法。

10.2.6 提取 Item

从网页中提取数据有很多方法。Scrapy 使用了一种基于 XPath 和 CSS 表达式的机制 Scrapy

Selectors。此外，还有其他的一些方法，如 re 正则、bs4 等。关于这些库的使用，已在第 3 章进行了说明。

这里给出 XPath 表达式的例子及对应的含义。

（1）/html/head/title：选择 HTML 文档 <head> 标签内的 <title> 元素。

（2）/html/head/title/text()：选择上面提到的 <title> 元素的文字。

（3）//td：选择所有的 <td> 元素。

（4）//div[@class="mine"]：选择所有具有 class="mine" 属性的 div 元素。

以上仅仅是几个简单的 XPath 例子，实际上 XPath 要比这些强大很多，在第 3 章已经介绍过相关内容，或者有需要的读者可以到 W3School 官网查看 XPath 教程。

为了配合 XPath，Scrapy 除了提供 Selector 外，还提供了方法以避免每次从 response 中提取数据时生成 Selector。Selector 有以下 4 个基本方法。

（1）xpath()：传入 XPath 表达式，返回该表达式所对应的所有节点的 selector list 列表。

（2）css()：传入 CSS 表达式，返回该表达式所对应的所有节点的 selector list 列表。

（3）extract()：序列化该节点为 unicode 字符串并返回 list。

（4）re()：根据传入的正则表达式对数据进行提取，返回 unicode 字符串 list 列表。

10.2.7 在 Shell 中尝试 Selector 选择器

为了介绍 Selector 的使用方法，接下来要使用内置的 Scrapy shell。Scrapy shell 需要用户安装好 IPython（一个扩展的 Python 终端）。

用户需要进入项目的根目录，执行下列命令来启动 shell。

scrapy shell "http://www.runoob.com/xpath/xpath-examples.html"

将输出如图 10-11 所示的页面。

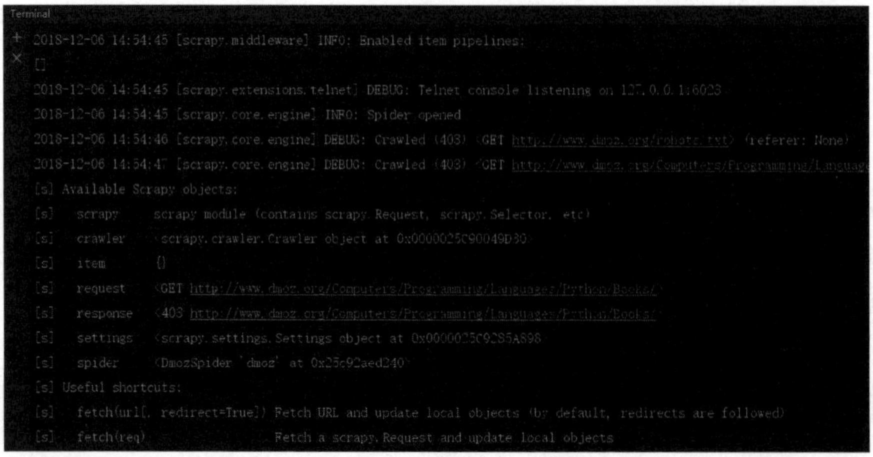

图 10-11 测试 Selector

当 shell 载入后，将得到一个包含 response 数据的本地 response 变量。输入 response.body 将输出 response 的包体，输出 response.headers 可以看到 response 的包头。

更为重要的是，当输入 response.selector 时，用户将获取到一个可以用于查询返回数据的 Selector（选择器），以及映射到 response.selector.xpath()、response.selector.css() 的快捷方法：response.xpath() 和 response.css()。

同时，shell 根据 response 提前初始化了变量 sel。该 Selector 根据 response 的类型自动选择最合适的分析规则（XML vs HTML）。

10.2.8 提取数据

下面尝试从这些页面中提取一部分有用的数据。用户可以在终端中输入 response.body 来观察 HTML 源码并确定合适的 XPath 表达式，也可以考虑使用浏览器来分析，如使用谷歌浏览器。

在查看了网页的源码后，会发现目录菜单都包含在 <ul> 下的 <li> 元素中。用户可以通过以下代码选择该页面网站列表中的所有 <li> 元素。

```
response.xpath('//ul/li')
```

运行结果如图 10-12 所示。

图 10-12　提取数据运行结果

从图 10-12 中可以看到，已经选择了很多 li 下的元素。

每个 .xpath() 调用返回 Selector 组成的 list，因此用户可以拼接更多的 .xpath() 来进一步获取某个节点，示例代码如下。

```
for sel in response.xpath('//ul/li'):
    title = sel.xpath('a/text()').extract()
```

```
    link = sel.xpath('a/@href').extract()
    print title, link
```

在 Spider 中加入以下代码。

```
import scrapy

class DmozSpider(scrapy.Spider):
    name = "dmoz"
    allowed_domains = ["runoob.com"]
    start_urls = [
        "http://www.runoob.com/xpath/xpath-examples.html",
        "http://www.runoob.com/bootstrap/bootstrap-tutorial.html"
    ]

    def parse(self, response):
        for x in response.xpath('//ul/li'):
            print(x.xpath('a/text()').extract())
            print(x.xpath('a/@href').extract())
```

运行结果如图 10-13 所示。

图 10-13　XPath 匹配运行结果

10.2.9 使用 Item

Item 对象是自定义的 Python 字典。 用户可以使用标准的字典语法来获取每个字段的值（字段即之前用 Field 赋值的属性），示例代码如下。

```
item = DmozItem()
item['title'] = 'Example title'
print(item['title'])
```

运行结果如图 10-14 所示。

图 10-14　使用 Item 运行结果

一般来说，Spider 会将爬取到的数据以 Item 对象返回。所以，为了将爬取的数据返回，最终的代码如下。

```
import scrapy
from tutorial.items import DmozItem

class DmozSpider(scrapy.Spider):
    name = "dmoz"
    allowed_domains = ["runoob.com"]
    start_urls = [
        "http://www.runoob.com/xpath/xpath-examples.html",
        "http://www.runoob.com/bootstrap/bootstrap-tutorial.html"
    ]

    def parse(self, response):
        for x in response.xpath('//ul/li'):
            item = DmozItem()
            item["title"] = x.xpath('a/text()').extract()
            item["link"] = x.xpath('a/@href').extract()
            yield item
```

运行后，对 runoob.com 进行爬取将产生 DmozItem 对象，如图 10-15 所示。

图 10-15　运行结果

10.2.10 Item Pipeline

当 Item 在 Spider 中被收集之后，它将被传递到 Item Pipeline，一些组件会按照一定的顺序执行对 Item 的处理。

每个 item Pipeline 组件都是实现简单方法的 Python 类。它们接收到 Item 并通过它执行一些操作，同时也决定此 Item 是否继续通过 Pipeline，或者被丢弃而不再进行处理。

以下是 Item Pipeline 的一些典型应用。

（1）清理 HTML 数据。

（2）验证爬取的数据（检查 Item 包含某些字段）。

（3）查重（并丢弃）。

（4）将爬取结果保存到数据库中。

接下来编写一个自己的 Item Pipeline，要使每个 Item Pipiline 组件都是一个独立的 Python 类，同时必须实现以下方法。

```
process_item(item, spider)
```

每个 Item Pipeline 组件都需要调用该方法，而且必须返回一个 Item（或任何继承类）对象，或者抛出 DropItem 异常，被丢弃的 Item 将不会被之后的 Pipeline 组件处理。参数为 Item（被爬取的 Item）和 Spider（爬取该 Item 的 Spider）。

下面的示例使用 Pipeline 丢弃那些没有链接 link 的元素。在 pipelines.py 文件中写入以下代码。

```
from tutorial.items import DmozItem

class TutorialPipeline(object):

    vat_factor = 1.15

    def process_item(self, item, spider):
        if item['link']:
            return item
        else:
            raise DmozItem("link is null in %s" % item)
```

10.2.11 将 Item 写入 JSON 文件

以下 Pipeline 将所有（从所有 Spider 中）爬取到的 Item，存储到一个独立的 items.jl 文件中，每行包含一个序列化为 JSON 格式的 Item。

```
from tutorial.items import DmozItem
import json

class TutorialPipeline(object):
```

```
def __init__(self):
    self.file = open('items.jl', 'wb')

def process_item(self, item, spider):
    line = json.dumps(dict(item)) + "\n"
    self.file.write(line)
    return item
```

为了启用一个 Item Pipeline 组件，必须将它的类添加到 settings.py 文件中的 ITEM_PIPELINES 配置，其示例如下。

```
ITEM_PIPELINES = {
    'tutorial.pipelines.TutorialPipeline': 300,
}
```

再次运行项目，就会把爬取到的数据保存在 items.jl 文件中，如图 10-16 所示，它在根目录生成了一个文件。

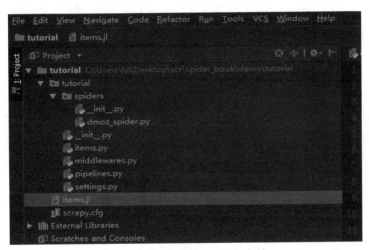

图 10-16　生成的 items.jl 文件

10.2.12 保存到数据库

前文介绍了如何把数据保存到文件中，下面把数据保存到数据库中，其操作与保存到文件类似，只需稍微修改即可。例如，下面的示例为将数据保存到 PostgreSQL 数据库中。

```
from tutorial.items import DmozItem
import json
import psycopg2

'''
通用插入数据方法
```

```
data: 传入的字典数据，如：{"name":"张三","age":23}
table_name: 表名
'''
def insertData(data,table_name):
    conn = psycopg2.connect(database="base_data_inf", user="data_inf_root",
                            password="BASE_root~589",
                            host="127.0.0.1", port="2345")
    cur = conn.cursor()
    try:
        values = []
        columns = []
        for index,item in enumerate(data):
            if data[item]:
                columns.append(item)
                values.append("'{}'".format(data[item]))
        sql = 'insert into {}({}) values({}) '.format(table_name,",".join(columns),",".join(values))
        cur.execute(sql)
    except Exception as ex:
        print(ex)
        return None
    finally:
        conn.commit()
        conn.close()

class TutorialPipeline(object):

    def __init__(self):
        self.file = open('items.jl', 'wb')

    def process_item(self, item, spider):
        data = dict(item)
        # 保存在数据库中
        insertData(data,"tb_test")
        return item
```

运行后即可成功保存数据。Scrapy 支持多种数据库，要根据实际情况选择合适的数据库。

10.3 Scrapy-Splash 的使用

在前面讲解了 splash 的安装和基本概念，本节将使用 Scrapy 框架整合 splash，并进行 JS 动态网页的爬取。

前面已经见识到了 Scrapy 的强大之处。但是，Scrapy 也有其不足之处，即没有 JS Engine。因此，它无法爬取 JavaScript 生成的动态网页，只能爬取静态网页。而在现代的网络世界中，大部分网页都会采用 JavaScript 来丰富网页的功能，这无疑是 Scrapy 的遗憾之处。

那么，如果用户想使用 Scrapy 来爬取动态网页，有没有什么补充的办法呢？那就是使用 Scrapy-Splash 模块。

Scrapy-Splash 模块主要使用了 Splash。Splash 就是一个 JavaScript 渲染服务，它是一个实现了 HTTP API 的轻量级浏览器。Splash 是用 Python 实现的，同时使用 Twisted 和 QT。Twisted（QT）用来让服务具有异步处理能力，以发挥 WebKit 的并发能力。

在学习 Scrapy-Splash 之前，需要先安装它，安装时使用 pip 命令即可，pip 命令如下。

```
pip3 install scrapy-splash
```

安装完 Scrapy-Splash 之后，下面通过一个实例来讲解如何在 Scrapy 中使用 splash 进行数据的抓取。

10.3.1 新建项目

新建一个项目，设置项目名称为 ScrapyTest，命令如下。

```
scrapy startproject ScrapyTest
```

项目新建好之后，使用 PyCharm 打开该项目，其结构如图 10-17 所示。

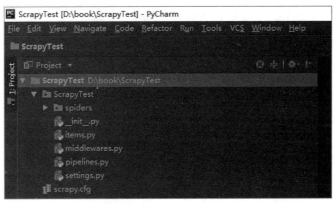

图 10-17　项目结构

10.3.2 配置

创建好项目之后，接下来需要在 settings.py 配置文件下添加一些配置，具体步骤如下。

步骤❶：将 splash server 的地址放在 settings.py 文件中，如果是在本地起的，那么地址应该为 http://127.0.0.1:8050，这里地址如下。

```
SPLASH_URL = 'http://www.liuyanlin.cn:8050'
```

步骤❷：在下载器中间件 download_middleware 中启用如下的中间文件，注意启用的顺序。

```
DOWNLOADER_MIDDLEWARES = {
  'scrapy_splash.SplashCookiesMiddleware': 723,
  'scrapy_splash.SplashMiddleware': 725,
  'scrapy.downloadermiddlewares.httpcompression.HttpCompressionMiddleware': 810,
}
```

> **温馨提示：**
>
> scrapy_splash.SplashMiddleware(725)的顺序是在默认的HttpProxyMiddleware(750)之前，否则会造成功能的紊乱。
>
> HttpCompressionMiddleware的优先级和顺序也应该适当地更改一下，这样才能处理请求。

步骤❸：在 settings.py 中启用 SplashDeduplicateArgsMiddleware 中间件。

```
SPIDER_MIDDLEWARES = {
  'scrapy_splash.SplashDeduplicateArgsMiddleware': 100,
}
```

步骤❹：设置一个去重的类。

```
DUPEFILTER_CLASS = 'scrapy_splash.SplashAwareDupeFilter'
```

步骤❺：如果使用了 Scrapy HTTP 缓存系统，就需要启用 Scrapy-Splash 的缓存系统。

```
HTTPCACHE_STORAGE = 'scrapy_splash.SplashAwareFSCacheStorage'
```

这里需要注意的是，如果用户在自己的 settings.py 中启用了 DEFAULT_REQUEST_HEADERS，请务必将其改为注释。

10.3.3 编写爬虫

配置完毕后，接下来在 Spiders 目录下新建爬虫文件用于编写爬虫代码，这里新建了一个 SplashSpider.py 文件。下面以抓取某 CSDN 博客首页的文章列表网页源码为例进行讲解，代码如下。

```
# -*- coding: utf-8 -*-
from scrapy.spiders import Spider
from scrapy_splash import SplashRequest

class SplashSpider(Spider):
  name = 'scrapy_splash'

  start_urls = [
    'https://blog.csdn.net/qq_32502511'
  ]
  splash_headers = {
    "user-agent":"Mozilla/5.0 (Windows NT 10.0; WOW64) AppleWebKit/537.36 "
          "(KHTML, like Gecko) Chrome/69.0.3497.100 Safari/537.36"
```

```
}
# request 需要封装成 SplashRequest
def start_requests(self):
    for url in self.start_urls:
        yield SplashRequest(
            url,
            self.parse,
            args={'wait': '0.5'},
            method="get",
            splash_headers=self.splash_headers
        )

def parse(self, response):
    print("--------------- 获取到的网页源码 ------------------" )
    print(response.text)
```

从以上代码中可以看到，相对于原来的 Scrapy 用法并没有大的改变，只是将请求方法替换为 SplashRequest() 方法，其他都与原来相同。

10.3.4 运行爬虫

前面讲解 Scrapy 框架时，已经讲过启动爬虫可以在项目根目录下打开 cmd 命令行窗口执行 scrapy crawl 爬虫名称来启动。这里再提供一种启动方式，即编写脚本启动，这样只需运行脚本就可以启动爬虫，不用每次都打开 cmd 命令行窗口。这里在爬虫 ScrapyTest 的根目录下新建一个 run.py 文件，然后写入以下代码。

```
from scrapy import cmdline

cmdline.execute('scrapy crawl scrapy_splash'.split())
```

从以上代码中可以发现，这也是通过命令来运行爬虫，只不过将命令放在脚本中执行，其目的是方便调试和维护。下面运行脚本文件，爬虫就开始启动了，得到的结果如图 10-18 所示，即得到了 https://blog.csdn.net/qq_32502511 的网页源代码。获取到网页源码，就可以提取自己想要的数据了。

图 10-18　获取 CSDN 网页源码

关于 Scrapy-Splash 的更多详细配置和使用，读者可以参考它的官方文档：https://pypi.org/project/scrapy-splash。

10.4 新手实训

到这里本章所讲内容已经结束，下面做两个实训练习以加深印象，希望读者能够认真操作。

1. 使用 Scrapy 抓取四川麻辣社区提取 a 标签内容

四川麻辣社区的地址为 https://www.mala.cn/forum-70-1.html，实现效果如图 10-19 所示。

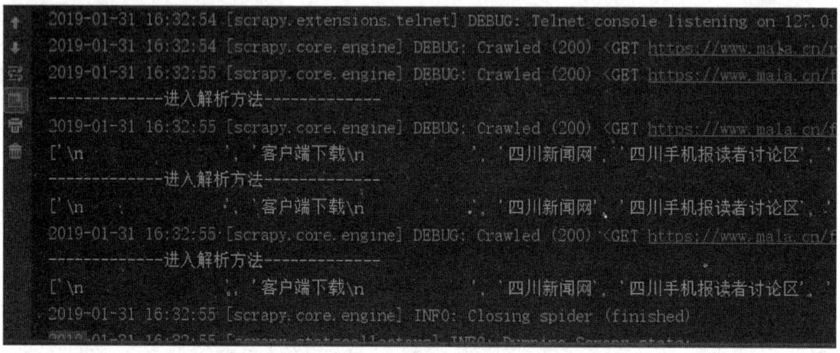

图 10-19　效果图

参考示例代码如下。

```
import scrapy
from lxml import etree

class MalaSpider(scrapy.Spider):

    name = "mala_spider"

    def start_requests(self):
        # 定义爬取的链接，列表类型可以有一个或多个
        urls = [
            "https://www.mala.cn/forum-70-1.html",
            "https://www.mala.cn/forum-70-2.html",
            "https://www.mala.cn/forum-70-3.html"
        ]
        # 循环请求 URL 爬取并将结果提交给 parse 方法处理
        for url in urls:
            yield scrapy.Request(url=url,callback=self.parse)
    # 解析请求结果，需要传入一个参数 response
    def parse(self, response):
```

```
print("------------- 进入解析方法 -------------")
# print(response.text)
html = etree.HTML(response.text)
# 到此就可以进行解析的操作，如提取新链接、内容等
data_list = html.xpath("//a/text()")
print(data_list)
```

2. 使用 PySpider 爬取 IMDb 电影资料网信息

IMDb 是非常有名的电影资料网站，地址为 https://www.imdb.com/search/title?count=100&title_type=feature,tv_series,tv_movie&ref_=nv_ch_mm_1，首页页面如图 10-20 所示。

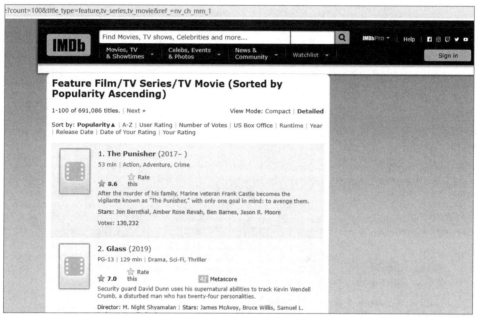

图 10-20　IMDb 首页

本实例需要实现抓取这个电影资料信息列表的数据。新建一个 PySpider 项目，参考代码如下。

```
from pyspider.libs.base_handler import *
import pymongo

class Handler(BaseHandler):
    client = pymongo.MongoClient('localhost', 27017)
    guazi2 = client['guazi2']
    car = guazi2['car']
    
    crawl_config = {
    }
    
    @every(minutes=24 * 60)
    def on_start(self):
```

```python
        self.crawl('http://www.guazi.com/bj/buy',
            callback=self.index_page)

    @config(age=10 * 24 * 60 * 60)
    def index_page(self, response):
        for each in response.doc(
            'body > div.header > div.hd-top.clearfix > '
            'div.c2city > div > div > dl > dd > a').items():
            self.crawl(each.attr.href, callback=self.second_page)

    @config(age=10 * 24 * 60 * 60)
    def second_page(self, response):
        num = int(response.doc('div.seqBox.clearfix > p > b').text())
        urls = [response.url + 'o{}/' \
            ''.format(str(i)) for i in range(1, num / 40 + 2, 1)]
        for each in urls:
            self.crawl(each, callback=self.third_page)

    @config(age=10 * 24 * 60 * 60)
    def third_page(self, response):
        for each in response.doc('div.list > ul > li > div > a').items():
            self.crawl(each.attr.href, callback=self.detail_page)

    @config(priority=2)
    def detail_page(self, response):
        return {
            "url": response.url,
            "title": response.doc(
                'body > div.w > div > div.laybox.clearfix >'
                ' div.det-sumright.appoint > div.dt-titbox > h1').text(),
            "address": response.doc(
                'body > div.w > div > div.laybox.clearfix > '
                'div.det-sumright.appoint > ul > li:nth-child(5) > b').text(),
            "cartype": response.doc(
                'body > div.w > div > div.laybox.clearfix > '
                'div.det-sumright.appoint > ul > li:nth-child(3) > b').text(),
            "price": response.doc(
                'body > div.w > div > div.laybox.clearfix >'
                'div.det-sumright.appoint > div.basic-box > '
                'div.pricebox > span.fc-org.pricestype > b').text().replace(u'¥', ''),
            "region": response.doc('#base > ul > li.owner').text()
        }

    def on_result(self, result):
        self.car.insert_one(result)
```

10.5 新手问答

学习完本章之后，读者可能会有以下疑问。

1. 在发起请求时，如果出现 HTTPError: HTTP 599: SSL certificate problem: self signed certificate in certi…的错误，应该如何解决？

答：此问题的解决方法是忽略证书，并为 crawl 方法添加参数 validate_cert = False。

2. PySpider 定时任务无法顺利进行该怎么办？

答：如果已经修改过 onstatrt 的装饰器 @every(minute=) 后面的参数，那么 taskbd 一定要清空，否则无法顺利进行定时任务，因为可能出现定时 10 分钟，结果却定时成 3 分钟或一个小时的情况。

3. Scrapy 框架如何抓取一个需要登录的页面？

答：使用 FormRequest() 方法就可以解决，示例代码如下。

```
import scrapy

class LoginSpider(scrapy.Spider):
    name = 'example.com'
    start_urls = ['http://www.example.com/users/login.php']

    def parse(self, response):
        return scrapy.FormRequest.from_response(
            response,
            formdata={'username': 'john', 'password': 'secret'},
            callback=self.after_login
        )

    def after_login(self, response):
        # check login succeed before going on
        if "authentication failed" in response.body:
            self.logger.error("Login failed")
            return

        # continue scraping with authenticated session...
```

本章小结

本章学习了 Python 爬虫开发中比较常用的两个框架，详细讲解了 PySpider 框架的基本使用，如爬虫创建、数据抓取、保存到数据库等；以及讲解了 Scrapy 框架的使用，如爬虫创建、数据提取、保存等。

通过本章的学习，希望读者重点掌握 Scrapy 和 Scrapy-Splash 的基本使用。在实际工作中，Scrapy 框架用得非常频繁，希望读者多加练习。至于 PySpider 框架，只需了解其使用就可以了。

第 11 章
部署爬虫

在实际工作中，当爬虫代码开发完成之后，如果在本地测试通过了，最终还是要发布到服务器上的。本章将讲解如何在服务器上搭建 Python 环境并运行爬虫。实际中常见部署环境为 Linux 或 Docker，下面将重点讲解这两个环境下的爬虫运行。

本章主要涉及的知识点

- Linux 系统下的环境搭建
- 上传项目代码到 Linux 系统下运行
- Docker 容器的安装
- Docker 的基本使用
- Docker 下安装 Python 环境并运行爬虫代码

11.1 Linux 系统下安装 Python 3

Linux 有很多个系列，如红帽、Ubuntu、Centos、深度等。它们虽然系列不同，但是使用方法都类似，只是在少数命令上有些区别。本章将以 Centos 7 为例讲解与 Python 爬虫相关的环境搭建与部署。

本节的操作需要配合一台 Linux 系统的计算机或服务器，如云服务器或自己虚拟机中安装的 Linux 等都可以。

11.1.1 安装 Python 3

这里以使用虚拟机中的 Centos 7 系列为例进行介绍，图 11-1 所示为通过 xshell 连接的 Centos 界面。

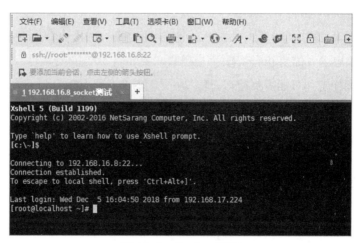

图 11-1　Centos 界面

开发使用 Python 3，但 Linux 系统下自带的 Python 是 2.7 版本的。所以，需要安装 Python 3 且要将环境隔离开，具体步骤如下。

步骤❶：建立一个 soft 文件夹用来存放下载文件，命令如下。

```
mkdir soft
yum install openssl-devel bzip2-devel expat-devel gdbm-devel readline-devel sqlite-devel xz gcc zlib zlib-devel
```

步骤❷：进入 soft 路径。

```
cd soft
```

步骤❸：下载 Python 安装包，这里下载的是 Python 3.6.4 版本。

```
wget https://www.python.org/ftp/python/3.6.4/Python-3.6.4.tgz
```

步骤❹：解压下载好的压缩文件。

```
tar -zxvf Python-3.6.4.tgz
```

步骤❺：创建一个存放 Python 3 编译的文件夹。

sudo mkdir /usr/local/python3

步骤❻：配置编译。分别执行以下命令。

sudo mkdir /usr/local/python3
sudo Python-3.6.4/configure --prefix=/usr/local/python3
sudo make
sudo make install

步骤❼：安装完之后，检查安装是否正确。如果直接运行 Python 3，就会直接报错。此时，使用虚拟 virtualenv 隔离环境即可。

11.1.2 安装 virtualenv

在开发 Python 应用程序时，假如系统安装的 Python 3 只有一个版本——3.4 版本，所有第三方的包都会被 pip 安装到 Python 3 的 site-packages 目录下。

如果用户想同时开发多个应用程序，那么这些应用程序都会共用一个 Python，就是安装在系统中的 Python 3。如果应用 A 需要 jinja 2.7，而应用 B 需要 jinja 2.6 怎么办？

这种情况下，每个应用可能需要拥有一套"独立"的 Python 运行环境。virtualenv 就是用来为一个应用创建一套"隔离"的 Python 运行环境的工具。

安装 virtualenv 的步骤如下。

步骤❶：安装 virtualenv 直接使用 pip 命令即可，执行如下命令。

pip install virtualenv

步骤❷：为目录创建虚拟环境，这里以 basic_data_api 为目录。

virtualenv -p /usr/local/python3/bin/python3 basic_data_api

步骤❸：激活虚拟环境。

source basic_data_api/bin/activate

步骤❹：这时就可以执行 python 命令了。这里进行测试，输入 python 命令将看到前面安装的 Python 版本信息，如图 11-2 所示。

图 11-2　查看 Python 版本

接下来，用户就可以使用 pip 命令安装其他与项目相关的包了。

11.2 Docker 的使用

Docker 是一个开源的应用容器引擎，基于 Go 语言并遵从 Apache 2.0 协议开源。

Docker 可以让开发者打包它们的应用及依赖包到一个轻量级、可移植的容器中，然后发布到任何流行的 Linux 机器上，也可以实现虚拟化。

容器完全使用沙箱机制，相互之间不会有任何接口（类似 iPhone 的 app），更重要的是容器性能开销极低。

本节将讲解 Docker 的基本使用方法，由于前面已经讲过 Docker 的安装，因此这里不再赘述，下面主要讲解 Docker 的基本使用方法和 Python 环境搭建。

11.2.1 Docker Hello World

Docker 允许用户在容器内运行应用程序。用 docker run 命令在容器内运行一个应用程序，输出 Hello world，命令如下。

```
runoob@runoob:~$ docker run ubuntu:15.10 /bin/echo "Hello world"
Hello world
```

参数说明如下。

（1）docker：Docker 的二进制执行文件。

（2）run：与前面的 docker 组合运行一个容器。

（3）ubuntu:15.10：指定要运行的镜像，Docker 先从本地主机上查找镜像是否存在，如果不存在，Docker 就会从镜像仓库 Docker Hub 下载公共镜像。

（4）/bin/echo "Hello world"：在启动的容器中执行的命令。

以上命令可以解释为：Docker 以 Ubuntu 15.10 镜像创建一个新容器，然后在容器中执行 bin/echo "Hello world"，最后输出结果。

11.2.2 运行交互式的容器

下面通过 Docker 的两个参数 -i -t，让 Docker 运行的容器实现"对话"的能力，命令如下。

```
runoob@runoob:~$ docker run -i -t ubuntu:15.10 /bin/bash
root@dc0050c79503:/#
```

参数说明如下。

（1）-t：在新容器内指定一个伪终端或终端。

（2）-i：允许对容器内的标准输入（STDIN）进行交互。

此时已进入一个 Ubuntu 15.10 系统的容器，尝试在容器中运行命令 cat /proc/version 和 ls，分别查看当前系统的版本信息和当前目录下的文件列表。可以通过运行 exit 命令或按【Ctrl+D】组合键退出容器。

11.2.3 启动容器（后台模式）

使用以下命令创建一个以进程方式运行的容器。

```
runoob@runoob:~$ docker run -d ubuntu:15.10 /bin/sh -c "while true; do echo hello world; sleep 1; done"
```

在输出中没有看到期望的"hello world"，而是出现一串长字符 2b1b7a428627c51ab8810d541d759f072b4fc75487eed05812646b8534a2fe63，这个长字符串称为容器 ID，对每个容器来说都是唯一的，用户可以通过容器 ID 来查看对应的容器发生了什么。首先需要确认容器正在运行，可以通过 docker ps 命令来查看。

```
runoob@runoob:~$ docker ps
```

然后在容器内使用 docker logs 命令，查看容器内的标准输出，如图 11-3 所示。

```
runoob@runoob:~$ docker logs 2b1b7a428627
```

图 11-3　容器内的标准输出

11.2.4 停止容器

使用 docker stop 命令来停止容器。

```
docker stop
```

11.3 Docker 安装 Python

在 Docker 下安装 Python 的方法主要有以下两种。

11.3.1 docker pull python:3.5

查找 Docker Hub 上的 python 镜像，输入以下命令，如图 11-4 所示。

```
docker search python
```

```
runoob@runoob:~/python$ docker search python
NAME                           DESCRIPTION                       STARS   OFFICIAL   AUTOMATED
python                         Python is an interpreted,...      982     [OK]
kaggle/python                  Docker image for Python...        33                 [OK]
azukiapp/python                Docker image to run Python ...    3                  [OK]
vimagick/python                mini python                               2          [OK]
tsuru/python                   Image for the Python ...          2                  [OK]
pandada8/alpine-python         An alpine based python image      1                  [OK]
1science/python                Python Docker images based on ... 1                  [OK]
lucidfrontier45/python-uwsgi   Python with uWSGI                 1                  [OK]
orbweb/python                  Python image                      1                  [OK]
pathwar/python                 Python template for Pathwar levels 1                 [OK]
rounds/10m-python              Python, setuptools and pip.       0                  [OK]
ruimashita/python              ubuntu 14.04 python               0                  [OK]
tnanba/python                  Python on CentOS-7 image.         0                  [OK]
```

图 11-4　查找 python 镜像

这里拉取官方的镜像，标签为 3.5。

```
runoob@runoob:~/python$ docker pull python:3.5
```

等待下载完成后，用户即可在本地镜像列表中查到 REPOSITORY 为 python、标签为 3.5 的镜像。

```
runoob@runoob:~/python$ docker images python:3.5
REPOSITORY   TAG   IMAGE ID       CREATED      SIZE
python       3.5   045767ddf24a   9 days ago   684.1 MB
```

11.3.2 通过 Dockerfile 构建

步骤❶：创建目录 python，用于存放后面的相关文件。

```
runoob@runoob:~$ mkdir -p ~/python ~/python/myapp
```

步骤❷：创建 Dockerfile。myapp 目录将映射为 python 容器配置的应用目录，进入创建的 python 目录，创建 Dockerfile。

```
FROM buildpack-deps:jessie

# remove several traces of debian python
RUN apt-get purge -y python.*

# http://bugs.python.org/issue19846
# > At the moment, setting "LANG=C" on a Linux system *fundamentally breaks Python 3*, and that's not OK.
ENV LANG C.UTF-8

# gpg: key F73C700D: public key "Larry Hastings <larry@hastings.org>" imported
ENV GPG_KEY 97FC712E4C024BBEA48A61ED3A5CA953F73C700D
```

```
ENV PYTHON_VERSION 3.5.1

# if this is called "PIP_VERSION", pip explodes with "ValueError: invalid truth value '<VERSION>'"
ENV PYTHON_PIP_VERSION 8.1.2

RUN set -ex \
    && curl -fSL "https://www.python.org/ftp/python/${PYTHON_VERSION%%[a-z]*}/Python-$PYTHON_
       VERSION.tar.xz" -o python.tar.xz \
    && curl -fSL "https://www.python.org/ftp/python/${PYTHON_VERSION%%[a-z]*}/Python-$PYTHON_
       VERSION.tar.xz.asc" -o python.tar.xz.asc \
    && export GNUPGHOME="$(mktemp -d)" \
    && gpg --keyserver ha.pool.sks-keyservers.net --recv-keys "$GPG_KEY" \
    && gpg --batch --verify python.tar.xz.asc python.tar.xz \
    && rm -r "$GNUPGHOME" python.tar.xz.asc \
    && mkdir -p /usr/src/python \
    && tar -xJC /usr/src/python --strip-components=1 -f python.tar.xz \
    && rm python.tar.xz \
    \
    && cd /usr/src/python \
    && ./configure --enable-shared --enable-unicode=ucs4 \
    && make -j$(nproc) \
    && make install \
    && ldconfig \
    && pip3 install --no-cache-dir --upgrade --ignore-installed pip==$PYTHON_PIP_VERSION \
    && find /usr/local -depth \
        \( \
            \( -type d -a -name test -o -name tests \) \
            -o \
            \( -type f -a -name '*.pyc' -o -name '*.pyo' \) \
        \) -exec rm -rf '{}' + \
    && rm -rf /usr/src/python ~/.cache

# make some useful symlinks that are expected to exist
RUN cd /usr/local/bin \
    && ln -s easy_install-3.5 easy_install \
    && ln -s idle3 idle \
    && ln -s pydoc3 pydoc \
    && ln -s python3 python \
    && ln -s python3-config python-config

CMD ["python3"]
```

步骤❸：通过 Dockerfile 创建一个镜像，并替换成用户的名称。

```
runoob@runoob:~/python$ docker build -t python:3.5 .
```

步骤❹：创建完成后，用户就可以在本地的镜像列表中查找到刚刚创建的镜像。

```
runoob@runoob:~/python$ docker images python:3.5
REPOSITORY      TAG     IMAGE ID        CREATED         SIZE
python          3.5     045767ddf24a    9 days ago      684.1 MB
```

11.3.3 使用 python 镜像

在 ~/python/myapp 目录下创建一个 helloworld.py 文件，代码如下。

```
#!/usr/bin/python

print("Hello, World!");
```

运行容器，命令如下。

```
runoob@runoob:~/python$ docker run -v $PWD/myapp:/usr/src/myapp -w /usr/src/myapp python:3.5 python helloworld.py
```

命令说明如下。

（1）-v $PWD/myapp:/usr/src/myapp：将主机中当前目录下的 myapp 挂载到容器的 /usr/src/myapp。

（2）-w /usr/src/myapp：指定容器的 /usr/src/myapp 目录为工作目录。

（3）python helloworld.py：使用容器的 python 命令来执行工作目录中的 helloworld.py 文件。

输出结果如下。

```
Hello, World!
```

至此，Python 安装完成，下面可以继续使用 pip 命令安装与爬虫项目相关的包，把爬虫代码托上去即可。

11.4 Docker 安装 MySQL

通过 docker pull mysql 命令安装 MySQL。查找 Docker Hub 上的 mysql 镜像，输入"docker search mysql"命令，如图 11-5 所示。

```
runoob@runoob:/mysql$ docker search mysql
NAME                    DESCRIPTION                                     STARS   OFFICIAL    AUTOMATED
mysql                   MySQL is a widely used, open-source relati...   2529    [OK]
mysql/mysql-server      Optimized MySQL Server Docker images. Crea...   161                 [OK]
centurylink/mysql       Image containing mysql. Optimized to be li...   45                  [OK]
sameersbn/mysql                                                         36                  [OK]
google/mysql            MySQL server for Google Compute Engine          16                  [OK]
appcontainers/mysql     Centos/Debian Based Customizable MySQL Con...   8                   [OK]
marvambass/mysql        MySQL Server based on Ubuntu 14.04              6                   [OK]
drupaldocker/mysql      MySQL for Drupal                                2                   [OK]
azukiapp/mysql          Docker image to run MySQL by Azuki - http:...   2                   [OK]
...
```

图 11-5　查找 mysql 镜像

这里拉取官方的镜像，标签为 5.6。

```
runoob@runoob:~/mysql$ docker pull mysql:5.6
```

等待下载完成后，用户即可在本地镜像列表中查到 REPOSITORY 为 mysql、标签为 5.6 的镜像。

```
runoob@runoob:~/mysql$ docker images |grep mysql
mysql         5.6        2c0964ec182a     3 weeks ago      329 MB
```

本章小结

本章主要讲解了在企业实际开发中爬虫的部署环境搭建，企业中爬虫一般都是部署在 Linux 或 Docker 环境下。所以，本章主要针对这两个环境讲解搭建爬虫需要的 Python 安装，读者可以根据自己的需要选择安装环境。

第 12 章
数据分析

前面已经学习了大部分关于爬虫开发的相关知识，并且能够顺利地编写爬虫获取数据保存到文本文件或数据库中。那么数据爬取下来，最终是要发挥它的作用。例如，有人会拿它从各个维度分析，以便从中挖掘出有价值的线索；也有人会将它清洗后，应用到自己的系统中做数据支撑等。但是，爬下来的数据往往都是参差不齐的，有时会从不同的地方抓取数据。这时如果要使用这些数据，就需要做一些处理，让数据格式统一。所以还需要掌握一些关于数据分析和数据清洗的技能。

本章将讲解一些常用的数据处理和分析方面的知识，如 NumPy、Pandas 数据清洗、Matplotlib 等的基本用法。

本章主要涉及的知识点

- NumPy 的基本使用方法
- Pandas 数据清洗
- NumPy Matplotlib 绘图
- pyecharts 数据可视化的基本使用方法

12.1 NumPy 的使用

NumPy（Numerical Python）是 Python 语言的一个扩展程序库，支持大量的维度数组与矩阵运算，同时也针对数组运算提供大量的数学函数库。

NumPy 的前身 Numeric 最早由 Jim Hugunin 与其他协作者共同开发，2005 年，Travis Oliphant 在 Numeric 中结合了另一个同性质的程序库 Numarray 的特色，并加入了其他扩展而开发了 NumPy。同时，NumPy 作为开放源代码由许多协作者共同维护开发。

NumPy 是一个运行速度非常快的数学函数库，主要用于数组计算，包括以下几部分。

（1）一个强大的 N 维数组对象 ndarray。

（2）广播功能函数。

（3）整合 C/C++/Fortran 代码的工具。

（4）线性代数、傅里叶变换、随机数生成。

12.1.1 NumPy 安装

在学习 NumPy 之前需要先安装，安装 NumPy 最简单的方法就是使用 pip 工具。pip 安装命令如下。

```
python -m pip install --user numpy scipy matplotlib ipython jupyter pandas sympy nose
```

安装完成后，还要测试是否安装成功。新建 py 文件并输入以下代码进行测试，如果出现如图 12-1 所示的运行结果，则证明安装成功。

```
from numpy import *

eye(4)
```

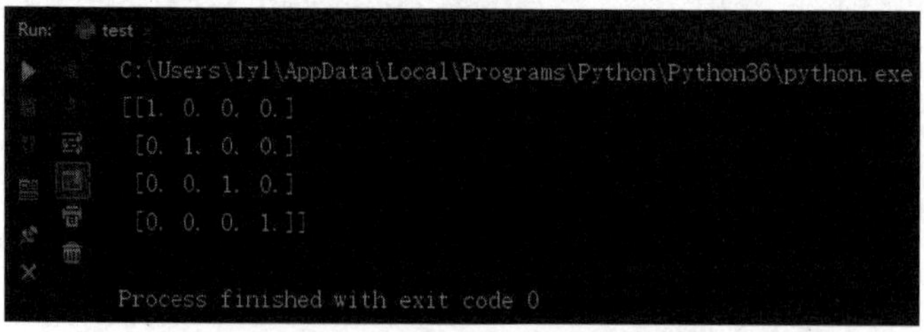

图 12-1 测试 NumPy 是否安装成功

12.1.2 NumPy ndarray 对象

NumPy 最重要的一个特点是其 N 维数组对象 ndarray，它是一系列同类型数据的集合，并以 0 下标为开始进行集合中元素的索引。ndarray 内部由以下内容组成。

（1）一个指向数据（内存或内存映射文件中的一块数据）的指针。

（2）数据类型或 dtype，描述在数组中固定大小值的格子。

（3）一个表示数组形状（shape）的元组，即表示各维度大小的元组。

（4）一个跨度元组（stride），其中的整数指的是为了前进到当前维度下一个元素需要"跨过"的字节数。

ndarray 的内部结构如图 12-2 所示，跨度可以是负数，这样会使数组在内存中后向移动，切片中 obj[::-1] 或 obj[:,::-1] 就是如此。创建一个 ndarray，只需调用 NumPy 的 array 函数即可。

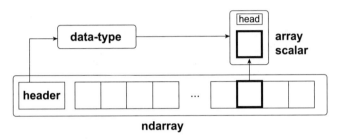

图 12-2　ndarray 结构图

相关语法格式如下。

numpy.array(object, dtype=None, copy=True, order=None, subok=False, ndmin=0)

参数说明如下。

（1）object：数组或嵌套的数列。

（2）dtype：数组元素的数据类型，可选参数。

（3）copy：对象是否需要复制，可选参数。

（4）order：创建数组的样式，C 为行方向，F 为列方向，A 为任意方向（默认）。

（5）subok：默认返回一个与基类类型一致的数组。

（6）ndmin：指定生成数组的最小维度。

接下来通过以下实例帮助读者更好地理解相关内容。

1. 创建一维数组

示例代码如下。

```
import numpy as np

a = np.array([1, 2, 3])
print(a)
```

运行输出结果：

[1, 2, 3]

2. 创建多于一个维度的数组

示例代码如下。

```
import numpy as np

a = np.array([[1, 2], [3, 4]])
print(a)
```

运行输出结果：

[[1, 2]
 [3, 4]]

3. 创建最小维度的数组

示例代码如下。

```
import numpy as np
a = np.array([1, 2, 3, 4, 5], ndmin=2)
print(a)
```

运行输出结果：

[[1, 2, 3, 4, 5]]

12.1.3 NumPy 数据类型

NumPy 支持的数据类型比 Python 内置的类型要多，基本上可以和 C 语言的数据类型对应上，其中部分类型对应为 Python 内置的类型。表 12-1 列举了常用 NumPy 的基本类型。

表12-1　常用NumPy的基本类型

名称	描述
bool_	布尔型数据类型（True或False）
int_	默认的整数类型（类似于C语言中的 long，一般是int32 或 int64）
intc	与C语言的 int 类型一样，一般是 int32 或 int 64
intp	用于索引的整数类型（类似于C语言的ssize_t，一般是 int32 或 int64）
int8	字节（–128~127）
int16	整数（–32768~32767）
int32	整数（–2147483648~2147483647）
int64	整数（–9223372036854775808~9223372036854775807）
uint8	无符号整数（0~255）
uint16	无符号整数（0~65535）
uint32	无符号整数（0~4294967295）
uint64	无符号整数（0~18446744073709551615）

续表

名称	描述
float_	float64 类型的简写
float16	半精度浮点数，包括1个符号位、5个指数位、10个尾数位
float32	单精度浮点数，包括1个符号位、8个指数位、23个尾数位
float64	双精度浮点数，包括1个符号位、11个指数位、52个尾数位
complex_	complex128 类型的简写，即 128 位复数
complex64	复数，表示双 32 位浮点数（实数部分和虚数部分）
complex128	复数，表示双 64 位浮点数（实数部分和虚数部分）

NumPy 的数值类型实际上是 dtype 对象的实例，并对应唯一的字符，包括 np.bool_、np.int32、np.float32 等。

数据类型对象（dtype）用来描述与数组对应的内存区域是如何使用的，主要表现在以下几个方面。

（1）数据的类型（整数，浮点数或 Python 对象）。

（2）数据的大小（例如，整数使用多少个字节存储）。

（3）数据的字节顺序（小端法或大端法）。

（4）在结构化类型的情况下，字段的名称、每个字段的数据类型和每个字段所取内存块的部分。

（5）如果数据类型是子数组，则为它的形状和数据类型。

下面通过实例进行说明。

1. 使用标量类型

示例代码如下。

```
import numpy as np

dt = np.dtype(np.int32)
print(dt)
```

运行输出结果：

int32

2. int8, int16, int32, int64 4 种数据类型可以使用字符串 'i1', 'i2','i4','i8' 代替

示例代码如下。

```
import numpy as np

dt = np.dtype('i4')
print(dt)
```

运行输出结果:

```
int32
```

3. 字节顺序标注

示例代码如下。

```python
import numpy as np

dt = np.dtype('>i4')
print(dt)
```

运行输出结果:

```
int32
```

4. 创建结构化数据类型

示例代码如下。

```python
import numpy as np
dt = np.dtype([('age',np.int8)])
print(dt)
```

运行输出结果:

```
[('age', 'i1')]
```

5. 将数据类型应用于 ndarray 对象

示例代码如下。

```python
import numpy as np

dt = np.dtype([('age',np.int8)])
a = np.array([(10,),(20,),(30,)], dtype=dt)
print(a)
```

运行输出结果:

```
[(10,) (20,) (30,)]
```

6. 类型字段名可用于存取实际的 age 列

示例代码如下。

```python
import numpy as np

student = np.dtype([('name','S20'), ('age', 'i1'), ('marks', 'f4')])
print(student)
```

运行输出结果:

```
[('name', 'S20'), ('age', 'i1'), ('marks', '<f4')]
```

12.1.4 数组属性

NumPy 数组的维数称为秩（rank），一维数组的秩为 1，二维数组的秩为 2，以此类推。在 NumPy 中，每一个线性数组称为一个轴（axis），也就是维度（dimensions）。例如，二维数组相当于两个一维数组，其中第一个一维数组中每个元素又是一个一维数组。所以一维数组就是 NumPy 中的轴（axis），第一个轴相当于底层数组，第二个轴是底层数组中的数组。而轴的数量——秩，就是数组的维数。

很多时候可以声明 axis。若 axis=0，则表示沿着第 0 轴进行操作，即对每一列进行操作；若 axis=1，则表示沿着第 1 轴进行操作，即对每一行进行操作。NumPy 数组中比较重要的 ndarray 对象属性如表 12-2 所示。

表12-2　ndarray 对象属性

名称	描述
ndarray.ndim	秩，即轴的数量或维度的数量
ndarray.shape	数组的维度，对于矩阵，n 行 m 列
ndarray.size	数组元素的总个数，相当于 .shape 中 n×m 的值
ndarray.dtype	ndarray 对象的元素类型
ndarray.itemsize	ndarray 对象中每个元素的大小，以字节为单位
ndarray.flags	ndarray 对象的内存信息
ndarray.real	ndarray元素的实部
ndarray.image	ndarray 元素的虚部
ndarray.data	包含实际数组元素的缓冲区，由于一般通过数组的索引获取元素，因此通常不需要使用此属性

下面看几个常用属性的示例。

1. ndarray.ndim

ndarray.ndim 用于返回数组的维数，等于秩。

示例代码如下。

```
import numpy as np

a = np.arange(24)

print(a.ndim)    # a 现在只有一个维度
# 现在调整其大小
b = a.reshape(2,4,3) # b 现在有 3 个维度
print(b.ndim)
```

运行输出结果：

```
1
3
```

2. ndarray.shape

ndarray.shape 表示数组的维度，返回一个元组，该元组的长度就是维度的数目，即 ndim 属性（秩）。例如，一个二维数组，其维度表示"行数"和"列数"。ndarray.shape 也可以用于调整数组大小。

示例代码如下。

```
import numpy as np

a = np.array([[1,2,3],[4,5,6]])
print(a.shape)
```

运行输出结果：

```
(2, 3)
```

3. 调整数组大小

示例代码如下。

```
import numpy as np

a = np.array([[1,2,3],[4,5,6]])
a.shape = (3,2)
print(a)
```

运行输出结果：

```
[[1 2]
 [3 4]
 [5 6]]
```

4. NumPy 提供 reshape 函数来调整数组大小

示例代码如下。

```
import numpy as np

a = np.array([[1,2,3],[4,5,6]])
b = a.reshape(3,2)
print(b)
```

运行输出结果：

```
[[1, 2]
 [3, 4]
```

    [5, 6]]

5. ndarray.itemsize

ndarray.itemsize 以字节的形式返回数组中每一个元素的大小。例如，一个元素类型为 float64 的数组 itemsiz 属性值为 8（float64 占用 64 个 bits，每个字节长度为 8，所以 64/8，占用 8 个字节）；又如，一个元素类型为 complex32 的数组 item 属性为 4（32/8）。

示例代码如下。

```
import numpy as np

# 数组的 dtype 为 int8（一个字节）
x = np.array([1,2,3,4,5], dtype=np.int8)
print(x.itemsize)

# 数组的 dtype 现在为 float64（8 个字节）
y = np.array([1,2,3,4,5], dtype=np.float64)
print(y.itemsize)
```

运行输出结果：

```
1
8
```

6. ndarray.flags

ndarray.flags 返回 ndarray 对象的内存信息，包含以下属性。

（1）C_CONTIGUOUS(C)：数据是在一个单一的 C 风格的连续段中。

（2）F_CONTIGUOUS(F)：数据是在一个单一的 Fortran 风格的连续段中。

（3）OWNDATA(O)：数组拥有它所使用的内存或从另一个对象中借用它。

（4）WRITEABLE(W)：数据区域可以被写入，将该值设置为 False，则数据为只读。

（5）ALIGNED(A)：数据和所有元素都适当地对齐到硬件上。

（6）UPDATEIFCOPY(U)：该数组是其他数组的一个副本，当其被释放时，原数组的内容将被更新。

示例代码如下。

```
import numpy as np

x = np.array([1,2,3,4,5])
print(x.flags)
```

运行输出结果：

```
C_CONTIGUOUS : True
F_CONTIGUOUS : True
OWNDATA : True
WRITEABLE : True
```

```
ALIGNED : True
WRITEBACKIFCOPY : False
UPDATEIFCOPY : False
```

12.1.5 NumPy 创建数组

前面已经对 NumPy 和数组有了初步的认识，下面讲解 ndarray 数组除了可以使用底层 ndarray 构造器来创建外，还可以通过以下几种方式来创建。

1. numpy.empty

numpy.empty 方法用来创建一个指定形状（shape）、数据类型（dtype）且未初始化的数组，相关语法格式如下。

```
numpy.empty(shape, dtype=float, order='C')
```

参数说明如下。

（1）shape：数组形状。

（2）dtype：数据类型，可选参数。

（3）order：有 'C' 和 'F' 两个选项，分别代表行优先和列优先，即在计算机内存中存储元素的顺序。

下面是一个创建空数组的实例，这里需要注意的是，数组元素为随机值，因为它们未初始化。

```
import numpy as np
x = np.empty([3,2], dtype=int)
print(x)
```

运行输出结果：

```
[[6917529027641081856    5764616291768666155]
 [6917529027641081859   -5764598754299804209]
 [            4497473538            844429428932120]]
```

2. numpy.zeros

接下来创建指定大小的数组，数组元素以 0 来填充，相关语法格式如下。

```
numpy.zeros(shape, dtype=float, order='C')
```

参数说明如下。

（1）shape：数组形状。

（2）dtype：数据类型，可选参数。

（3）order：'C' 用于 C 的行数组，或者 'F' 用于 FORTRAN 的列数组。

示例代码如下。

```
import numpy as np

#默认为浮点数
```

```
x = np.zeros(5)
print(x)

# 设置类型为整数
y = np.zeros((5,), dtype=np.int)
print(y)

# 自定义类型
z = np.zeros((2,2), dtype=[('x', 'i4'), ('y', 'i4')])
print(z)
```

运行输出结果：

```
[0. 0. 0. 0. 0.]
[0 0 0 0 0]
[[(0, 0) (0, 0)]
 [(0, 0) (0, 0)]]
```

3．numpy.ones

再来创建指定形状的数组，数组元素以 1 来填充，相关语法格式如下。

numpy.ones(shape, dtype=None, order='C')

参数说明如下。

（1）shape：数组形状。

（2）dtype：数据类型，可选参数。

（3）order：'C' 用于 C 的行数组，或者 'F' 用于 FORTRAN 的列数组。

示例代码如下。

```
import numpy as np

# 默认为浮点数
x = np.ones(5)
print(x)

# 自定义类型
x = np.ones([2,2], dtype=int)
print(x)
```

运行输出结果：

```
[1. 1. 1. 1. 1.]
[[1 1]
 [1 1]]
```

12.1.6 NumPy 切片和索引

ndarray 对象的内容可以通过索引或切片来访问和修改，与 Python 中 list 的切片操作一样。ndarray 数组可以基于 0~n 的下标进行索引，切片对象可以通过内置的 slice 函数，并对 start、stop 及 step 参数进行设置，从原数组中切割出一个新数组，示例代码如下。

```
import numpy as np

a = np.arange(10)
s = slice(2,7,2)  # 从索引 2 开始到索引 7 停止，间隔为 2
print(a[s])
```

运行输出结果：

[2 4 6]

以上示例中，首先通过 arange() 函数创建 ndarray 对象，然后分别设置起始、终止和步长的参数为 2、7 和 2。此外，也可以通过冒号分隔切片参数 start:stop:step 来进行切片操作，示例代码如下。

```
import numpy as np

a = np.arange(10)
b = a[2:7:2]  # 从索引 2 开始到索引 7 停止，间隔为 2
print(b)
```

运行输出结果：

[2 4 6]

冒号（:）的解释：如果只放置一个参数，如 [2]，那么将返回与该索引相对应的单个元素。如果为 [2:]，表示从该索引开始以后的所有项都将被提取。如果使用了两个参数，如 [2:7]，那么将提取两个索引（不包括停止索引）之间的项。

示例代码如下。

```
import numpy as np

a = np.arange(10) # [0 1 2 3 4 5 6 7 8 9]
b = a[5]
print(b)
```

运行输出结果：

5

对于多维数组同样适用上述索引提取方法，示例代码如下。

```
import numpy as np

a = np.array([[1,2,3],[3,4,5],[4,5,6]])
print(a)
# 从某个索引处开始切割
```

```
print(' 从数组索引 a[1:] 处开始切割 ')
print(a[1:])
```

运行输出结果：

```
[[1 2 3]
 [3 4 5]
 [4 5 6]]
从数组索引 a[1:] 处开始切割
[[3 4 5]
 [4 5 6]]
```

切片还可以包括省略号（...），以使选择元组的长度与数组的维度相同。如果在行位置使用省略号，那么将返回包含行中元素的 ndarray，示例代码如下。

```
import numpy as np

a = np.array([[1,2,3],[3,4,5],[4,5,6]])
print(a[...,1])   # 第 2 列元素
print(a[1,...])   # 第 2 行元素
print(a[...,1:])  # 第 2 列及剩下的所有元素
```

运行输出结果：

```
[2 4 5]
[3 4 5]
[[2 3]
 [4 5]
 [5 6]]
```

关于切片的常用使用方法就是这些，其他与 Python 中的用法是一样的，使用起来非常简单。

12.1.7 数组的运算

NumPy 专为科学计算而生，下面介绍数组的运算。数组支持常规的算术运算，NumPy 包含完整的基本数学函数，这些函数在数组的运算上发挥了很大的作用。一般来说，数组所有的操作都是以元素的对应方式实现的，也同时应用于数组的所用元素，且一一对应，示例代码如下。

```
import numpy as np

arr1 = np.arange(4)
arr2 = np.arange(10,14)
print(arr1+arr2)
```

运行输出结果：

```
[10 12 14 16]
```

值得注意的是，即使是乘法运算也是默认元素对应方式，这与线性代数的矩阵乘法不同，示例代码如下。

```python
import numpy as np

arr1 = np.arange(4)
arr2 = np.arange(10,14)
print(arr1*arr2)
```

表示数组与数组相乘。

运行输出结果：

[0 11 24 39]

再来看数组与数字相乘，示例代码如下。

```python
import numpy as np

arr1 = np.arange(4)
print(arr1*1.5)
```

运行输出结果：

[0. 1.5 3. 4.5]

NumPy 提供了完整的数学函数，并且可以在整个数组上运行，其中包括对数、指数、三角函数和双曲三角函数等。此外，SciPy 还在 scipy.special 模块中提供了一个丰富的特殊函数库，具有贝塞尔、艾里等古典特殊功能。例如，在 0 的 2π 之间的正弦函数上采集 20 个点，其实现代码如下。

```python
import numpy as np

x = np.linspace(0,2*np.pi,20)
y = np.sin(x)
print(y)
```

运行输出结果：

[0.00000000e+00	3.24699469e-01	6.14212713e-01	8.37166478e-01
9.69400266e-01	9.96584493e-01	9.15773327e-01	7.35723911e-01
4.75947393e-01	1.64594590e-01	-1.64594590e-01	-4.75947393e-01
-7.35723911e-01	-9.15773327e-01	-9.96584493e-01	-9.69400266e-01
-8.37166478e-01	-6.14212713e-01	-3.24699469e-01	-2.44929360e-16]

12.1.8 NumPy Matplotlib

Matplotlib 是 Python 的绘图库，它既可与 NumPy 一起使用，提供一种有效的 Matlab 开源替代方案，也可以和图形工具包一起使用，如 PyQt 和 wxPython。

在以下实例中，np.arange() 函数创建 x 轴上的值。y 轴上的对应值存储在另一个数组对象 y 中。这些值使用 Matplotlib 软件包中 pyplot 子模块的 plot() 函数绘制，图形由 show() 函数显示。

```python
import numpy as np
from matplotlib import pyplot as plt
```

```
x = np.arange(1,11)
y = 2 * x + 5
plt.title("Matplotlib demo")
plt.xlabel("x axis caption")
plt.ylabel("y axis caption")
plt.plot(x,y)
plt.show()
```

运行结果如图 12-3 所示。

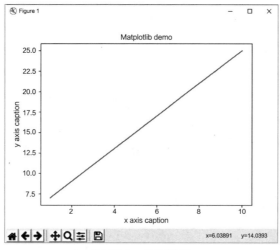

图 12-3　运行结果

1. 图形中文显示

Matplotlib 默认情况不支持中文，可以使用以下简单的方法来解决。

首先下载字体（注意系统），下载地址为 https://www.fontpalace.com/font-details/SimHei，然后将下载好的 SimHei.ttf 文件放在当前执行的代码文件中。

```
import numpy as np
from matplotlib import pyplot as plt
import matplotlib

# fname 为下载的字体库路径，注意 SimHei.ttf 字体的路径
zhfont1 = matplotlib.font_manager.FontProperties(fname="SimHei.ttf")

x = np.arange(1,11)
y = 2 * x + 5
plt.title(" 中文测试 - 测试 ", fontproperties=zhfont1)

# fontproperties 设置中文显示，fontsize 设置字体大小
plt.xlabel("x 轴 ", fontproperties=zhfont1)
plt.ylabel("y 轴 ", fontproperties=zhfont1)
```

```
plt.plot(x,y)
plt.show()
```

运行结果如图 12-4 所示。

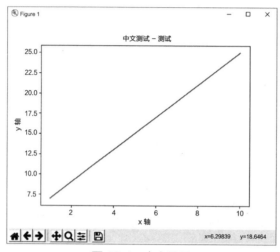

图 12-4　中文显示

此外,还可以使用系统的字体。

```
from matplotlib import pyplot as plt
import matplotlib

a = sorted([f.name for f in matplotlib.font_manager.fontManager.ttflist])

for i in a:
    print(i)
```

打印出 font_manager 中 ttflist 的所有注册名称,如 STFangsong(仿宋),然后添加以下代码。

```
plt.rcParams['font.family'] = ['STFangsong']
```

2. 绘制正弦波

以下实例使用 Matplotlib 生成正弦波图。

```
import numpy as np
import matplotlib.pyplot as plt

# 计算正弦曲线上点的 x 和 y 坐标
x = np.arange(0, 3 * np.pi, 0.1)
y = np.sin(x)
plt.title("sine wave form")
# 使用 Matplotlib 来绘制点
plt.plot(x, y)
plt.show()
```

运行结果如图 12-5 所示。

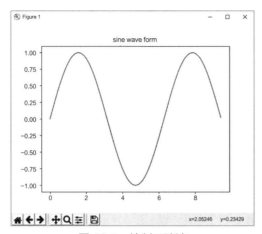

图 12-5　绘制正弦波

3. bar()

pyplot 子模块提供 bar() 函数来生成条形图。以下实例生成两组 x 和 y 数组的条形图。

```
from matplotlib import pyplot as plt

x = [5,8,10]
y = [12,16,6]
x2 = [6,9,11]
y2 = [6,15,7]

plt.bar(x, y, align= 'center')
plt.bar(x2, y2, color='g', align='center')
plt.title('Bar graph')
plt.ylabel('Y axis')
plt.xlabel('X axis')
plt.show()
```

运行结果如图 12-6 所示。

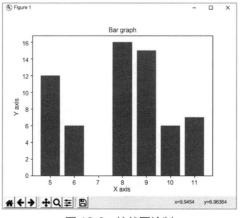

图 12-6　柱状图绘制

本节关于 NumPy 的基本使用方法介绍就结束了，如需了解 NumPy 的更多用法，可以查阅其官方帮助文档：https://docs.scipy.org/doc。

12.2 Pandas 的使用

Pandas 是用于数据清洗的库，通过带有标签的列和索引，使用户以一种所有人都能理解的方式来处理数据。用户可以用它毫不费力地从诸如 CSV 类型的文件中导入数据，也可以快速地对数据进行复杂的转换和过滤等操作。

本节将对 Pandas 的基本使用方法做一个大致的讲解，使用它实现数据清洗的基本操作。在使用 Pandas 之前先确认已经安装了整个库。安装 Pandas 最简单的方式就是使用 pip 命令：pip install pandas。

使用以下代码测试是否安装成功。

```
import pandas as pd
import numpy as np
import matplotlib.pyplot as plt

print("Hello, Pandas")
```

运行以上代码，如果安装成功，会在终端输出区看到以下结果。

```
Hello, Pandas
```

12.2.1 从 CSV 文件中读取数据

下面以 CSV 文件为例介绍如何使用 Pandas 读取 CSV 文件，如图 12-7 所示。

图 12-7　CSV 文件

使用 Pandas 读取代码如下。

```
import pandas as pd

df = pd.read_csv('C:\\Users\\lyl\\Desktop\\python_doc\\test1.csv',)
print(df)
```

运行结果如图 12-8 所示。

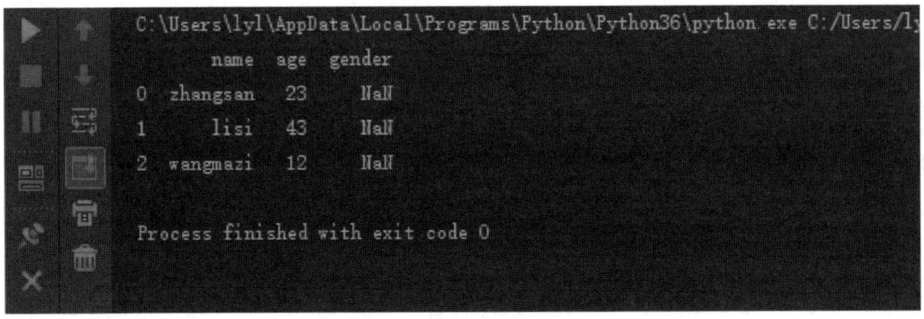

图 12-8　读取 CSV

read_csv 还可以指定参数，使用方式如下。

```
pd.read_csv('C:\\Users\\lyl\\Desktop\\python_doc\\test1.csv',delimiter=",",encoding="utf-8",header=0)
```

参数说明如下。

（1）encoding：根据所读取的数据文件编码格式设置 encoding 参数，如"utf-8"和"gbk"等。

（2）delimiter：根据所读取的数据文件列之间的分割方式设置 delimiter 参数，大于一个字符的分割符被看作正则表达式，如一个或多个空格（\s+）、tab 符号（\t）等。

12.2.2 向 CSV 文件中写入数据

接下来向 CSV 文件中写入数据，代码如下。

```
import pandas as pd
# pandas 将数据写入 csv 文件
DATA = {
    'english': ['one','two','three'],
    'number': [1,2,3]
}
save = pd.DataFrame(DATA,index=['row1','row2','row3'],columns=['english','number'])
print(save)
save.to_csv('C:\\Users\\lyl\\Desktop\\python_doc\\test2.csv',sep=',')
```

运行以上代码，将在指定路径下生成一个 test2.csv 文件，如图 12-9 所示。

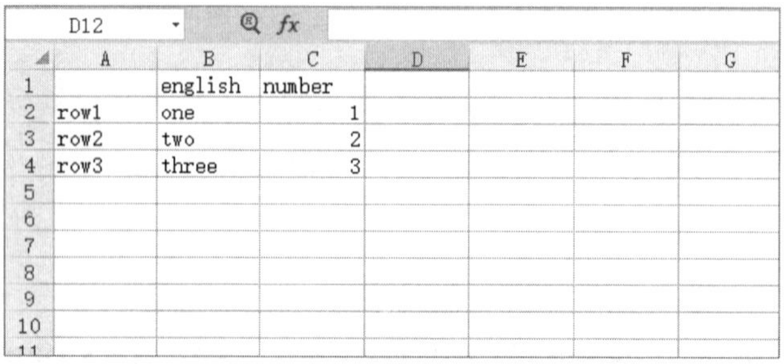

图 12-9 生成的 CSV 文件

12.2.3 Pandas 数据帧（DataFrame）

数据帧（DataFrame）是二维数据结构，即数据以行和列的表格方式排列，其功能特点主要有以下几点。

（1）潜在的列是不同的类型。

（2）大小可变。

（3）标记轴（行和列）。

（4）可以对行和列执行算术运算。

观察它的结构体，假设要创建一个包含学生数据的数据帧，其参考如图 12-10 所示。

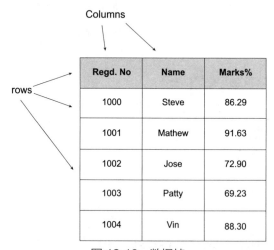

图 12-10 数据帧

可以将图 12-10 视为 SQL 表或电子表格数据表示。Pandas 中的 DataFrame 可以使用以下构造函数创建。

pandas.DataFrame(data, index, columns, dtype, copy)

构造函数的参数说明如下。

（1）data：数据采取各种形式，如 ndarray、series、map、lists、dict、constant 和另一个

DataFrame。

（2）Index：对于行标签，如果没有传递索引值，则用于结果帧的索引是可选缺省值 np.arrange(n)。

（3）Columns：对于列标签，在没有索引传递的情况下，可选的默认语法格式是 –np.arange(n)。

（4）dtype：每列的数据类型。

（5）copy：如果默认值为 False，则此命令用于复制数据。

1. 创建一个空的 DataFrame

下面创建一个空的 DataFrame，示例代码如下。

```
import pandas as pd

df = pd.DataFrame()
print(df)
```

运行输出结果：

```
Empty DataFrame
Columns: []
Index: []
```

2. 从列表创建 DataFrame

可以使用单个列表或列表列表创建 DataFrame，示例代码如下。

```
import pandas as pd

data = [1,2,3,4,5]
df = pd.DataFrame(data)
print(df)
```

运行输出结果：

```
   0
0  1
1  2
2  3
3  4
4  5
```

再来看一个示例。

```
import pandas as pd

data = [['Alex',10],[ 'Bob',12],[ 'Clarke',13]]
df = pd.DataFrame(data,columns=['Name', 'Age'])
print(df)
```

运行输出结果：

```
   Name  Age
```

```
0  Alex     10
1  Bob      12
2  Clarke   13
```

3. 从 ndarrays/Lists 的字典来创建 DataFrame

所有的 ndarrays 必须具有相同的长度。若传递了索引（index），则索引的长度应等于数组的长度；若没有传递索引，则默认情况下，索引为 range(n)，其中 n 为数组长度，示例代码如下：

```
import pandas as pd

data = {'Name':[ 'Tom', 'Jack', 'Steve', 'Ricky'], 'Age':[28,34,29,42]}
df = pd.DataFrame(data)
print(df)
```

运行输出结果：

```
   Name   Age
0  Tom    28
1  Jack   34
2  Steve  29
3  Ricky  42
```

4. 从字典列表创建 DataFrame

字典列表可作为输入数据传递，用来创建 DataFrame，字典键默认为列名，示例代码如下。

```
import pandas as pd

data = [{'a': 1, 'b': 2},{'a': 5, 'b': 10, 'c': 20}]
df = pd.DataFrame(data)
print(df)
```

运行输出结果：

```
   a   b    c
0  1   2   NaN
1  5  10  20.0
```

5. 从系列的字典来创建 DataFrame

字典的系列可以传递以形成一个 DataFrame，所得到的索引是通过的所有系列索引的并集，示例代码如下。

```
import pandas as pd

d = {'one' : pd.Series([1, 2, 3], index=['a', 'b', 'c']),
     'two' : pd.Series([1, 2, 3, 4], index=['a', 'b', 'c', 'd'])}

df = pd.DataFrame(d)
print(df)
```

运行输出结果：

```
   one  two
a  1.0   1
b  2.0   2
c  3.0   3
d  NaN   4
```

> **温馨提示：**
> 这里需要注意的是，对于第一个系列，观察到没有传递标签d，但在结果中，对于d标签，附加了NaN。

12.2.4 Pandas 函数应用

要将自定义或其他库的函数应用于 Pandas 对象，应该了解以下 3 种重要方法。

（1）表格函数应用：pipe()。

（2）行或列函数应用：apply()。

（3）元素函数应用：applymap()。

1. 表格函数应用

可以通过将函数和适当数量的参数作为管道参数来执行自定义操作，因此可以对整个 DataFrame 执行操作。例如，为 DataFrame 中的所有元素相加一个值2。然后，加法器函数将两个数值作为参数添加并返回总和。

示例代码如下。

```
def adder(ele1,ele2):
    return ele1+ele2
# 现在将使用自定义函数对 DataFrame 进行操作

df = pd.DataFrame(np.random.randn(5,3),columns=['col1', 'col2', 'col3'])
df.pipe(adder,2)
```

完整的程序代码如下。

```
import pandas as pd
import numpy as np

def adder(ele1,ele2):
    return ele1+ele2

df = pd.DataFrame(np.random.randn(5,3),columns=['col1', 'col2', 'col3'])
df.pipe(adder,2)
print(df)
```

运行输出结果：

```
        col1      col2      col3
0   2.176704  2.219691  1.509360
1   2.222378  2.422167  3.953921
2   2.241096  1.135424  2.696432
3   2.355763  0.376672  1.182570
4   2.308743  2.714767  2.130288
```

2. 行或列函数应用

可以使用 apply() 方法沿 DataFrame 或 Panel 的轴应用任意函数,它与描述性统计方法一样,采用可选的轴参数。默认情况下,操作按列执行,将每列作为数组。

示例代码如下。

```
import pandas as pd
import numpy as np

df = pd.DataFrame(np.random.randn(5,3),columns=['col1', 'col2', 'col3'])
df.apply(np.mean)
print(df)
```

运行输出结果:

```
        col1      col2      col3
0   0.726691 -0.556429 -0.714829
1   0.843354  1.026499 -1.273448
2   1.238913  1.404443  0.662548
3   0.435017  0.440488  0.221883
4   0.140180  0.050733  0.281229
```

3. 元素函数应用

并不是所有的函数都可以向量化(既不是返回另一个数组的 NumPy 数组,也不是任何值),在 DataFrame 上的方法 applymap() 类似于在 Series 上的方法 map(),接受任何 Python 函数,并且返回单个值。

示例代码如下。

```
import pandas as pd
import numpy as np

df = pd.DataFrame(np.random.randn(5,3),columns=['col1','col2','col3'])

# My custom function
df['col1'].map(lambda x:x*100)
print(df)
```

运行输出结果:

```
        col1      col2      col3
0   0.106229  0.503955 -0.318224
1   0.895563  0.780097  0.389146
```

2	0.829796	0.737398	1.269192
3	0.501244	0.703261	1.306238
4	0.828673	0.099998	−0.185042

12.2.5 Pandas 排序

Pandas 有两种排序方式，即按标签和按实际值。下面来看一个输出的例子。

```
import pandas as pd
import numpy as np

unsorted_df = pd.DataFrame(np.random.randn(10,2),index=[1,4,6,2,3,5,9,8,0,7],columns=['col2','col1'])
print(unsorted_df)
```

运行输出结果：

```
      col2      col1
1  1.436775 -0.767862
4  0.229179  1.772530
6  0.411234 -0.613136
2  1.363008 -0.393002
3 -0.738781 -1.030728
5 -0.745367  0.041727
9 -0.800774  1.619865
8  0.738017 -3.365157
0 -0.430993  0.861706
7 -0.816069  0.670811
```

1. 按标签排序

使用 sort_index() 方法，通过传递 axis 参数和排序顺序，可以对 DataFrame 进行排序。默认情况下，按照升序对行标签进行排序。

示例代码如下。

```
import pandas as pd
import numpy as np

unsorted_df = pd.DataFrame(np.random.randn(10,2),index=[1,4,6,2,3,5,9,8,0,7],columns=['col2','col1'])

sorted_df = unsorted_df.sort_index()
print(sorted_df)
```

运行输出结果：

```
      col2      col1
0 -0.578349  0.575024
1 -0.532665  0.653456
2  0.172771  0.048131
3  1.138308 -1.137393
```

4	1.478506	−0.054912
5	−1.029994	0.891782
6	−0.077999	1.507678
7	0.782267	0.696952
8	−0.486571	−0.153092
9	−1.136624	0.349394

2. 排序顺序

通过将布尔值传递给升序参数，可以控制排序顺序。

示例代码如下。

```
unsorted_df = pd.DataFrame(np.random.randn(10,2),index=[1,4,6,2,3,5,9,8,0,7],columns=['col2', 'col1'])

sorted_df = unsorted_df.sort_index(ascending=False)
print(sorted_df)
```

运行输出结果：

	col2	col1
9	−0.692509	−0.203833
8	−0.538642	0.109739
7	1.020750	−0.309511
6	0.234387	−0.555615
5	0.024087	−0.580646
4	−1.677520	−0.836266
3	−0.489006	−0.551100
2	−1.316236	2.321328
1	−0.032724	−0.519603
0	0.630236	0.010940

3. 按列排序

通过传递 axis 参数值为 0 或 1，可以对列标签进行排序。默认情况下，若 axis=0，则逐行排列。

示例代码如下。

```
import pandas as pd
import numpy as np

unsorted_df = pd.DataFrame(np.random.randn(10,2),index=[1,4,6,2,3,5,9,8,0,7],columns=['col2', 'col1'])

sorted_df = unsorted_df.sort_index(axis=1)
print(sorted_df)
```

运行输出结果：

	col1	col2
1	0.143819	1.367437
4	0.559871	0.089700
6	0.098291	0.986618
2	−0.296917	−1.272117

```
3    2.009129    1.427756
5    0.790965    0.549620
9    1.393392   -0.303524
8    0.533711    0.263995
0   -2.070960    0.068839
7   -1.430437   -0.355862
```

4. 按值排序

与索引排序一样，sort_values() 是按值排序的方法。它接受一个 by 参数，使用要与其排序值的 DataFrame 的列名称。

示例代码如下。

```
import pandas as pd

unsorted_df = pd.DataFrame({'col1':[2,1,1,1], 'col2':[1,3,2,4]})

sorted_df = unsorted_df.sort_values(by='col1')
print(sorted_df)
```

运行输出结果：

```
   col1  col2
1     1     3
2     1     2
3     1     4
0     2     1
```

5. 排序算法

sort_values() 提供了从 mergeesort、heapsort 和 quicksort 中选择算法的一个配置，其中 mergesort 是唯一稳定的算法。

示例代码如下。

```
import pandas as pd

unsorted_df = pd.DataFrame({'col1':[2,1,1,1], 'col2':[1,3,2,4]})
sorted_df = unsorted_df.sort_values(by='col1' ,kind='mergesort')

print(sorted_df)
```

运行输出结果：

```
   col1  col2
1     1     3
2     1     2
3     1     4
0     2     1
```

12.2.6 Pandas 聚合

当有了滚动、扩展和创建 ewm 对象以后，有以下几种方法可以对数据执行聚合。

1. DataFrame 应用聚合

创建一个 DataFrame 并在其上应用聚合，示例代码如下。

```
import pandas as pd
import numpy as np

df = pd.DataFrame(np.random.randn(10, 4),
    index=pd.date_range('1/1/2019', periods=10),
    columns=['A', 'B', 'C', 'D'])
print(df)
print("======================================")
r = df.rolling(window=3,min_periods=1)
print(r)
```

运行输出结果：

```
                   A         B         C         D
2019-01-01  1.726086 -1.349646  0.317360 -0.168591
2019-01-02 -0.217225 -2.875687 -0.330538  0.566620
2019-01-03 -0.657163 -1.745766 -1.673432  0.772934
2019-01-04 -0.874114  1.760622 -0.357013 -0.004710
2019-01-05  1.004613 -1.008820 -1.490796 -0.457573
2019-01-06  0.018013  1.450911 -0.401929 -0.730532
2019-01-07 -0.114584 -0.996850 -2.269620  0.733289
2019-01-08 -1.933249 -0.198794 -0.922296 -1.696276
2019-01-09  1.542797 -0.493503 -1.206969  0.997765
2019-01-10  2.282924  1.744020 -1.552449 -1.782261
======================================
Rolling [window=3,min_periods=1,center=False,axis=0]
```

可以通过向整个 DataFrame 传递一个函数来进行聚合，或者通过标准的获取项目方法来选择一列。

2. 在整个数据框上应用聚合

示例代码如下。

```
import pandas as pd
import numpy as np

df = pd.DataFrame(np.random.randn(10, 4),
    index=pd.date_range('1/1/2000', periods=10),
    columns=['A', 'B', 'C', 'D'])
print(df)
print("======================================")
r = df.rolling(window=3,min_periods=1)
print r.aggregate(np.sum)
```

运行输出结果：

```
                A          B          C          D
2020-01-01   1.069090  -0.802365  -0.323818  -1.994676
2020-01-02   0.190584   0.328272  -0.550378   0.559738
2020-01-03   0.044865   0.478342  -0.976129   0.106530
2020-01-04  -1.349188  -0.391635  -0.292740   1.412755
2020-01-05   0.057659  -1.331901  -0.297858  -0.500705
2020-01-06   2.651680  -1.459706  -0.726023   0.294283
2020-01-07   0.666481   0.679205  -1.511743   2.093833
2020-01-08  -0.284316  -1.079759   1.433632   0.534043
2020-01-09   1.115246  -0.268812   0.190440  -0.712032
2020-01-10  -0.121008   0.136952   1.279354   0.275773
========================================
                A          B          C          D
2020-01-01   1.069090  -0.802365  -0.323818  -1.994676
2020-01-02   1.259674  -0.474093  -0.874197  -1.434938
2020-01-03   1.304539   0.004249  -1.850326  -1.328409
2020-01-04  -1.113739   0.414979  -1.819248   2.079023
2020-01-05  -1.246664  -1.245194  -1.566728   1.018580
2020-01-06   1.360151  -3.183242  -1.316621   1.206333
2020-01-07   3.375821  -2.112402  -2.535624   1.887411
2020-01-08   3.033846  -1.860260  -0.804134   2.922160
2020-01-09   1.497411  -0.669366   0.112329   1.915845
2020-01-10   0.709922  -1.211619   2.903427   0.097785
```

3. 在数据框的单列上应用聚合

示例代码如下。

```
import pandas as pd
import numpy as np

df = pd.DataFrame(np.random.randn(10, 4),
    index=pd.date_range('1/1/2000', periods=10),
    columns=['A', 'B', 'C', 'D'])
print(df)
print("========================================")
r = df.rolling(window=3,min_periods=1)
print(r['A'].aggregate(np.sum))
```

运行输出结果：

```
                A          B          C          D
2000-01-01  -1.095530  -0.415257  -0.446871  -1.267795
2000-01-02  -0.405793  -0.002723   0.040241  -0.131678
2000-01-03  -0.136526   0.742393  -0.692582  -0.271176
2000-01-04   0.318300  -0.592146  -0.754830   0.239841
2000-01-05  -0.125770   0.849980   0.685083   0.752720
```

```
2000-01-06    1.410294     0.054780     0.297992    -0.034028
2000-01-07    0.463223    -1.239204    -0.056420     0.440893
2000-01-08   -2.244446    -0.516937    -2.039601    -0.680606
2000-01-09    0.991139     0.026987    -2.391856     0.585565
2000-01-10    0.112228    -0.701284    -1.139827     1.484032
========================================
2000-01-01   -1.095530
2000-01-02   -1.501323
2000-01-03   -1.637848
2000-01-04   -0.224018
2000-01-05    0.056004
2000-01-06    1.602824
2000-01-07    1.747747
2000-01-08   -0.370928
2000-01-09   -0.790084
2000-01-10   -1.141079
Freq: D, Name: A, dtype: float64
```

4. 在 DataFrame 的多列上应用聚合

示例代码如下。

```
import pandas as pd
import numpy as np

df = pd.DataFrame(np.random.randn(10, 4),
    index=pd.date_range('1/1/2018', periods=10),
    columns=['A', 'B', 'C', 'D'])
print(df)
print("========================================")
r = df.rolling(window=3,min_periods=1)
print(r[['A', 'B']].aggregate(np.sum))
```

运行输出结果：

```
                    A           B           C           D
2019-01-01    1.022641    -1.431910    0.780941    -0.029811
2019-01-02   -0.302858     0.009886   -0.359331    -0.417708
2019-01-03   -1.396564     0.944374   -0.238989    -1.873611
2019-01-04    0.396995    -1.152009   -0.560552    -0.144212
2019-01-05   -2.513289    -1.085277   -1.016419    -1.586994
2019-01-06   -0.513179     0.823411    0.670734     1.196546
2019-01-07   -0.363239    -0.991799    0.587564    -1.100096
2019-01-08    1.474317     1.265496   -0.216486    -0.224218
2019-01-09    2.235798    -1.381457   -0.950745    -0.209564
2019-01-10   -0.061891    -0.025342    0.494245    -0.081681
========================================
                  sum         mean
```

2019-01-01	1.022641	1.022641
2019-01-02	0.719784	0.359892
2019-01-03	-0.676780	-0.225593
2019-01-04	-1.302427	-0.434142
2019-01-05	-3.512859	-1.170953
2019-01-06	-2.629473	-0.876491
2019-01-07	-3.389707	-1.129902
2019-01-08	0.597899	0.199300
2019-01-09	3.346876	1.115625
2019-01-10	3.648224	1.216075

12.2.7 Pandas 可视化

接下来介绍 Pandas 的绘图方法，下面通过一些简单示例了解如何使用 Pandas 实现绘图可视化。

1. 绘制折线图

Series 和 DataFrame 上的绘图可视化功能只是使用 matplotlib 库的 plot() 方法的简单包装，参考示例代码如下。

```
import pandas as pd
import numpy as np

df = pd.DataFrame(np.random.randn(10,4),index=pd.date_range('2018/12/18',eriods=10),
        columns=list('ABCD'))

df.plot()
```

执行以上代码，结果如图 12-11 所示。

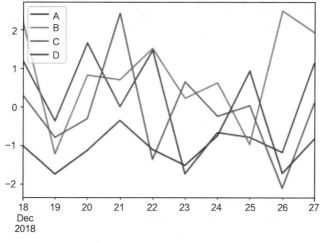

图 12-11　折线图

若索引由日期组成，则调用 gct().autofmt_xdate() 来格式化 x 轴。使用 plot() 中的 x 和 y 关键字可以绘制一列与另一列对应的图片。绘图方法允许除默认线图之外的少数绘图样式。这些方法可以通过 plot() 的 kind 关键字参数提供，主要参数有以下几种。

（1）bar 或 barh 为条形。

（2）boxplot 为盒型图。

（3）area 为"面积"。

（4）scatter 为散点图。

2. 绘制条形图

下面通过创建一个条形图来看条形图是什么，示例代码如下。

```
import pandas as pd
import numpy as np

df = pd.DataFrame(np.random.rand(10,4),columns=['a', 'b', 'c', 'd'])
df.plot.bar()
```

执行以上代码，结果如图 12-12 所示。

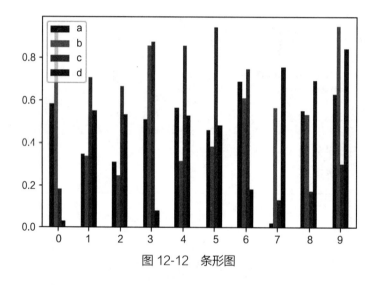

图 12-12　条形图

3. 绘制直方图

使用 plot.hist() 方法绘制直方图，可以指定 bins 的数量值，示例代码如下。

```
mport pandas as pd
import numpy as np

df = pd.DataFrame({'a':np.random.randn(1000)+1, 'b':np.random.randn(1000), 'c':
        np.random.randn(1000) -1}, columns=['a', 'b', 'c'])

df.plot.hist(bins=20)
```

执行以上代码，结果如图 12-13 所示。

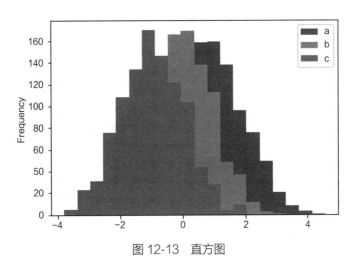

图 12-13　直方图

Pandas 除了以上方法外，还有很多其他的方法，详见其官方文档。

12.3 pyecharts 的使用

pyecharts 是一个用于生成 Echarts 图表的类库。Echarts 是百度开源的一个数据可视化 JS 库。用 Echarts 生成的图表可视化效果非常好，为了与 Python 进行对接，方便在 Python 中直接使用数据生成图表，所以需要用到 pyecharts 库。

使用之前直接使用 pip install pyecharts 和 pip install pyecharts_snapshot 命令安装库。接下来讲解如何使用 pyecharts 绘制一些常见的图表。

12.3.1 绘制第一个图表

前面已经安装好 pyecharts 库，接下来绘制一个图表，示例代码如下。

```
from pyecharts import Bar

bar = Bar(" 我的第一个图表 ", " 这里是副标题 ")
bar.add(" 服装 ", [" 衬衫 ", " 羊毛衫 ", " 雪纺衫 ", " 裤子 ", " 高跟鞋 ", " 袜子 "], [5, 20, 36, 10, 75, 90])
# bar.print_echarts_options() # 该行只为了打印配置项，方便调试时使用
bar.render()    # 生成本地 HTML 文件
```

运行代码之后，将在本地生成一个 render.html 网页文件，在浏览器中打开此文件，如图 12-14 所示，可以看到已经生成了一个柱形图统计图表。

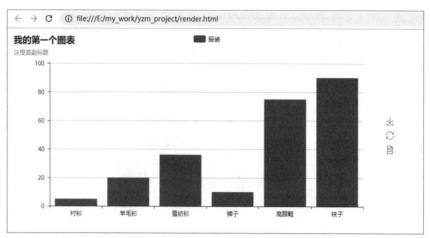

图 12-14　柱形图

相关方法详解如下。

（1）add()：主要方法，用于添加图表的数据和设置各种配置项。

（2）print_echarts_options()：打印输出图表的所有配置项。

（3）render()：默认在根目录下生成一个 render.html 文件，支持 path 参数，设置文件保存位置，如 render(r"e:\my_first_chart.html")，文件用浏览器打开。

如果需要提供更多实用工具，可在 add() 中设置 is_more_utils 为 True，示例代码如下。

```
from pyecharts import Bar

bar = Bar(" 我的第一个图表 "," 这里是副标题 ")
bar.add(" 服装 ",
    [" 衬衫 "," 羊毛衫 "," 雪纺衫 "," 裤子 "," 高跟鞋 "," 袜子 "], [5, 20, 36, 10, 75, 90],
    is_more_utils=True)
bar.render()
```

运行以上代码，打开生成的 HTML 文件，如图 12-15 所示。

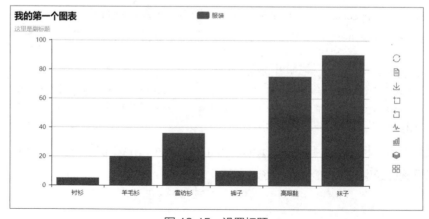

图 12-15　设置标题

12.3.2 使用主题

自 pyecharts v0.5.2+ 起，pyecharts 支持更换主题色系。下面是更换为 "dark" 的例子，运行以下代码，打开生成的 HTML 文件，如图 12-16 所示。

```
from pyecharts import Bar

bar = Bar(" 我的第一个图表 ", " 这里是副标题 ")
bar.use_theme('dark')
bar.add(" 服装 ", [" 衬衫 ", " 羊毛衫 ", " 雪纺衫 ", " 裤子 ", " 高跟鞋 ", " 袜子 "], [5, 20, 36, 10, 75, 90])
bar.render()
```

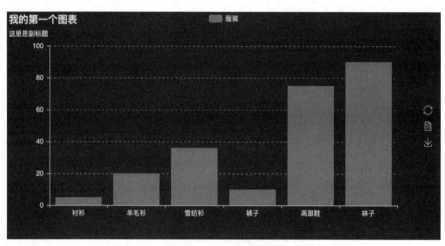

图 12-16　更换主题

12.3.3 使用 pyecharts-snapshot 插件

如果想直接将图片保存为 PNG、PDF、GIF 格式的文件，可以使用 pyecharts-snapshot 插件。使用该插件要确保系统上已经安装了 Nodejs 环境。

（1）安装 phantomjs：$ npm install -g phantomjs-prebuilt。

（2）安装 pyecharts-snapshot：$ pip install pyecharts-snapshot。

（3）调用 render 方法：bar.render(path='snapshot.png')，文件结尾可以是 svg、jpeg、png、pdf、gif。需要注意的是，SVG 文件需要在初始化 bar 时设置，即 renderer='svg'。

12.3.4 图形绘制过程

图表类提供了若干构建和渲染的方法，在使用的过程中，建议按照以下的顺序分别调用。

（1）为图表添加一个具体类型的对象，代码示例：chart = FooChart()。

（2）为图表添加通用的配置，如主题，代码示例：chart.use_theme()。

（3）为图表添加特定的配置，代码示例：geo.add_coordinate()。

（4）添加数据及配置项，代码示例：chart.add()。

（5）生成本地文件（html、svg、jpeg、png、pdf、gif），代码示例：chart.render()。

从 pyecharts v0.5.9 开始，以上涉及的方法均支持链式调用，示例代码如下。

```
from pyecharts import Bar

CLOTHES = ["衬衫","羊毛衫","雪纺衫","裤子","高跟鞋","袜子"]
clothes_v1 = [5, 20, 36, 10, 75, 90]
clothes_v2 = [10, 25, 8, 60, 20, 80]

(Bar("柱状图数据堆叠示例")
    .add("商家 A", CLOTHES, clothes_v1, is_stack=True)
    .add("商家 B", CLOTHES, clothes_v2, is_stack=True)
    .render())
```

12.3.5 多次显示图表

从 pyecharts v0.4.0+ 开始，pyecharts 重构了渲染的内部逻辑，改善了效率。推荐使用以下方式显示多个图表。

```
from pyecharts import Bar, Line
from pyecharts.engine import create_default_environment

bar = Bar("我的第一个图表", "这里是副标题")
bar.add("服装", ["衬衫","羊毛衫","雪纺衫","裤子","高跟鞋","袜子"], [5, 20, 36, 10, 75, 90])

line = Line("我的第一个图表", "这里是副标题")
line.add("服装", ["衬衫","羊毛衫","雪纺衫","裤子","高跟鞋","袜子"], [5, 20, 36, 10, 75, 90])

env = create_default_environment("html")
# 为渲染创建一个默认配置环境
# create_default_environment(filet_ype)
# file_type: 'html', 'svg', 'png', 'jpeg', 'gif' or 'pdf'

env.render_chart_to_file(bar, path='bar.html')
env.render_chart_to_file(line, path='line.html')
```

相比本节第一个示例，该代码只是使用了同一个引擎对象，减少了部分重复操作，速度有所提高。

12.3.6 Pandas&NumPy 简单示例

如果使用的是 NumPy 或 Pandas 的示例，相关代码如下。

```
import pandas as pd
import numpy as np
from pyecharts import Bar

title = "bar chart"
index = pd.date_range('3/8/2017',periods=6,freq="M")
df1 = pd.DataFrame(np.random.randn(6),index=index)
df2 = pd.DataFrame(np.random.randn(6),index=index)

dtvule1 = [i[0] for i in df1.values]
dtvule2 = [i[0] for i in df2.values]

_index = [i for i in df1.index.format()]

Bar = Bar(title,"test111111")
bar.add('profit',_index,dtvule1)
bar.add('loss',_index,dtvule2)
bar.render("reder.html")
```

需要注意的是，使用 Pandas 或 NumPy 时，整数类型要确保为 int，而不是 numpy.int32。当然用户也可以采用更加丰富的方式，使用 Jupyter Notebook 来展示图表，只要 matplotlib 有的，pyecharts 就会有。

想要使用 pyecharts 画出更多更丰富的图表，可以参考其官方中文文档。

12.4 新手实训

下面结合前面所讲知识做几个小的实训案例练习。

1. 创建 10×10 的随机值矩阵，并找出最大值和最小值

参考示例代码如下。

```
import numpy as np

Z = np.random.random((10,10))
Zmin, Zmax = Z.min(), Z.max()
print(Zmin, Zmax)
```

运行输出结果：

```
0.0075258317850311895 0.9900444232943864
```

2. 创建一个元素为 10~49 的 ndarray 对象

参考示例代码如下。

```
import numpy as np

Z = np.random.randint(10,50,size=10)
print(Z)
```

运行输出结果：

```
[26 45 14 40 27 46 17 22 31 15]
```

12.5 新手问答

学习完本章之后，读者可能会有以下疑问。

1. python list 与相比，numpy array 的优势在哪里？

答：numpy array 比 python list 更紧凑，存储数据占的空间小，读写速度快。这是因为 python list 储存的是指向对象（至少需要 16 个字节）的指针（至少 4 个字节）；而 array 中储存的是单一变量（如单精度浮点数为 4 个字节，双精度为 8 个字节）。

array 可以直接使用 vector 和 matrix 类型的处理函数，非常方便。

2. 如何检验 NumPy 的 array 为空？

答：使用 size 函数，示例如下。

```
a = np.array([])
print a.size # 0
```

3. 如何处理缺失数据？如果缺失的数据不可得，将采用哪种手段收集？

答：首先判断缺失数据是否有意义，如果没有意义或缺失数据的比例超过 80%，就直接去除。如果缺失数据有规律，就需要根据其变化规律来推测此缺失值；如果缺失数据没有规律，就用其他值代替缺失值；如果缺失数据符合正态分布，就用期望值代替缺失值；如果缺失数据是类型变量，就用默认类型值代替缺失值。

本章小结

本章学习了 Python 数据分析中比较常见的几个库的基本使用方法。首先，使用 Pandas 读写 CSV 数据并结合 NumPy、pyecharts 画一些常见的图表，如折线图、柱状图等。其次，了解了如何使用 pyecharts 生成报表。最后，讲解了如何使用 Pandas 对数据进行基本的处理和清洗。

第 3 篇

项目实战篇

本篇主要对前两篇所学知识技能进行总结和整合,并且以几个不同的项目进行实战练习,所涉及的项目均是作者在实际工作中的项目,通过这些项目的练习能让读者(特别是初学者)更快了解真实工作环境中所接触的爬虫需求场景等。下面将针对 Python 爬虫的开发与应用,详细讲解 6 个综合实战项目。

第13章
爬虫项目实战

通过前面的学习，相信读者已经基本具备了编写常见爬虫的能力。例如，通过抓包工具分析 Ajax 接口，然后使用 Python 的网络请求库 urllib 或 requests 等直接请求接口获取数据。而针对静态网页渲染的数据，可以通过 URL 请求得到网页源代码，并从中使用正则表达式 re、XPath 等提取想要的数据。或者难一点，遇到 JS 动态渲染的页面，可以使用 Selenium 或 Scrapy-Splash 渲染后再获取数据等。

针对 App 端，也学习了使用相关工具抓包分析接口和使用 Appium 模拟登录抓取数据等。下面对前面所学的知识点进行总结，通过几个项目实战练习在实际工作中爬虫的应用并做到举一反三。

本章主要涉及的知识点

- Selenium+XPath 爬取指定网站
- 使用 requests 爬取腾讯人口迁徙数据
- Scrapy 爬取豆瓣电影

13.1 实战一：Selenium+XPath 爬取简书

本实例以爬取简书为例，实现抓取简书首页的文章列表信息。抓取字段为文章标题、文章简介、发布作者，将这些信息抓取后，存入 MySQL 数据库中。

在开始本实例之前，需要安装 Python 3 环境，这里使用的是 Python 3.6.4 版本。然后安装会涉及的库，如 Selenium、XPath、PyMySQL 等。最后还需要安装 MySQL 数据库。

13.1.1 打开简书首页分析

步骤❶：写爬虫前，需要先分析目标网站的结构和它的一些规律。

步骤❷：使用浏览器打开简书首页 https://www.jianshu.com，如图 13-1 所示。

图 13-1　简书首页

步骤❸：这里的目标是需要抓取页面左侧的列表信息，按照习惯性的思维，按【F12】键打开调试工具，查看是否有相关的 Ajax 接口直接返回的数据，如图 13-2 所示。

步骤❹：通过观察发现，这里并没有接口直接返回与左侧列表相关的数据信息。分析是否有网页源码包含这些信息，也得到否定的结果。而且发现这是一个 JS 动态渲染数据的网页，这里是看不到的。因此转变思路，直接考虑使用 Selenium 进行爬取。

图 13-2 分析接口

步骤❺：考虑了使用 Selenium，再看它的列表分页。将鼠标指针滑动到页面底部，通过观察发现，这个分页不是常见的分页（有下一页、上一页），而是通过一个【阅读更多】按钮，单击该按钮则会请求指定条数的新数据追加到列表后面，如图 13-3 所示。

图 13-3 加载新数据

步骤❻：通过初步的分析，可以得出一个结论：爬取此网站并不困难，使用 Selenium 模拟单击【阅读更多】加载按钮，即可从网页源码中提取数据。

13.1.2 爬取思路

前面大致分析了简书首页的网页结构，接下来厘清爬取这个网站的思路步骤。这里提供以下思路供读者参考。

（1）使用 Selenium 模拟浏览器打开网页。
（2）由于分页是通过单击【阅读更多】按钮来加载数据的，因此需要模拟单击该按钮。
（3）确定要爬取多少页的数据，如要爬取 10 页的数据，就需要模拟单击 10 次【阅读更多】按钮。
（4）单击该按钮后，需要定位这个信息列表元素，然后使用 XPath 提取数据。
（5）提取到数据之后，将它保存到 MySQL 数据库中。

有了思路后就可以准备编写相关的代码了。

13.1.3 编写爬虫代码

下面可以按上述思路开始爬虫代码编写，相关的步骤如下。

步骤❶：新建一个 py 文件，这里命名为 jianshu.py。初始化配置，在文件头部导入需要用到的一些包，如 pymysql、selenium、lxml 等，示例代码如下。

```python
from selenium import webdriver
import time
from lxml import etree
import pymysql
```

步骤❷：使用 Selenium 模拟打开简书首页，需要实例化一个驱动对象，这里以 Chrome 为例。运行以下代码，弹出一个浏览器窗口并打开简书首页。

```python
driver = webdriver.Chrome()
driver.get('https://www.jianshu.com')
```

步骤❸：模拟单击【阅读更多】按钮，这里假如要爬取 10 页的数据，需要先循环模拟单击 10 次按钮。需要注意的是，在单击按钮之前还需要先模拟鼠标滚动到页面底部，如果不滚动到底部，在定位【阅读更多】按钮时，就会因定位不到而出现代码错误。可能会造成初始化打开首页时，它还没有加载出来。

相关示例代码如下。

```python
# 加载更多
def load_mord(num):
    # 通过观察发现，打开页面需要鼠标滑动大概 5 次才能出现【阅读更多】按钮
    for x in range(5):
        js = "var q=document.documentElement.scrollTop=100000"
        driver.execute_script(js)
        time.sleep(2)
    if num == 0:
        time.sleep(2)
```

```
# 定位并单击【阅读更多】按钮加载更多
load_more = driver.find_element_by_class_name("load-more")
load_more.click()

# 模拟单击 10 次【阅读更多】按钮
for x in range(2):
    print(" 模拟单击加载更多第 {} 次 ".format(str(x)))
    load_mord(x)
    time.sleep(1)
```

为了使代码规范易于阅读一些,这里将它封装成一个方法,表示模拟单击加载的功能。这段代码中体现了两个问题,一个是for循环5次——通过观察法发现,在初次模拟鼠标滑动到页面底部时,需要连续滑动5次左右才能到底部,所以这里循环了5次;另一个是 time.sleep(2) 的作用,主要是为了防止因网络延迟或其他原因导致定位不到元素而报错。

步骤❹:单击【阅读更多】按钮之后,需要定位到信息列表元素获取它的网页源码,示例代码如下。

```
# 获取内容源码
def get_html():
    note_list = driver.find_element_by_class_name("note-list")
    html = note_list.get_attribute('innerHTML')
    return html
```

这里也同样封装成一个方法,直接调用即可返回网页源码。通过在浏览器上分析,发现它的信息列表都在 class="note-list" 的 ul 元素中,如图 13-4 所示。

图 13-4　元素审查

步骤❺:得到了网页源码后就可以使用 XPath 从中提取数据了,通过源码分析,可以看到它的文章标题、简介、作者都在 li 元素下。

相关示例代码如下。

```
# 传入内容网页源码,使用 XPath 提取信息标题、简介、发布昵称
def extract_data(content_html):
    html = etree.HTML(content_html)
    title_list = html.xpath('//li//a[@class="title"]/text()')
```

```
abstract_list = html.xpath('//li//p[@class="abstract"]/text()')
nickname_list = html.xpath('//li//a[@class="nickname"]/text()')
data_list = []
for index,x in enumerate(title_list):
    item = {}
    item["title"] = title_list[index]
    item["abstract"] = abstract_list[index]
    item["nickname"] = nickname_list[index]
    data_list.append(item)
return data_list
```

关于 XPath 的使用方法，在第 3 章有相关介绍，这里通过该方法依次提取出标题、简介、作者后，循环组装成完整的数据列表并返回。读者可以调用此方法通过循环打印查看它的结果，如图 13-5 所示。

图 13-5　获取到的数据

步骤 ❻：保存数据。爬取到这些数据之后，最终的目标是将它保存到 MySQL 数据库中，所以这里需要设计一张表，其表结构如图 13-6 所示。

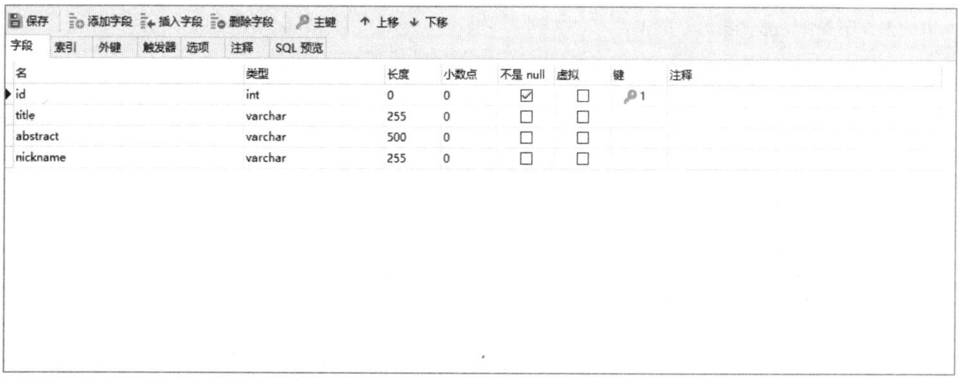

图 13-6　设计表

设计好表后，可以使用以下示例代码，将数据循环保存到数据库中。

```python
from selenium import webdriver
import time
from lxml import etree
import pymysql

driver = webdriver.Chrome()
driver.get('https://www.jianshu.com')

# 加载更多
def load_mord(num):
    # 通过观察发现，打开页面需要鼠标滑动大概 5 次才能出现【阅读更多】按钮
    for x in range(5):
        js = "var q=document.documentElement.scrollTop=100000"
        driver.execute_script(js)
        time.sleep(2)
    if num == 0:
        time.sleep(2)
        # 定位并单击【阅读更多】按钮加载更多
        load_more = driver.find_element_by_class_name("load-more")
        load_more.click()
# 获取内容源码
def get_html():
    note_list = driver.find_element_by_class_name("note-list")
    html = note_list.get_attribute('innerHTML')
    return html


# 传入内容网页源码，使用 XPath 提取信息标题、简介、发布昵称
def extract_data(content_html):
    html = etree.HTML(content_html)
    title_list = html.xpath('//li//a[@class="title"]/text()')
    abstract_list = html.xpath('//li//p[@class="abstract"]/text()')
    nickname_list = html.xpath('//li//a[@class="nickname"]/text()')
    data_list = []
    for index,x in enumerate(title_list):
        item = {}
        item["title"] = title_list[index]
        item["abstract"] = abstract_list[index]
        item["nickname"] = nickname_list[index]
        data_list.append(item)
    return data_list

# 保存到 MySQL 数据库
def insert_data(sql):
    db = pymysql.connect("127.0.0.1", "root", "123456lyl", "xs_db", charset="utf-8")
```

```
try:
    cursor = db.cursor()
    return cursor.execute(sql)
except Exception as ex:
    print(ex)
finally:
    db.commit()
    db.close()

# 模拟单击 10 次【阅读更多】按钮
for x in range(2):
    print(" 模拟单击加载更多第 {} 次 ".format(str(x)))
    load_mord(x)
    time.sleep(1)

resuts = extract_data(get_html())
for item in resuts:
    sql = "insert into tb_test(title,abstract,nickname) values('%s','%s','%s')" \
        """%(item["title"],item["abstract"],item["nickname"])
    insert_data(sql)
```

运行以上代码后,查看数据库表,这时发现已经成功地将数据爬取并保存到数据库中,如图 13-7 所示。至此,本实例全部步骤已经完成。

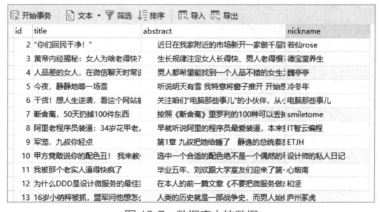

图 13-7　数据库中的数据

13.1.4 实例总结

通过抓取简书实例可以看出,该操作并不复杂,用到的知识点也不多,只需使用 Selenium 和 XPath 即可完成抓取。希望读者在学习的同时,自己实际操作一遍,多观察和分析。此外,还要知道爬取网站的方式有很多,上文介绍的方法并不唯一,读者在实际操作时可以尝试使用其他的知识点,如提取数据可以用 re 正则表达式等。

13.2 实战二：使用 requests 爬取腾讯人口迁徙数据

本节主要以练习 requests 网络请求库和 re 正则表达式为主，查看一个实际的爬虫是如何应用的。

爬取"腾讯人口迁徙数据"网页，地址为 https://heat.qq.com/qianxi.php，这里需要获取迁出城市路线、汽车、火车、飞机所占百分比的数据，并保存到数据库中。

在开始爬取之前，要确保安装了 requests 库，可以直接使用 pip 命令进行安装，其命令如下。

```
pip install requests
```

13.2.1 分析网页结构

步骤❶：打开网页，分析网页结构，网址为 https://heat.qq.com/qianxi.php。

步骤❷：按【F12】键打开调试模式，切换到【Network】面板，单击左侧列表上的【All】按钮刷新页面数据，这时 Network 面板会有很多请求条目，如图 13-8 所示。

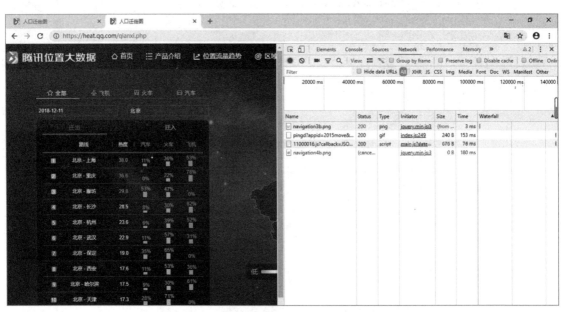

图 13-8　Network 条目

步骤❸：通过观察发现，有一个名为 11000016.js?callback=JSONP_LOADER&_=1544630301980 的请求可疑，单击它并切换到【Preview】选项卡，可以看到，它返回的其实是页面左侧的数据，如图 13-9 所示。

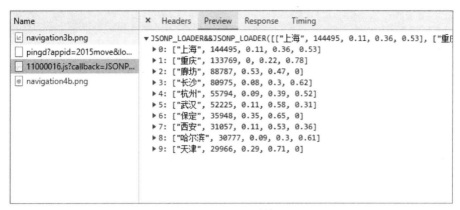

图 13-9　返回数据

步骤❹：有了这个发现后，基本可以确定它是通过这个来渲染数据的。这时就可以使用 requests 库来模拟请求接口爬取数据了。接下来继续分析接口所携带的参数。切换到【Headers】选项卡，如图 13-10 所示。

图 13-10　请求详情

步骤❺：通过观察发现，它获取数据的方式不是一个 Ajax，而是请求的一个 JS 文件，并携带了两个参数 callback=JSONP_LOADER&_=1544630301980。其中，callback 是固定的，_ 是一个随机数。总的来说，通过分析发现，这个 URL 主要由日期、查询的迁出城市的身份证号加类型组成的 8 位数字组成。例如，当前 URL:https://lbs.gtimg.com/maplbs/qianxi/20181206/11000016.js?callback=JSONP_LOADER&_=1544631101698 所查询的是 20181206 表示日期 2018-12-06，其中 11000016.js 是由北京市的身份证号 110000 加上迁出类型 16 组成了 11000016 这个 JS 文件。最终形成一个完整的 URL。

通过以上分析可知，可以按它的规则拼接 URL，然后使用 requests 库模拟请求获取数据。

步骤❻：最后分析返回数据的类型，可以看到，它所返回的是一个类似 JSON 格式的数据类型，但不是一个正规的 JSON 数据，如图 13-11 所示。

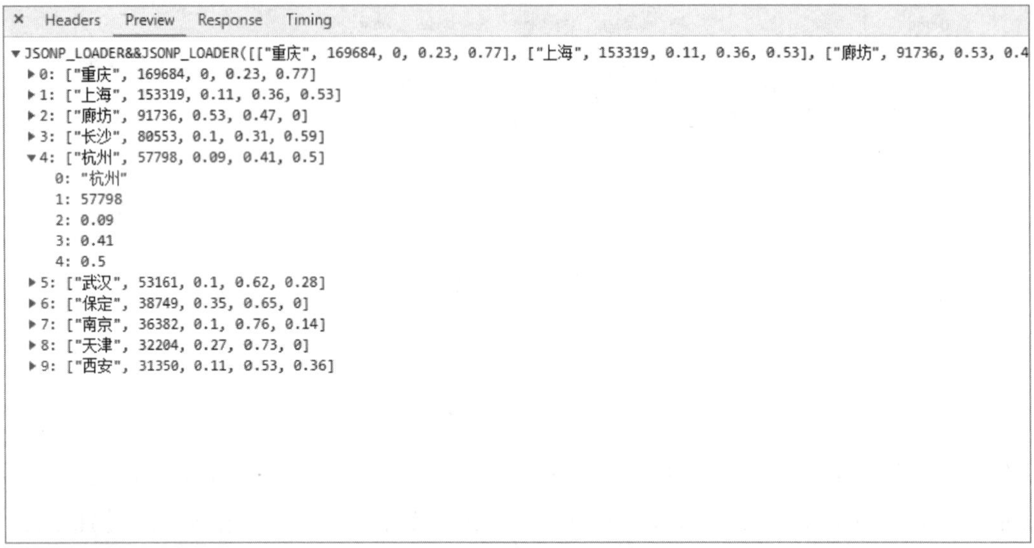

```
× Headers  Preview  Response  Timing
▼JSONP_LOADER&&JSONP_LOADER([["重庆", 169684, 0, 0.23, 0.77], ["上海", 153319, 0.11, 0.36, 0.53], ["廊坊", 91736, 0.53, 0.4
  ▶0: ["重庆", 169684, 0, 0.23, 0.77]
  ▶1: ["上海", 153319, 0.11, 0.36, 0.53]
  ▶2: ["廊坊", 91736, 0.53, 0.47, 0]
  ▶3: ["长沙", 80553, 0.1, 0.31, 0.59]
  ▼4: ["杭州", 57798, 0.09, 0.41, 0.5]
      0: "杭州"
      1: 57798
      2: 0.09
      3: 0.41
      4: 0.5
  ▶5: ["武汉", 53161, 0.1, 0.62, 0.28]
  ▶6: ["保定", 38749, 0.35, 0.65, 0]
  ▶7: ["南京", 36382, 0.1, 0.76, 0.14]
  ▶8: ["天津", 32204, 0.27, 0.73, 0]
  ▶9: ["西安", 31350, 0.11, 0.53, 0.36]
```

图 13-11　测试打印数据类型

13.2.2 爬取思路

本实例爬取思路非常简单，只需模拟拼接 URL，直接使用 requests 请求即可获取数据，再使用正则表达式从结果中提取出标准的正则格式数据，然后转换，关于拼接 RUL 时所涉及的城市身份证号可以到百度搜索。

13.2.3 动手编码实现爬取

接下来开始实现爬取人口迁出数据，相关步骤如下。

步骤❶：新建 py 文件，这里新建了一个 tx_qx_spider.py 文件，然后在头部导入所需要涉及的库，代码如下。

```
import requests
import re
import pymysql
```

步骤❷：编写方法，模拟请求接口返回数据，这里在请求 URL 时，建议将日期和身份证号类型当成动态参数拼接，代码如下。

```
# 通过传入日期和身份证号编码获取数据
def get_data(date,id_card):
    url = "https://lbs.gtimg.com/maplbs/qianxi/{}/{}16.js?" \
          "callback=JSONP_LOADER&_=1544629917954".format(date,id_card)
    res = requests.get(url)
    return res.text
```

```
print(get_data("20181206","110000"))
```

运行以上代码，测试打印结果如图 13-12 所示，可以看到，已经成功拿到了数据。

图 13-12　测试打印结果

步骤❸：接下来需要解析数据，也就是提取出需要的部分，这里先使用 replace() 将一些多余的字符串替换，使这个数据格式变成一个规范的 JSON 格式，运行以下代码，结果如图 13-13 所示，可以看到，已经拿到了所需要的结果。

```
res_text = get_data("20181206","110000")
results = res_text.replace("JSONP_LOADER&&JSONP_LOADER(","").replace(",])","]")
for item in json.loads(results):
    print(item)
```

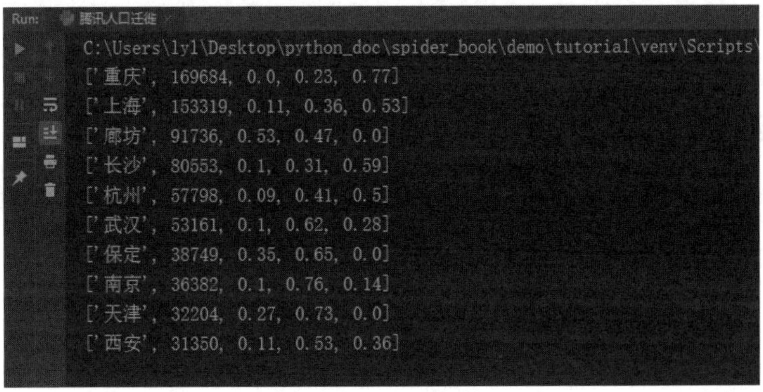

图 13-13　运行结果

步骤❹：到这里，仅仅爬取了一个城市和一个日期的数据。下面需要继续爬取多个城市、不同日期的数据。接着编写代码，假定需要查询日期为 20181201、20181202、20181203、20181204；查询城市为上海、成都、天津；身份证号分别为 310000、510000、120100，代码如下。

```
date_list = ["20181201","20181202","20181203""20181204"]
id_card_list = ["310000","510000","120100"]
for date in date_list:
    for card in id_card_list:
        res_text = get_data("20181206","110000")
        results = res_text.replace("JSONP_LOADER&&JSONP_LOADER(","").replace(",])","]")
        for item in json.loads(results):
            print(item)
```

这样就拿到了数据，然后就可以将数据保存到数据库或写入 Excel 中了。至此，本实例爬取步骤全部完成，其完整代码如下。

```python
import requests
import json

# 通过传入日期和身份证号编码获取数据
def get_data(date,id_card):
    url = "https://lbs.gtimg.com/maplbs/qianxi/{}/{}16.js?" \
          "callback=JSONP_LOADER&_=1544629917954".format(date,id_card)
    res = requests.get(url)
    return res.text

date_list = ["20181201","20181202","20181203""20181204"]
id_card_list = ["310000","510000","120100"]
for date in date_list:
    for card in id_card_list:
        res_text = get_data("20181206","110000")
        results = res_text.replace("JSONP_LOADER&&JSONP_LOADER(","").replace(",])","]")
        for item in json.loads(results):
            print(item)
            # 此处可以进行保存到数据库操作
```

13.2.4 实例总结

本实例比较简单，使用了 requests 库进行请求获取数据，但 requests 的功能远不止这些，具体可查看第 3 章。

13.3 实战三：Scrapy 爬取豆瓣电影

本节实现用 Scrapy 爬取豆瓣电影 top250 的名称、电影简要介绍、豆瓣评分、电影概括，并将数据保存到 MySQL 数据库中，通过此实例加深对 Scrapy 框架的认识。在爬取前，要确保安装了 Scrapy 和 PyMySQL。

13.3.1 分析豆瓣电影网页结构

打开豆瓣电影页面，地址为 https://movie.douban.com/top250。通过分析发现，此网站电影列表结构比较规则，都放在 class="grid_view" 的 ol 元素中，如图 13-14 所示。

第 13 章 爬虫项目实战

图 13-14　豆瓣电影首页

使用 scrapy startproject movie 命令新建一个 Scrapy 项目，新建后的项目结构如图 13-15 所示。

图 13-15　新建项目结构

其中，几个 Python 文件的功能如下。

（1）items.py：定义需要爬取并后期处理的数据。

（2）pipeline.py：用于存储后期数据处理的功能，从而使得数据的爬出和处理分开，可以在这个文件中把数据存储到 MySQL 数据库。

（3）settings.py：配置 Scrapy，从而修改 user-agent，设定爬取时间间隔，设置代理，配置各种中间件等。

（4）spiders 目录下的 MovieSpider.py：自定义爬虫，主要爬取电影的名称、电影简要介绍、豆瓣评分、电影概括。

13.3.2 爬取的数据结构定义（items.py）

通过 items.py 文件定义需要爬取的字段，代码如下。

```python
from scrapy import Item, Field

class MovieItem(Item):
    title = Field()
    movieInfo = Field()
    star = Field()
    quote = Field()
    url = Field()
    intro = Field()
```

13.3.3 爬虫器（MovieSpider.py）

接下来在 spiders 目录下新建一个爬虫文件，开始爬虫代码编写，示例代码如下。

```python
from scrapy.spiders import Spider
from scrapy.http import Request
from scrapy.selector import Selector
from tutorial.items import MovieItem

class MovieSpider(Spider):
    name = 'movie'
    url = 'https://movie.douban.com/top250'
    start_urls = ['https://movie.douban.com/top250']

    def parse(self, response):
        item = MovieItem()
        selector = Selector(response)
        movies = selector.xpath('//div[@class="info"]')
        for movie in movies:
            title = movie.xpath('div[@class="hd"]/a/span/text()').extract()
            fullTitle = ''
            for each in title:
                fullTitle += each
            movieInfo = movie.xpath('div[@class="bd"]/p/text()').extract()
            star = movie.xpath('div[@class="bd"]/div[@class="star"]'
                               '/span[@class="rating_num"]/text()').extract()[0]
            quote = movie.xpath('div[@class="bd"]/p/span/text()').extract()
            if quote:
                quote = quote[0]
            else:
                quote = ''
            item['title'] = fullTitle
```

```
            item['movieInfo'] = ';'.join(movieInfo).replace(' ', '').replace('\n', '')
            item['star'] = star[0]
            item['quote'] = quote
            yield item
        nextPage = selector.xpath('//span[@class="next"]/link/@href').extract()
        if nextPage:
            nextPage = nextPage[0]
            print(self.url + str(nextPage))
            yield Request(self.url + str(nextPage), callback=self.parse)
```

13.3.4 pipeline 管道保存数据

接着，可以对数据库进行连接和存储。这个过程可在 pipeline.py 文件中完成，代码如下。

```
import pymysql

class MoviePipeline(object):
    def __init__(self):
        self.conn = pymysql.connect(host='127.0.0.1', port=3306, user='fengj',
                    passwd='gogg897@!', db='Content',
                    charset='utf-8')
        self.cursor = self.conn.cursor()
        self.cursor.execute("truncate table Movie")
        self.conn.commit()

    def process_item(self, item, spider):
        try:
            self.cursor.execute("insert into Movie (name,movieInfo,star,quote,url,intro)"
                " VALUES (%s,%s,%s,%s,%s,%s)", (
                item['title'], item['movieInfo'], item['star'], item['quote'], item['url'], item['intro']))
            self.conn.commit()
        except pymysql.Error:
            print("Error%s,%s,%s,%s" % (item['title'], item['movieInfo'], item['star'], item['quote']))
        return item
```

最后，在 settings.py 文件中找到 ITEM_PIPELINES 并添加以下代码。

```
'movie.pipelines.MoviePipeline': 300,
```

13.3.5 将数据存储到 MySQL 数据库

最后，要在本地数据库建立 Movie 表，语法格式如下，运行爬虫即可爬取数据并保存。

```
CREATE TABLE Movie (
    id      INT     NOT NULL PRIMARY KEY AUTO_INCREMENT
    COMMENT ' 自增 id',
```

```
    name       VARCHAR(1024) NOT NULL
    COMMENT ' 电影名称 ',
    movieInfo  VARCHAR(1024) NOT NULL
    COMMENT ' 电影详情 ',
    star       VARCHAR(16)              DEFAULT NULL
    COMMENT ' 豆瓣评分 ',
    quote      VARCHAR(1024)            DEFAULT NULL
    COMMENT ' 经典台词 ',
    createtime DATETIME                 DEFAULT CURRENT_TIMESTAMP
    COMMENT ' 添加时间 '
)
ENGINE = InnoDB
DEFAULT CHARSET = utf-8;
```

13.3.6 实例总结

本实例主要练习 Scrapy 框架的实战使用，完成从分析网站结构到将数据爬取下来，并保存到数据库中的整个流程。此实例除需要重点掌握 XPath 提取数据和数据保存外，还要注意一些细节性的问题，如编码及 Scrapy 框架的基本配置。

13.4 实战四：使用 Selenium 多线程异步爬取同城旅游网机票价格信息

在使用 Selenium 进行数据爬取时会发现，它的爬取速度较慢，这时为了提升它的效率，就会考虑采用多线程来爬取。所以，本实例将会以爬取同城旅游网的机票信息为例，讲解如何使用多线程异步爬取提升速度。

在开始爬取之前，要确保已经安装了正确的环境。这里所涉及的库及版本信息如下，安装好相应的依赖环境后，就可以进行以下操作。

```
python3.6.4
selenium == 3.13.0
lxml == 4.2.1
Chromedriver == 2.35
```

13.4.1 分析同城旅游网

使用浏览器打开同城旅游网首页 https://www.ly.com/FlightQuery.aspx。这里如果需要查询机票信息，首先要填写出发城市、到达城市和出发日期，然后单击【搜索】按钮才会进行跳转查询，返回已经查询出的机票信息结果列表,如图 13-16 所示。这里假定出发城市填写"成都",到达城市填写"北京",出发日期填写"2019-02-03"然后单击【搜索】按钮,将会得到如图 13-17 所示的机票信息。

图 13-16　同城旅游网机票查询首页

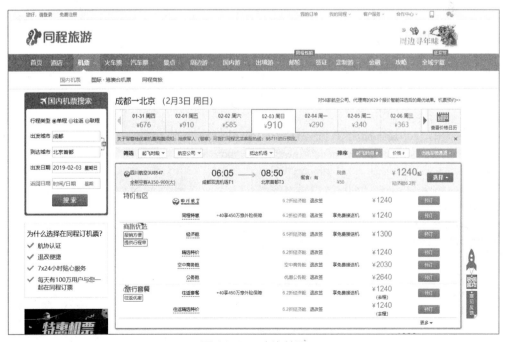

图 13-17　查询结果

温馨提示：

需要注意的是，当填写出发城市或填写到达城市时，会出现下拉选项，其中会出现要填写城市的所有机场，如果未选择，会默认选择第一个，如图13-18所示。

图 13-18 下拉选项提示

分析了这个查询流程后，接下来需要编写代码使用 Selenium 来模拟这个过程，以实现抓取数据的目的。

13.4.2 编码实现抓取数据

前面已经分析了人工操作查询机票信息的流程，下面用代码模拟实现这个过程，参考步骤如下。

步骤❶：新建一个 ly_spider.py 文件，并在文件头部引入以下引用。

```
from selenium import webdriver
from selenium.webdriver.support.wait import WebDriverWait
from selenium.webdriver.support import expected_conditions as EC
from selenium.webdriver.common.by import By
from selenium.webdriver.common.keys import Keys
from selenium.webdriver.chrome.options import Options
from threading import Thread
import time
import re
from lxml import etree
import platform
import random
import uuid
```

步骤❷：新建一个类，用于编写爬虫。然后写一个初始化方法，该方法将在实例化类时传入出发城市名称、抵达城市名称和日期，同时初始化 Selenium 驱动对象，示例代码如下。这里做了一个系统判断，若在 Windows 系统下，则开启弹出模式以方便调试；若在 Linux 系统下，则开启无头模式和关闭沙箱模式。同时建议加上"user-agent"参数。

```python
class LySpider():

    '''
    @:param date_str 查询日期
    @:param start_city 查询起始城市
    @:param arrive_city 查询抵达城市
    '''
    def __init__(self,date_str=None,start_city=None,arrive_city=None):
        self.date_str = date_str
        self.start_city = start_city
        self.arrive_city = arrive_city
        options = Options()
        # 开启无头模式
        options.add_argument('--headless')
        # 这个命令禁止沙箱模式，否则可能会报错或遇到 chrome 异常
        options.add_argument('--no-sandbox')
        # 建议加上 user-agent，因为在 Linux 系统下有时会被当成手机版的，所以会发现代码报错
        Num = str(float(random.randint(500,600)))
        options.add_argument("user-agent=Mozilla/5.0 (Windows NT 10.0; WOW64) AppleWebKit/{}"
                             " (KHTML, like Gecko) Chrome/69.0.3497.100 Safari/{}".format(num,num))
        options.add_argument('Origin=https://www.ly.com')
        sys_str = platform.system()
        if sys_str == "Linux":
            self.driver = webdriver.Chrome(executable_path='/home/chromedriver',
                            chrome_options=options)
        else:
            self.driver = webdriver.Chrome()
```

步骤❸：已经初始化了相关信息，接下来可以使用初始化的 driver 和查询参数模拟人工填充出发、抵达城市和日期，最后单击【搜索】按钮的过程，示例代码如下。这里定义一个类方法：get_query_results()，用于模拟这个过程获取查询结果的 HTML 源码。

```python
    '''
    通过 Selenium 控制 Chrome 驱动，完成模拟人工输入查询地址和
    日期，然后单击提交获取查询结果 HTML 的流程
    '''
    def get_query_results(self):

        '''
        隐性等待和显性等待可同时使用，但需要注意的是，等待的最长时间取两者之中的大者
        '''
        self.driver.implicitly_wait(10)
```

```python
self.driver.get('https://www.ly.com/FlightQuery.aspx')
locator = (By.ID, 'txtAirplaneCity1')
try:
    # 显性等待
    WebDriverWait(self.driver, 20, 0.5).until(
        EC.presence_of_element_located(locator))
    # 起始地城市 input 元素获取并清空值，然后填入城市名称，输入之后模拟按【Enter】键
    txtAirplaneCity1 = self.driver.find_element_by_id("txtAirplaneCity1")
    # 通过 js 清空起始地城市值，并填充新的值
    js_clear_city1 = ''' document.getElementById('txtAirplaneCity1').value="" '''
    self.driver.execute_script(js_clear_city1)
    txtAirplaneCity1.send_keys(self.start_city)
    txtAirplaneCity1.send_keys(Keys.ENTER)

    # 抵达地城市 input 元素获取并清空值，然后填入城市名称，输入之后模拟按【Enter】键
    txtAirplaneCity2 = self.driver.find_element_by_id("txtAirplaneCity2")
    txtAirplaneCity2.clear()
    # 通过 js 清空抵达地城市值，并填充新的值
    js_clear_city2 = ''' document.getElementById('txtAirplaneCity2').value="" '''
    self.driver.execute_script(js_clear_city2)
    txtAirplaneCity2.send_keys(self.arrive_city)
    txtAirplaneCity2.send_keys(Keys.ENTER)

    # 如果所查询的日期在当月范围内，则定位到日历插件中第 1 个 div
    # 否则定位到第 2 个 div，div1 表示当月，div2 表示下一个月
    if is_same_month(self.date_str):
        # 定位到日历插件
        element_calendar = self.driver.find_elements_by_xpath(
            "/html/body/div[17]/div/div[1]/div[1]/div/table/tbody/tr/td/span")
        for item in element_calendar:
            if item.text == get_day(self.date_str):
                item.click()
    else:
        element_calendar = self.driver.find_elements_by_xpath(
            "/html/body/div[17]/div/div[1]/div[2]/div/table/tbody/tr/td/span")
        for item in element_calendar:
            if item.text == get_day(self.date_str):
                item.click()
    # 定位【搜索】按钮并模拟单击提交
    airplaneSubmit = self.driver.find_element_by_id("airplaneSubmit")
    airplaneSubmit.click()
    # 显性等待后，定位到机票查询结果 div，然后获取 div 内的 HTML
    locator_content = (By.ID, 'allFlightListDom_1')
    WebDriverWait(self.driver, 20, 0.5).until(
        EC.presence_of_element_located(locator_content))
    flight_list_html = self.get_flight_list_dom()
```

```python
        # 返回结果
        data_list = []
        '''
        此处判断返回的 flight_list_html 中是否包含机票信息，如果有
        直接返回此 HTML 代码，否则使用 for 循环重新尝试 10 次，每循环一次暂
        停一秒（这里这样写是因为实际情况中可能存在网络延迟、加载慢等导致获取不到内容的情况）
        '''
        if flight_list_html:
            for item in flight_list_html:
                data_list.append(item.get_attribute('innerHTML'))
        else:
            for x in range(10):
                flight_list_html = self.get_flight_list_dom()
                if flight_list_html:
                    for item in flight_list_html:
                        data_list.append(item.get_attribute('innerHTML'))
                    break
                time.sleep(1)
        return data_list

    except Exception as ex:
        print(ex)
    finally:
        self.driver.close()
```

> **温馨提示：**
> 　　需要注意的是，在模拟日期选择时，要多加一个判断，如下面的代码，这里封装了一个方法，用户获取点击的日期。
>
> ```python
>     # 获取选中的天
>     def get_day(date_str):
>
>         if date_str == str(time.strftime('%Y-%m-%d',time.localtime(time.time()))):
>             return " 今天 "
>         elif date_str == "2019-01-01":
>             return " 元旦 "
>         elif date_str == "2018-12-25":
>             return " 圣诞 "
>         elif date_str == "2019-02-04":
>             return " 除夕 "
>         elif date_str == "2019-02-04":
>             return " 春节 "
> ```

```
        elif date_str == "2019-02-14":
            return " 情人节 "
        elif date_str == "2019-02-19":
            return " 元宵节 "
        elif date_str == "2019-04-05":
            return " 清明 "
        elif date_str == "2019-05-01":
            return " 五一 "
        elif date_str == "2019-06-01":
            return " 儿童节 "
        elif date_str == "2019-06-07":
            return " 端午 "
        elif date_str == "2019-08-07":
            return " 七夕 "
        elif date_str == "2019-09-13":
            return " 中秋节 "
        elif date_str == "2019-10-01":
            return " 国庆 "
        elif date_str == "2019-12-25":
            return " 圣诞 "
        else:
            return str(int(date_str.split("-")[2]))
```

步骤❹：得到了查询结果的 HTML 代码，下面在 HTML 代码中先匹配包含机票信息列表的 div 元素，如图 13-19 所示。

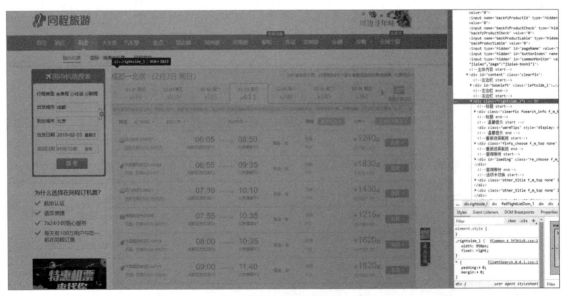

图 13-19　要获取的 div

代码如下。

```python
'''
定位到机票查询结果div，然后获取div内的HTML
'''
def get_flight_list_dom(self):
    '''
    显性等待后，定位到机票查询结果div，然后获取div内的HTML
    通过观察页面发现这个机票列表数据有3种格式，所以将它们都
    提取出来拼接成一个List返回
    '''
    flight_list_html_n = self.driver.find_elements_by_xpath(
        '//div[@class="clearfix flightList"]//div[@class="flist_box"]'
    )
    flight_list_html_top = self.driver.find_elements_by_xpath(
        '//div[@class="clearfix flightList"]//'
        'div[@class="flist_box f_m_top flist_boxat"]'
    )
    flight_list_html_boxbot = self.driver.find_elements_by_xpath(
        '//div[@class="clearfix flightList"]//div[@class="'
        'flist_box flist_boxbot"]'
    )
    return flight_list_html_n+flight_list_html_top+flight_list_html_boxbot
```

步骤❺：提取数据。提取出航空公司名称、航班号、票价等信息，代码如下。

```python
'''
提取数据
@:param respone get_query_results()方法中返回的结果内容
'''
def extract(self,respone):
    try:
        data_list = []
        for item in respone:
            data = {}
            html = etree.HTML(item)
            # ID
            data["air_id"] = str(uuid.uuid4())
            # 航空公司
            airline = html.xpath('/html/body/table/tbody/tr/td[1]/div[1]/text()')
            data["airline"] = airline[0] if airline else ""
            # 航班号
            flight_number = re.findall("[a-zA-Z]{2}\d+",
                airline[0])+re.findall("\d[a-zA-Z]{1}\d+", airline[0])
            data["flight_number"] = flight_number[0] if flight_number else ""
            # 出发时间
            dep_time = html.xpath(
```

```python
            '/html/body/table/tbody/tr/td[2]/div[1]/text()'
        )
        data["dep_time"] = dep_time[0] if dep_time else ""
        # 出发机场
        dep_airport = html.xpath(
            '/html/body/table/tbody/tr/td[2]/div[2]/text()'
        )
        data["dep_airport"] = dep_airport[0] if dep_airport else ""
        # 飞机类型
        aircraft_type = html.xpath(
            '/html/body/table/tbody/tr/td[1]/div[2]/a/text()'
        )
        data["aircraft_type"] = aircraft_type[0] if aircraft_type else ""
        # 抵达时间
        arr_time = html.xpath(
            '/html/body/table/tbody/tr/td[4]/div[1]/text()'
        )
        data["arr_time"] = arr_time[0] if arr_time else ""
        # 抵达机场
        arr_airport = html.xpath(
            '/html/body/table/tbody/tr/td[4]/div[2]/text()'
        )
        data["arr_airport"] = arr_airport[0] if arr_airport else ""
        # 价格
        price = html.xpath(
            '/html/body/table/tbody/tr/td[8]/div[1]/span[1]/em[1]/text()'
        )
        data["price"] = price[0] if price else ""
        # 出发日期
        data["date_str"] = self.date_str
        # 采集时间
        data["create_time"] = str(time.strftime('%Y-%m-%d %H:%M:%S',
            time.localtime(time.time())))
        data_list.append(data)
    return data_list
except Exception as ex:
    print(ex)
    return None
```

步骤❻：封装一个方法用于多线程异步执行，代码如下。

```python
# 多线程异步方法执行封装
def async(func):
    def wrapper(*args, **kwargs):
        thr = Thread(target=func, args=args, kwargs=kwargs)
        thr.start()
    return wrapper
```

步骤 ❼：编写测试代码调用爬取，假如这里开启两个线程同时爬取两个日期的数据，会大大加快爬取速度。

```python
if __name__ == "__main__":

    @async
    def run_spider(date):
        print("------- 进入 {} ---------- 爬取 ".format(date))
        ly_spider = LySpider(date," 成都 "," 北京 ")
        res = ly_spider.get_query_results()
        data_list = ly_spider.extract(res)
        for item in data_list:
            print(item)
            # 此处可以调用保存数据的方法
            # ly_spider.save(item)

    date_list = ["2019-02-01", "2019-01-31"]
    for x in date_list:
        run_spider(x)
```

运行以上代码，得到与机票相关的信息，如图 13-20 所示。

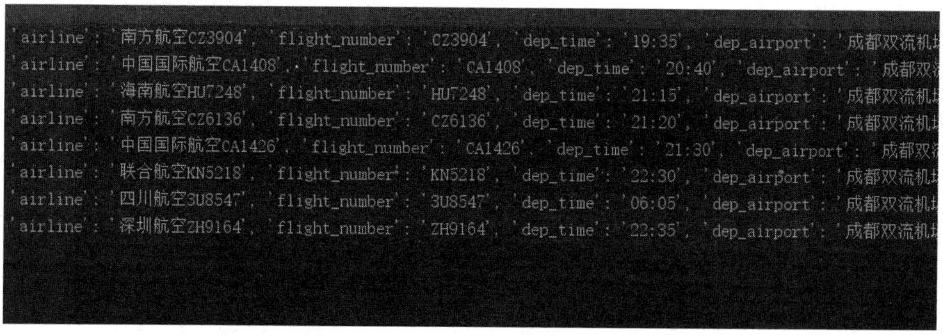

图 13-20　获取到的机票信息

13.4.3 实例总结

本实例主要练习多线程异步的使用方法，同时加深对 Selenium 的一些复杂应用的练习。

13.5 实战五：数据分析 Dessert Apples 下 12 种苹果全年最高、最低和平均销量

本实例主要练习数据分析，数据源如图 13-21 所示，提取分析了 2004 年 Dessert Apples 下 12

种苹果全年最高、最低、平均销量。

	A	B	C	D	E	F	G	H	I	J	K	L	M
1	2004	Catagries	Quality	Units	Jan	Feb	Mar	Apr	May	Jun	Jul	Aug	Sep
2	FRUIT												
3		Blackberr	All Varie-	£/kg							3.26	3.24	3.61
4		Blackcurr	All Varie-	£/kg							3.32	3.53	
5		Cherries	Sweet Bla	1st	£/kg						1.69	1.72	3.68
6			Sweet Bla	2nd	£/kg						1.11	1.08	
7			Sweet Bla	Ave	£/kg						1.53	1.54	
8			Sweet Whi	1st	£/kg						1.53	1.56	
9			Sweet Whi	2nd	£/kg							1.1	
10			Sweet Whi	Ave	£/kg							1.47	
11		Cooking A	Bramley'	1st	£/kg	0.68	0.65	0.66	0.68	0.76	0.82	1.1	0.65	0.51
12			Bramley'	2nd	£/kg	0.44	0.45	0.39	0.42	0.54	0.58	0.66	0.49	0.37
13			Bramley'	Ave	£/kg	0.59	0.56	0.51	0.55	0.66	0.7	1.03	0.64	0.49
14		Damsons	All Varie	1st	£/kg							0.99	0.98	0.78
15			All Varie	2nd	£/kg								0.55	0.69
16			All Varie	Ave	£/kg								0.98	0.76
17		Dessert A	Cox' s Or	1st	£/kg	0.62	0.63	0.6	0.58					0.68
18			Cox' s Or	2nd	£/kg	0.4	0.4	0.4	0.42					0.39
19			Cox' s Or	Ave	£/kg	0.55	0.54	0.5	0.51					0.64
20			Discovery	1st	£/kg							0.75	0.51	0.37
21			Discovery	2nd	£/kg							0.66	0.33	0.25
22			Discovery	Ave	£/kg							0.74	0.48	0.32
23			Egremont	1st	£/kg	0.57	0.58	0.5					0.83	0.64

图 13-21 数据源

在开始本实例之前，需要确保 Numpy、Pandas 环境正确。

13.5.1 Pandas 读取数据

要处理这个数据，需要先将它从文件中读取出来，代码如下，filename 可以直接从盘符开始，标明每一级的文件夹直到 CSV 文件；header=None 表示头部为空；sep=' ' 表示数据间使用空格作为分隔符，如果分隔符是逗号，只需换成 ',' 即可。例如，下面的示例代码中，fruitveg.csv 表示要的读取的 CSV 文件名称，也就是前面提到的 filename，后面的 sep 参数这里是以逗号","作为分隔符进行分隔，具体应以实际情况为准。

```
a = pd.read_csv('fruitveg.csv',sep=',')
a2 = a[1:205] # 选取 2004 年的数据
a3 = a2[14:44] # 选取 Dessert Apples 的数据
```

13.5.2 获取索引，drop_duplicates() 去重

将数据读取出来后，去除一些重复的数据，代码如下。

```
ListColumn_d = list(a3['Catagries'].drop_duplicates());
ListColumn = list(a3['Catagries']);
del a3['2004']
# 修改 index 为 Catagries 列
a4 = a3.set_index('Catagries')
del a4['Quality']
del a4['Units']
```

```
print(a4)
df3 = pd.DataFrame(columns=['1st', '2nd', 'Ave'], index=ListColumn_d)
```

13.5.3 实现分析数据

下面开始编写代码实现分析并绘图。

```
def data_deal(cog,type):
    if type == 'Other Early Season' or type == 'Other Mid Season' or type == 'Other Late Season':
        cog_1st = cog.astype('float').max()
        cog_2nd = cog.astype('float').min()
        cog_Ave = cog.astype('float').mean()
        print('%s' % type + ' 品种苹果 : 全年最高销售价 ' + str(cog_1st) +
              ' 平均售价 ' + str(cog_Ave) + ' 最低售价 ' + str(cog_2nd))
    else:
        cog_copy = cog.copy()
        # 改变索引值
        cog_copy.index.values[0] = cog_copy.index.values[0] +'_1st'
        cog_copy.index.values[1] = cog_copy.index.values[1] +'_2nd'
        cog_copy.index.values[2] = cog_copy.index.values[2] +'_Ave'

        cog_1st = '%.2f' % cog_copy.loc[cog_copy.index.values[0]].astype('float').max()
        cog_2nd = '%.2f' % cog_copy.loc[cog_copy.index.values[1]].astype('float').min()
        cog_Ave = '%.2f' % cog_copy.loc[cog_copy.index.values[2]].astype('float').mean()
        print('%s'%type+' 品种苹果 : 全年最高销售价 '+str(cog_1st)+
              ' 平均售价 '+str(cog_Ave)+' 最低售价 '+str(cog_2nd))
        # 定义数据 list 集合
        # 必须转成 float,不然后面调用 plot 画图会出错
        list = [float(cog_1st),float(cog_Ave),float(cog_2nd)]
        df3.loc['%s'%type] = list

# 处理各个品类的苹果
for x in ListColumn_d:
    print(x)
    cog = a4.loc[x]
    data_deal(cog, x)
print(df3)
# Dessert Apples 全年销量统计图
df3.plot(kind ='bar',figsize=(10,10))
plt.title('Dessert Apples All-Year Data')
plt.show()
```

运行以上代码,得到如图 13-22 所示的结果。

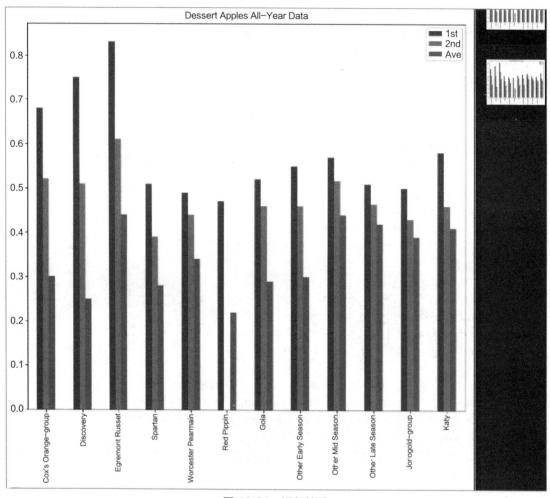

图 13-22 运行结果

13.5.4 实例总结

这个实例主要练习常见基本数据分析的使用方法，关于这部分的知识，在实际工作中用得不多，主要是一些研究机构使用，真正互联网公司的数据分析都是 Web 化的。所以，读者只需了解就可以，不必太过深究。

13.6 实战六：中国南方航空机票信息爬取

这个练习主要是爬取中国南方航空网的机票信息，并将爬取到的数据保存到文本文件中。本实例主要用到了 requests 库。

13.6.1 分析中国南方航空网

用浏览器打开中国南方航空网的首页 https://www.csair.com/cn/index.shtml，如图 13-23 所示。

图 13-23　中国南方航空官网

按【F12】键进入调试模式，如图 13-24 所示，然后在条件输入框中输入地址和日期，单击【立即查询】按钮，出现如图 13-25 所示的界面。

图 13-24　输入查询条件

图 13-25　查询结果

这时观察调试的 Network 面板，会发现有很多的请求条目。其中有一个名称为 query 的请求，单击该请求，如图 13-26 所示。

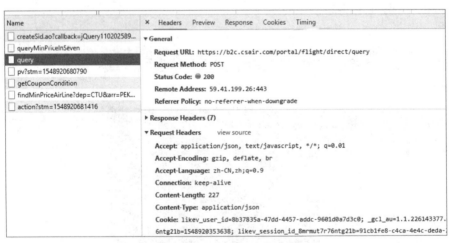

图 13-26　query 请求信息

接下来选择【Preview】选项卡，就会看到这个请求所返回的结果。通过观察发现，这个结果就是需要的机票信息列表。

有了这个发现后，基本确定可以使用这个接口去获取数据，再次切换到【Headers】选项卡，查看请求方式和请求所需要携带的参数。这里可以看到，它使用的是 POST 方式，并且携带了很多的参数，如图 13-27 所示。

```
▼ Request Payload    view source
  ▼ {depCity: "CTU", arrCity: "PEK", flightDate: "20190131", adultNum: "1", childNum: "0", infantNum: "0",…}
      action: "0"
      adultNum: "1"
      airLine: 1
      arrCity: "PEK"
      cabinOrder: "0"
      cache: 0
      childNum: "0"
      depCity: "CTU"
      flightDate: "20190131"
      flyType: 0
      infantNum: "0"
      international: "0"
      isMember: ""
      preUrl: ""
      segType: "1"
```

图 13-27　请求参数

13.6.2 编写代码进行爬取

通过前面的分析已经得到了请求的接口和需要的参数，接下来可以使用 requests 库通过参数构造请求获取数据，相关的步骤如下。

步骤❶：新建一个文件，这里命名为 csair_spider.py 并在文件头部引入以下包。

```
import requests
```

步骤❷：创建一个类，添加初始化方法，初始化时需要传入出发地、抵达地和日期。例如，下面的示例创建了一个名为 CsairSpider 的类。

```
'''
中国南方航空机票信息爬取
'''
class CsairSpider():

    def __init__(self,dep_city,arr_city,date_str):
        self.dep_city = dep_city
        self.arr_city = arr_city
        self.date_str = date_str
```

步骤❸：编写方法，请求接口获取数据。

```
'''
获取接口数据
'''
def get_data(self):
    try:
        url = "http://b2c.csair.com/portal/flight/direct/query"
        json_data = {
```

```
            "action":"0",
            "adultNum":"1",
            "airLine":1,
            "arrCity":self.arr_city,
            "cabinOrder":"0",
            "cache":0,
            "childNum":"0",
            "depCity":self.dep_city,
            "flightDate":self.date_str,
            "flyType":0,
            "infantNum":"0",
            "international":"0",
            "isMember":"",
            "preUrl":"",
            "segType":"1"
        }
        res = requests.post(url,json=json_data)
        data = res.json()
        if data["success"] == True:
            return data["data"]
        else:
            return None
    except Exception as ex:
        print(ex)
```

步骤❹：提取数据。

```
'''
提取数据列表
'''
def extract(self,respone):
    data_list = []
    for item in respone["segment"][0]["dateFlight"]["flight"]:
        data = {}
        data["dep_airport"] = item["depPort"]
        data["arr_airport"] = item["arrPort"]
        data["dep_city"] = respone["citys"][1]["zhName"]
        data["arr_city"] = respone["citys"][0]["zhName"]
        data["flightNo"] = item["flightNo"]
        data["depTime"] = item["depTime"][0:2]+":"+item["depTime"][2:4]
        data["arrTime"] = item["arrTime"][0:2]+":"+item["arrTime"][2:4]
        data["depDate"] = item["depDate"][0:4]+"-"+item["depDate"][4:6]+"-"+item["depDate"][6:8]
        data["arrDate"] = item["arrDate"][0:4]+"-"+item["arrDate"][4:6]+"-"+item["arrDate"][6:8]
        data["plane"] = item["plane"]
        data["price"] = []

        if item["cabin"]:
```

```
            for x in item["cabin"]:
                price = {}
                price["adultPrice_"+x["name"]] = x["adultPrice"]
                data["price"].append(price)
            # 判断是否是共享航班
            if item["codeShare"] != "TRUE":
                data_list.append(data)
    return data_list
```

步骤❺：将数据保存到 csair_data.log 文件中。

```
'''
保存数据
'''
def save(self,data):
    try:
        # 以下将数据保存到 kafka 中
        if data:
            with open("csair_data.log","a+")as f:
                f.write(str(data))
                f.write("\n")
    except Exception as ex:
        pass
```

步骤❻：运行测试。

```
csair_spider = CsairSpider("CTU","PEK","20190205")
results = csair_spider.get_data()
data = csair_spider.extract(results)
for item in data:
    # print(item)
    csair_spider.save(item)
```

运行以上代码，得到如图 13-28 所示的信息。可以看到，已经将数据保存到文件中。

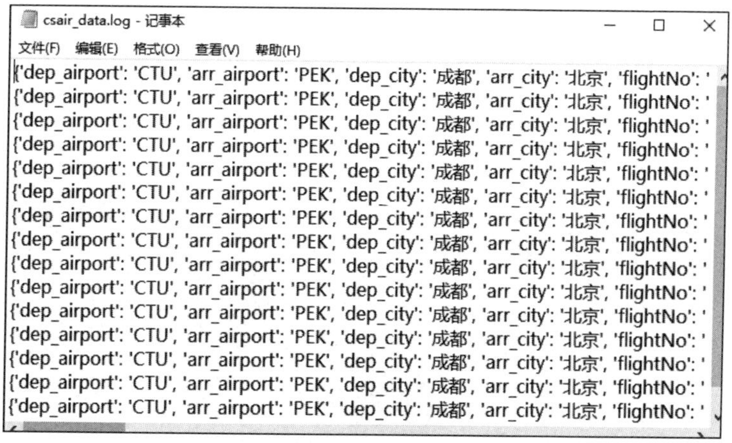

图 13-28　获取到的数据

13.6.3 实例总结

本实例比较简单，主要用到了 requests 库，直接请求分析得到的 Ajax 接口。通过这个练习可以加深对 requests 基本使用方法的印象。

本章小结

本章通过几个实战案例，对前面所学的知识进行了回顾，加深了对爬虫常用技术的理解和认识。本章所涉及的案例希望读者都能够进行实际操作，并在练习过程中不断对知识进行思考。

附录　Python 常见面试题精选

1. 基础知识（7题）

题 01：Python 中的不可变数据类型和可变数据类型是什么意思？

题 02：请简述 Python 中 is 和 == 的区别。

题 03：请简述 function(*args, **kwargs) 中的 *args, **kwargs 分别是什么意思？

题 04：请简述面向对象中的 __new__ 和 __init__ 的区别。

题 05：Python 子类在继承自多个父类时，如多个父类有同名方法，子类将继承自哪个方法？

题 06：请简述在 Python 中如何避免死锁。

题 07：什么是排序算法的稳定性？常见的排序算法如冒泡排序、快速排序、归并排序、堆排序、Shell 排序、二叉树排序等的时间、空间复杂度和稳定性如何？

2. 字符串与数字（7题）

题 08：s = "hfkfdlsahfgdiuanvzx"，试对 s 去重并按字母顺序排列输出 "adfghiklnsuvxz"。

题 09：试判定给定的字符串 s 和 t 是否满足将 s 中的所有字符都可以替换为 t 中的所有字符。

题 10：使用 Lambda 表达式实现将 IPv4 的地址转换为 int 型整数。

题 11：罗马数字使用字母表示特定的数字，试编写函数 romanToInt()，输入罗马数字字符串，输出对应的阿拉伯数字。

题 12：试编写函数 isParenthesesValid()，确定输入的只包含字符 "（" "）" "{" "}" "[" 和 "]" 的字符串是否有效。注意，括号必须以正确的顺序关闭。

题 13：编写函数输出 count-and-say 序列的第 *n* 项。

题 14：不使用 sqrt 函数，试编写 squareRoot() 函数，输入一个正数，输出它的平方根的整数部分。

3. 正则表达式（4题）

题 15：请写出匹配中国大陆手机号且结尾不是 4 和 7 的正则表达式。

题 16：请写出以下代码的运行结果。

```
import re
str = '<div class="nam"> 中国 </div>'
res = re.findall(r'<div class=".*">(.*?)</div>',str)
print(res)
```

题 17：请写出以下代码的运行结果。

```
import re
match = re.compile('www\....?').match("www.baidu.com")
if match:
   print(match.group())
```

```
else:
    print("NO MATCH")
```

题18：请写出以下代码的运行结果。

```
import re

example = "<div>test1</div><div>test2</div>"
Result = re.compile("<div>.*").search(example)
print("Result = %s" % Result.group())
```

4. 列表、字典、元组、数组、矩阵（9题）

题19：使用递推式将矩阵转换为一维向量。

题20：写出以下代码的运行结果。

```
def testFun():
    temp = [lambda x : i*x for i in range(5)]
    return temp
for everyLambda in testFun():
    print(everyLambda(3))
```

题21：编写 Python 程序，打印星号金字塔。

题22：获取数组的支配点。

题23：将函数按照执行效率高低排序。

题24：螺旋式返回矩阵的元素。

题25：生成一个新的矩阵，并且将原矩阵的所有元素以与原矩阵相同的行遍历顺序填充进去，将该矩阵重新整形为一个不同大小的矩阵但保留其原始数据。

题26：查找矩阵中的第 k 个最小元素。

题27：试编写函数 largestRectangleArea()，求一幅柱状图中包含的最大矩形的面积。

5. 设计模式（3题）

题28：使用 Python 语言实现单例模式。

题29：使用 Python 语言实现工厂模式。

题30：使用 Python 语言实现观察者模式。

6. 树、二叉树、图（5题）

题31：使用 Python 编写实现二叉树前序遍历的函数 preorder(root, res=[ ])。

题32：使用 Python 实现一个二分查找函数。

题33：编写 Python 函数 maxDepth()，实现获取二叉树 root 最大深度。

题34：输入两棵二叉树 Root1、Root2，判断 Root2 是否是 Root1 的子结构（子树）。

题35：判断数组是否是某棵二叉搜索树后序遍历的结果。

7. 文件操作（3题）

题 36：计算 test.txt 中的大写字母数。注意，test.txt 为含有大写字母在内、内容任意的文本文件。

题 37：补全缺失的代码。

题 38：设计内存中的文件系统。

8. 网络编程（4题）

题 39：请至少说出 3 条 TCP 和 UDP 协议的区别。

题 40：请简述 Cookie 和 Session 的区别。

题 41：请简述向服务器端发送请求时 GET 方式与 POST 方式的区别。

题 42：使用 threading 组件编写支持多线程的 Socket 服务端。

9. 数据库编程（6题）

题 43：简述数据库的第一、第二、第三范式的内容。

题 44：根据以下数据表结构和数据，编写 SQL 语句，查询平均成绩大于 80 的所有学生的学号、姓名和平均成绩。

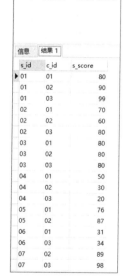

题 45：按照 44 题所给条件，编写 SQL 语句查询没有学全所有课程的学生信息。

题 46：按照 44 题所给条件，编写 SQL 语句查询所有课程第 2 名和第 3 名的学生信息及该课程成绩。

题 47：按照 44 题所给条件，编写 SQL 语句查询所教课程有 2 人及以上不及格的教师、课程、学生信息及该课程成绩。

题 48：按照 44 题所给条件，编写 SQL 语句生成每门课程的一分段表（课程 ID、课程名称、分数、该课程的该分数人数、该课程累计人数）。

10. 图形图像与可视化（2 题）

题 49：绘制一个二次函数的图形，同时画出使用梯形法求积分时的各个梯形。

题 50：将给定数据可视化并给出分析结论。